普通高等教育"十一五"国家级规划教材

应用近世代数（第3版）

胡冠章　王殿军　编著

清华大学出版社
北京

内 容 简 介

近世代数(又名抽象代数)是现代数学的重要基础,在计算机科学、信息科学、近代物理与近代化学等方面有广泛的应用,是现代科学技术人员所必需的数学基础.本书介绍群、环、域的基本理论与应用.适用于数学与应用数学、计算机科学、无线电、物理、化学、生物医学等专业的本科生、研究生以及专业人员.

与本书配套的有《应用近世代数习题详解》,以便教师教学和学生自学.

图书在版编目(CIP)数据

应用近世代数/胡冠章,王殿军编著. — 3 版. — 北京:清华大学出版社,2006.7
(2024.8重印)
ISBN 978-7-302-12566-2

Ⅰ. 应… Ⅱ. ①胡… ②王… Ⅲ. 抽象代数－研究生－教材 Ⅳ. O153

中国版本图书馆 CIP 数据核字(2005)第 011684 号

责任编辑:佟丽霞
责任印制:宋 林

出版发行:清华大学出版社
　　网　　址:https://www.tup.com.cn, https://www.wqxuetang.com
　　地　　址:北京清华大学学研大厦 A 座　　邮　　编:100084
　　社总机:010-83470000　　邮　　购:010-62786544
　　投稿与读者服务:010-62776969, c-service@tup.tsinghua.edu.cn
　　质　量　反　馈:010-62772015, zhiliang@tup.tsinghua.edu.cn
印　装　者:三河市人民印务有限公司
经　　销:全国新华书店
开　　本:170mm×230mm　　印　张:14.75　　字　　数:271 千字
版　　次:2006 年 7 月第 3 版　　印　　次:2024 年 8 月第 17 次印刷
定　　价:42.00 元

产品编号:017523-05

前　言

　　本书第 1 版和第 2 版自出版以后,以很好的可读性受到读者的欢迎,有的学生毕业后,从国外还写信提出宝贵意见.本书第 1 版同时也得到同行的支持与好评,曾荣获教育部优秀教材二等奖.本着与时俱进的精神,第 3 版将在保持原有特色的基础上,反映近世代数在科学技术中的最新应用,内容也更加完整,我们力求使它不仅是一本教材,而且是一本值得收藏的参考书.

　　修订情况

　　与第 1 版和第 2 版相比较,第 3 版主要作了以下修订.

　　第一,增加了一些新的应用实例.比如,在 1.1 节中增加了保密通信问题;在 2.10 节中增加了有关 RSA 密码系统的加密和解密变换的内容;在 4.3 节中增加了在密码学中很有用的离散椭圆曲线和离散对数的介绍.

　　第二,新增了第 5 章方程根式求解问题简介.在前两版中,虽然在第 1 章中都提及了这个著名的问题,但是并未作出完整回答.在第 3 版中,我们用一章的篇幅简要介绍了这个问题是如何解决的.

　　第三,为了便于学习,每章新增了一个小结,对全章的内容进行梳理和总结.

　　此外,第 3 版也对前两版个别表述进行了修改,对部分章节的内容作了不同程度的补充和调整,还增加了个别结论,在此不一一列举.

　　学习指导

　　第 1 章预备知识,读者应通读一下,即使有些内容不熟悉,也不要过多纠缠.第 2 章群论,是本书的核心内容,要仔细阅读和学习,并要注重掌握基本概念和基本的分析方法.学好了群论,对后面的环与域可起到举一反三的作用.第 3 章环论,在某种程度上可以说是群的推广,有许多类似的概念和定理,因此只需把注意力放在环和群的不同之处,可比较快地学完这一章.第 4 章域论,虽然域是环的一种,不必再去讨论一般理论,但由于域的扩张和有限域理论在近代科学中有很多应用,所以这一章的内容反而比较丰富.而第 5 章方程根式求解问题简介,在理论上不仅把群、环、域融合在一起,而且三者结合起来,解决了当初引发近世代数诞生的方程根式求解问题.但是如果时间有限,可把第 5 章作为选学或自学内容.

　　每节后的习题不可不做,也不一定全做,这是加深印象和测试学习效果的一个环节,先要独立思考,后面有提示可参考.每章后的小结列出这一章的精华,不仅起到概括总结、强调重点的作用,而且可作为今后查阅之用,这是本书具有收藏价值的一个方面.至于应用的例子,随个人的兴趣和专业可以有所舍取.

本书特点

把抽象的理论写得通俗有趣,但又不失数学的严格性,是本书写作过程中追求的目标及特点之一.近世代数是我们已有的代数知识的自然发展.从我们熟知的整数、有理数、实数出发,由此引出群、环、域的概念,起点是很初等的.我们把一些应用问题作为"引子"提出,每章都以问题的解决作为结局,使抽象的理论体现出很强的应用背景和效力.

另一特点是使读者用较少的时间学到最基本的内容,为此,每一节围绕一个中心问题,突出一两个定理,而把其他的内容作为相关的结论或例子给出,使读者对所学内容留下简洁清晰的印象.全书的主要内容适合 48~60 学时的教学要求.

第三个特点是"开放性",传统的近世代数书比较强调自成系统,有的从整数的定义讲起,甚至连导数也要重新定义.本书采用"拿来主义",一切学过的知识都可拿来就用,导数就是微积分中的导数,涉及初等数论、组合数学、图论、密码学等内容都即兴介绍.

本书的参考文献列于书后,特别要指出,本书参考了著名代数学家、中国科学技术大学教授曾肯成先生 20 世纪 80 年代初在清华大学数学系的讲课笔记,特此再次表示感谢.同时继续向所有关心、支持与提供宝贵意见的读者、同行和编辑表示衷心的感谢.

编者

2006 年 1 月

第 2 版前言

为了满足数学与应用数学以及理工科专业学生和科技人员学习近世代数的需要,本书尽力做到联系实际,多举例子,使读者感到有趣想学.在叙述方法上尽力做到连贯、前后呼应、合乎中文习惯.对部分定理的证明采用提示式、部分论证式等方式给出,留有思考余地,读者若能边学边动手按提示完成证明或计算,会收到满意的效果.每节后的习题均附有提示或答案,便于自学.

本书第 1 版出版后受到读者的欢迎,并得到同行的好评和支持,荣获国家教委第三届高校优秀教材二等奖.本次再版时,根据读者和同行的意见与建议做了修改与补充.在此,作者向所有给予本书关心、支持与提供宝贵意见的读者、同行和编辑表示衷心的感谢.

胡冠章

1999 年 1 月

目　　录

第1章 引言和预备知识

第1章作为开场白,首先介绍近世代数的一些实际应用问题,并且以这些问题为线索展开全书的内容,所以读者对这些问题应大致有个印象.

本章的另一个内容是明确我们讨论问题的基础、平台,整理、罗列读者应该预先具备的数学知识,主要是有关集合、映射和整数运算方面的知识.这些内容大部分是读者已经学过的,但也有一些可能是新的,例如孙子定理等.关于本章内容读者只要通读即可,不必花费太多时间.

需要特别指出的是本章给出了"代数系统"的概念,这是近世代数的研究对象,是群、环、域等具体的模型的一般化,对今后的学习有指导意义.

1.1 几类实际问题

初等代数、高等代数和线性代数都称为**经典代数**(classical algebra),它的研究对象主要是代数方程和线性方程组.**近世代数**(modern algebra)又称为**抽象代数**(abstract algebra),它的研究对象是代数系.所谓代数系,是由一个集合和定义在这个集合中的一种或若干种运算所构成的一个系统.例如,整数集合$\mathbb{Z}$和普通的整数加法"$+$"构成一个代数系,记作$(\mathbb{Z},+)$.$\mathbb{Z}$和普通加法"$+$"以及普通乘法"$\cdot$"两种运算也构成一个代数系,记作$(\mathbb{Z},+,\cdot)$.

由于近世代数在近代物理、近代化学、计算机科学、数字通信、系统工程等许多领域都有重要应用,因而它是现代科学技术的数学基础之一,许多科技人员都希望掌握它的基本内容与方法.本书将以一些实际问题为背景,在初等代数和线性代数的基础上,由浅入深地介绍它的基本内容,使读者感到通俗易懂,饶有兴趣.下面介绍几类与近世代数的应用有关的实际问题.

1. 一些计数问题

(1) 项链问题

这个问题的提法是,用n种颜色的珠子做成有m颗珠子的项链,问可做成多少种不同类型的项链?

首先需要对此问题作数学上的确切描述.设由m颗珠子做成一个项链,可用一个正m边形来代表它,每个顶点代表一颗珠子.从任意一个顶点开始,沿逆时针方向,依次给每个顶点标以号码$1, 2, \cdots, m$. 这样的一个项链称为有标号的项链. 由于每一颗珠子的颜色有n种选择,因而由乘法原理可知,这些有标号的项链共有n^m种. 但是其中有一些项链可通过旋转一个角度或翻转$180°$使它们完全重合. 对于这些项链,称它们本质上是相同的. 对那些无论怎样旋转或翻转都不能使它们重合的项链,称为本质上不同的项链,即为问题所提的不同类型的项链. 当n与m较小时,不难用枚举法求得问题的解答,读者不妨自行解决以下例子.

例1.1.1 用黑、白两种颜色的珠子做成有5颗珠子的项链,问可以做成多少种不同类型的项链?

随着n与m的增加,用枚举法越来越困难,因而必须寻找更加有效的可解决一般的任意正整数n与m的方法. 采用群论方法可完全解决此问题,且至今尚未发现其他更为简单和有效的方法.

(2) 分子结构的计数问题

在化学中研究由某几种元素可合成多少种不同物质的问题,由此可以指导人们在大自然中寻找或人工合成这些物质.

例1.1.2 在一个苯环上结合H原子或CH_3原子团,问可能形成多少种不同的化合物(图1.1(a))?

如果假定苯环上相邻C原子之间的键都是互相等价的,则此问题就是两种颜色6颗珠子的项链问题.

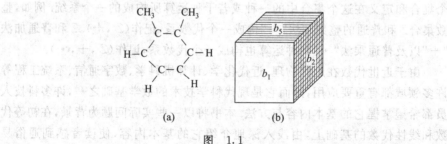

(a)   (b)

图 1.1

(3) 正多面体着色问题

对一个正多面体的顶点或面用n种颜色进行着色,问有多少种不同的着色方法?

下面以正六面体为例说明此问题的数学描述.

例1.1.3 用n种颜色对正六面体的面着色,问有多少种不同的着色方法(图1.1(b))?

首先建立此问题的数学模型,将问题中的一些概念进行量化.

设 n 种颜色的集合为

$$A = \{a_1, a_2, \cdots, a_n\},$$

正六面体的面集合为

$$B = \{b_1, b_2, b_3, b_4, b_5, b_6\},$$

则每一种着色法对应一个映射

$$f : B \to A,$$

反之,每一个映射 $f : B \to A$ 对应一种着色法. 由于每一个面的颜色有 n 种选择,所以全部着色法的总数为 n^6,但这样的着色法与面的编号有关,其中有些着色法可适当旋转正六面体使它们完全重合,对这些着色法,称它们本质上是相同的. 我们的问题是求本质上不同的着色法的数目.

当 n 很小时不难用枚举法求得结果,例如,当 $n = 2$ 时,读者可以自己算出本质上不同的着色法数为 10,对于一般的情况则必须用群论方法才能解决.

(4) 图的构造与计数问题

首先介绍一下**图论**(graph theory)的一些基本概念.

设 $V = \{v_1, v_2, \cdots, v_n\}$,称为**顶点集合**(vertex set),$E$ 是由 V 的一些 2 元子集构成的集合,称为**边集**(edge set),则称有序对 (V, E) 为一个**图**(graph),记作 $G = (V, E)$.

例如,设 $V = \{1, 2, \cdots, 10\}$,$E = \{e_1, e_2, \cdots, e_{15}\}$,其中 $e_1 = \{1, 2\}$,$e_2 = \{2, 3\}$,$e_3 = \{3, 4\}$,$e_4 = \{4, 5\}$,$e_5 = \{1, 5\}$,$e_6 = \{1, 6\}$,$e_7 = \{2, 7\}$,$e_8 = \{3, 8\}$,$e_9 = \{4, 9\}$,$e_{10} = \{5, 10\}$,$e_{11} = \{6, 8\}$,$e_{12} = \{7, 9\}$,$e_{13} = \{8, 10\}$,$e_{14} = \{6, 9\}$,$e_{15} = \{7, 10\}$. 图 $G = (V, E)$ 可用图 1.2 来表示. 此图是图论中有名的 Petersen 图. 每一个顶点用圆圈表示,对边集 E 中的每一个元素 $\{i, j\} \in E$,用一条直线或曲线连接顶点 i 与 j. 顶点的位置及边的长短,形状均无关紧要.

一个图可以代表一个电路、水网络、通信网络、交通网络、地图等有形的结构,也可以代表一些抽象关系. 例如可用一个图表示一群人之间的关系,点代表人,凡有边相连的两个点表示他们互相认识,否则表示不认识,则这个图就表示出了这群人之间的关系. 图论中有许多有趣的问题,有兴趣的读者可阅读有关参考书.

图论中自然会提出某类图有多少个的问题.

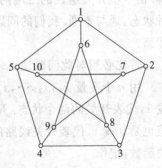

图 1.2

例 1.1.4 画出所有点数为 3 的图.

此问题可以这样来解决:首先画出 3 个顶点 1, 2, 3,在每两个点之间有

"无边"和"有边"两种情况,因而全部有 $2\times2\times2=2^3=8$ 种情况,每一种情况对应一个图(图 1.3).

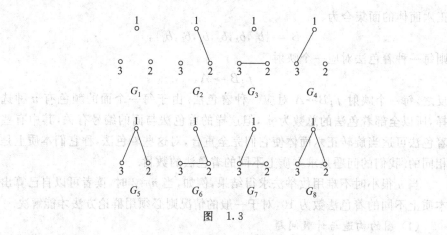

图 1.3

当点数为 n 时,共可形成 $\binom{n}{2}$ 个 2 元子集,每一个 2 元子集可以有对应图中的边或不对应图中的边两种情况,故可形成 $2^{\binom{n}{2}}$ 个图. 但是,我们观察一下图 1.3 中的 8 个图,可以发现有些图的构造是完全相同的,如果不考虑它们的点号,可以完全重合,称这样的图是同构的. 例如图 1.3 中的 G_2,G_3 与 G_4. 可以看出图 1.3 中的图,共有 4 个互不同构. 那么,对一般情况,n 个点的图中互不同构的图有多少个呢? 这个问题也不能用初等方法来解决.

(5) 开关线路的构造与计数问题

一个有两种状态的电子元件称为一个开关,例如普通的电灯开关、二极管等. 由一些开关组成的二端网络称为开关线路. 一个开关线路的两端也只有两种状态:通与不通. 我们的问题是,用 n 个开关可以构造出多少种不同的开关线路?

首先必须对此问题建立一个数学模型,然后用适当的数学工具来解决它.

用 n 个变量 $x_1,x_2,\cdots,x_n$ 代表 n 个开关,每一个变量 x_i 的取值只能是 0 或 1,代表开关的两个状态. 开关线路的状态也用一个变量 f 来表示,f 的取值也是 0 或 1,代表开关线路的两个状态. f 是 $x_1,x_2,\cdots,x_n$ 的函数,称 f 为开关函数,记作

$$f(x_1,x_2,\cdots,x_n).$$

令 $A=\{0,1\}$,则 f 是 $\underbrace{A\times A\times\cdots\times A}_{n\uparrow}$ 到 A 的一个映射(函数),反之,每一个

函数

$$f:A\times A\times\cdots\times A\to A$$

对应一个开关线路.因此,开关线路的数目就是开关函数的数目.下面来计算这个数目.

由于 f 的定义域的点数为 $|A|^n=2^n$,f 在定义域的每一个点上的取值有两种可能,所以全部开关函数的数目为 2^{2^n},这也就是 n 个开关的开关线路的数目.

但是上面考虑的开关线路中的开关是有标号的,有一些开关线路结构完全相同,只是标号不同,我们称这些开关线路本质上是相同的.参见 2.10 节图 2.8 的(a)与(b).要进一步解决本质上不同的开关线路的数目问题,必须用群论方法.

2. 数字通信的可靠性问题与保密性问题

(1) 数字通信的可靠性问题

现代通信中用数字代表信息,用电子设备进行发送、传递和接收,并用计算机加以处理.由于信息量大,在通信过程中难免出现错误.为了减少错误,除了改进设备外,还可以从信息的表示方法上想办法.用数字表示信息的方法称为编码.编码学就是一门研究高效编码方法的学科.下面用两个简单的例子来说明检错码与纠错码的概念.

例 1.1.5　简单检错码——奇偶性检错码.

设用 6 位二进制码来表示 26 个英文字母,其中前 5 位顺序表示字母,第 6 位作检错用,当前 5 位的数码中 1 的个数为奇数时,第 6 位取 1,否则第 6 位是 0.这样编出的码中 1 的个数始终是偶数.例如,

$$A:000011\quad B:000101\quad C:000110$$
$$D:001001\quad\cdots$$

用这种码传递信息时可检查错误.当接收一方收到的码中含有奇数个 1 时,则可断定该信息是错的,可要求发送者重发.因而,同样的设备,用这种编码方法可提高通信的准确度.

但是,人们并不满足仅仅发现错误,能否不通过重发的办法,仅从信息本身来纠正其错误呢?这在一定的程度上也可用编码方法解决.

例 1.1.6　简单纠错码——重复码.

设用 3 位二进制重复码表示 A,B 两个字母如下:

$$A:000\quad B:111$$

则接收的一方对收到的信息码不管其中是否有错,均可译码如下:

接收信息：000 001 010 011 100 101 110 111

译　　码：A A A B A B B B

这就意味着，对其中的错误信息做了纠正.

利用近世代数方法可得到更高效的检错码与纠错码.

(2) 保密通信问题

在数字通信中通信的保密性是另一个主要的问题. 随着计算机科学与信息科学的发展，数字通信的保密性越来越重要，越来越普及，上机、上网、收发 e-mail 等活动已成为人们日常生活中不可缺少的内容，于是"密码"变成一个熟悉的词了. 但我们研究的密码问题并非开机或银行存款时遇到的所谓密码，而是将表示信息的数码进行加密的问题. 例如，如果你想用 Outlook Express 向你的朋友发一封保密的信，那么就必须用"工具"菜单中的"加密"一项对信加密后再发出，这时别人即使看到此信也看不懂了. 研究数字通信的加密与解密的方法与理论称为**密码学**（cryptography）.

在通信或数据管理中，通常的保密方法是将信息伪装起来，就是将信息原文加密，变成别人看不懂的密文. 下面我们把信息原文称为明文，加密后的信息称为密文；如用数码来表示明文，就称它为**明文码**（plaintext），密文所对应的数码称为**密文码**（ciphertext）. 对于"敌方"来说，他要千方百计地把截取到的密文破译成明文. 这好比矛与盾的关系. 密码学就是研究如何将明文变换成密文和如何将密文变换成明文的科学.

最初的加密方法是用密码本，预先制定每一个明文单位与密文单位之间的对应关系，将明文单位与密文单位的对应表做成一个密码本，发送方与接收方都用相同的密码本. 因而密码本是一个关键的东西，敌方如能得到密码本，则我方的通信就暴露无遗. "红灯记"中所讲的就是抗日英雄为保护密码本与日军进行殊死斗争的故事. 显然，用密码本的方法不方便，安全性差. 随着计算机的发展，采用计算机和现代数学方法来进行保密通信有许多优点，因而密码学又发展成为计算机密码学或现代密码学.

为了介绍密码学方面的基本概念，我们先来看一些简单的加密方法.

甲与乙约定一个通信规则：用 $0 \sim 25$ 的 26 个数字代表 A 到 Z 的 26 个字母：

A	B	C	D	E	F	G	H	I	J	K	L	M
0	1	2	3	4	5	6	7	8	9	10	11	12
N	O	P	Q	R	S	T	U	V	W	X	Y	Z
13	14	15	16	17	18	19	20	21	22	23	24	25

一天甲要告诉乙一个重要消息：t h e w a r w i l l s t a r t a t m i d n i g h t，此信息所对应的明文码为 19 7 4 22 0 17 22 8 11 11 18 19 0 17 19 0 19 12 8 3 13 8 6 13 8 6 7 19．为了保密，可再选定一个常数 k，例如取 $k=7$，设 m 是原文码，令

$$c = (m + k) \bmod 26,$$

其中，表达式 mod 26 表示将表达式的值除以 26 所得的余数，因而 c 满足 $0 \leqslant c < 26$．c 就是对应的密文码．例如，$(19+7) \bmod 26 = 0$，$(22+7) \bmod 26 = 3$．于是上面的信息就变为以下密文：0 14 11 3 7 24 3 15 18 18 25 0 7 24 7 0 19 15 10 20 15 13 20 15 13 14 0．这时别人就比较难破译了．k 就称为**密钥**（cipher key）．这时加密方法可以公开，甲、乙只要不把密钥 k 告诉别人，他们的通信就有一定的保密性．但这样的密钥太简单，保密性差．我们可用两个参数 k_1, k_2 作为密钥，其中 $(k_1, 26) = 1$（k_1 与 26 的最大公因数为 1），令

$$c = (k_1 m + k_2) \bmod 26,$$

c 是得到的密码．反之，接收者可用以下的反变换将密文码变换为明文码：

$$m = [p(c - k_2)] \bmod 26,$$

其中 p 满足 $pk_1 + 26q = 1$．经过这样的变换，保密性就增强了．

还可以采用更加复杂的密钥，已经有很多种加密方法．如果发送方与接收方用的是相同的密钥，这种密码体制称为传统密码体制或**对称密码体制**（symmetric system）．这种密码体制的优点是编码方法简单，缺点是安全性差．20 世纪 70 年代末，开始流行一种**公开密钥系统**（public-key system），它的基本思路是通信双方各有两个密钥，一个是公开的加密密钥（公钥），公布在类似于电话簿的文件上；另一个是保密的解密密钥（私钥），用于把密文码变换为明文码．例如甲要给乙发信息，首先甲可查到乙的公钥 e_k，用 e_k 将信息加密，然后将密文码发给乙，乙用只有他自己知道的私钥 d_k 将密文码变换为明文码．由于乙不需要将解密密钥传递给甲，因而公钥系统的保密性较高，而且使用方便．

密码学的数学基础主要是数论和近世代数，特别是近世代数，涉及群、环、域的许多内容，例如，近代加密方法用到有限域和离散椭圆曲线等较为深入的内容．因此，对于相关领域的科技人员来说，近世代数是必备的基础．本书将在后面有关部分介绍有关密码学的数学基础．

3. 几何作图问题

古代数学家们曾提出一个有趣的作图问题：用圆规和直尺可作出哪些图形？规定所用的直尺不能有刻度，也不能在其上做记号．为什么会提出这样的

问题呢？一方面是由于生产发展的需要,圆规、直尺是丈量土地的基本工具,且最初的直尺是无刻度的;另一方面,从几何学观点看,古人认为直线与圆弧是构成一切平面图形的要素.据说,古人还认为只有使用圆规与直尺作图才能确保其严密性.且整个平面几何学是以圆规与直尺作为基本工具.

历史上,有下面几个几何作图问题曾经困扰人们很长时间:

(1) **立方倍积问题** 作一个立方体使其体积为一个已知立方体体积的两倍.

(2) **三等分角问题** 给定任意一个角,将其三等分.

(3) **化圆为方问题** 给定一个圆(即已知其半径 r),作一个正方形使其面积等于已知圆的面积.

(4) **等分圆周问题**

以上这些问题直到近世代数理论出现以后才得到完全的解决.

4. 代数方程根式求解问题

我们知道,任何一个一元二次代数方程可用根式表示它的两个解.对于一元三次和四次代数方程,古人们经过长期的努力也巧妙地做到了这一点.于是人们自然要问:是否任何次代数方程的根均可用根式表示? 许多努力都失败了,但这些努力促使了近世代数的产生,并最终解决了这个问题.

19 世纪初,法国青年数学家 Galois(伽罗瓦)在研究五次代数方程的解法时提出了著名的 Galois 理论,成了近世代数的先驱.但他的工作未被当时的数学家所认识,他于 21 岁就过早地去世了.直到 19 世纪后期,他的理论才由别的数学家加以进一步的发展和系统的阐述.

这样一门具有悠久历史、充满许多有趣问题和故事的数学分支,在近代又得到了蓬勃发展和广泛应用,出现了许多应用于某一领域的专著,正吸引越来越多的科技人员和学生来学习和掌握它.

习题 1.1

1. 用两种颜色的珠子做成有 5 颗珠子的项链,可做成多少种不同的项链?

2. 对正四面体的顶点用两种颜色着色,有多少种本质上不同的着色法?

3. 有 4 个顶点的图共有多少个? 其中互不同构的有多少个?

4. 如何用圆规和直尺 5 等分一个圆周?

5. 如何用根式表示三次和四次代数方程的根?

1.2　集合与映射

前面已经指出,近世代数研究的对象是代数系,它是一个集合,并在其中定义了一种或若干种运算.因此,我们必须熟悉集合的基本理论.由于集合与映射的有关知识已写入中学课本,因此这里只作一些复习、补充和约定.

1. 集合的记号

集合的表示方法通常有两种:一种是直接列出所有的元素,另一种是规定元素所具有的性质.例如:

$$A = \{1, 2, 3\},$$
$$S = \{x \mid p(x)\},$$

其中 $p(x)$ 表示元素 x 具有的性质.

本书中经常用到以下的集合及记号:

整数集合　$\mathbb{Z} = \{0, \pm 1, \pm 2, \pm 3, \cdots\}$;

正整数集合　$\mathbb{Z}^+ = \{1, 2, 3, \cdots\}$;

有理数集合 $\mathbb{Q}$,实数集合 $\mathbb{R}$,复数集合 $\mathbb{C}$ 等;

$\mathbb{Z}^* = \mathbb{Z} \backslash \{0\}, \mathbb{Q}^* = \mathbb{Q} \backslash \{0\}, \mathbb{C}^* = \mathbb{C} \backslash \{0\}$ 等.

一个集合 A 的元素个数用 $|A|$ 表示.当 A 中有有限个元素时,称为**有限集**(finite set),否则称为**无限集**(infinite set).用 $|A| = \infty$ 表示 A 是无限集,$|A| < \infty$ 表示 A 是有限集.

2. 子集与幂集

"元素 a 属于 A"记作 $a \in A$,反之,$a \notin A$ 或 $a \overline{\in} A$ 表示 a 不属于 A.

设有两个集合 A 和 B,若对 A 中的任意一个元素 a(记作 $\forall a \in A$)均有 $a \in B$,则称 A 是 B 的**子集**(subset),记作 $A \subseteq B$.若 $A \subseteq B$ 且 $B \subseteq A$,即 A 和 B 有完全相同的元素,则称它们**相等**,记作 $A = B$.若 $A \subseteq B$,但 $A \neq B$,则称 A 是 B 的**真子集**(proper subset),或称 B **真包含** A,记作 $A \subset B$.记号 $A \nsubseteq B$ 表示 A 不是 B 的子集.

不含任何元素的集合叫做**空集**(empty set),记作 $\varnothing$.空集是任何一个集合的子集.

设 A 是一个集合,由 A 的所有子集构成的集合称为 A 的**幂集**(power set),记作 $\mathscr{P}(A)$.例如:若 $A = \{0, 1, 2\}$,则

$$\mathscr{P}(A) = \{\varnothing, \{0\}, \{1\}, \{2\}, \{0,1\}, \{0,2\}, \{1,2\}, A\}.$$

A 的幂集又记作 2^A. 当 $|A|<\infty$ 时, 2^A 的元素的个数正好是 $|2^A|=2^{|A|}$. 这个公式的证明方法有几种, 一个最简单的方法是设 S 是 A 的任意一个子集, 则 A 中任意一个元素有或在 S 中或不在 S 中两种可能性, 于是对全部元素共有 $2^{|A|}$ 种可能性, 它们对应不同的子集, 故共有 $2^{|A|}$ 个不同的子集. 读者不妨将子集按元素个数分类, 并用二项式定理来证明此公式.

3. 子集的运算

设 U 是一个集合, A,B,C 都是 U 的子集, 两个子集的并、交、差和一个子集的余等运算定义如下:

并: $A\bigcup B=\{x\in U\,|\,x\in A \text{ 或 } x\in B\}$.

交: $A\bigcap B=\{x\in U\,|\,x\in A \text{ 且 } x\in B\}$.

差: $A\backslash B=A-B=\{x\in U\,|\,x\in A \text{ 且 } x\notin B\}$.

余: $A'=\overline{A}=U\backslash A$.

对称差: $A\Delta B=(A\backslash B)\bigcup(B\backslash A)$.

这些运算满足以下运算规律:

(1) $A\bigcup A=A,\ A\bigcap A=A$. 　　　　　　　　　　　　　　　（幂等律）

(2) $A\bigcup B=B\bigcup A,\ A\bigcap B=B\bigcap A$. 　　　　　　　　（交换律）

(3) $A\bigcup(B\bigcup C)=(A\bigcup B)\bigcup C$,

　　 $A\bigcap(B\bigcap C)=(A\bigcap B)\bigcap C$. 　　　　　　　　　　（结合律）

(4) $A\bigcup(B\bigcap C)=(A\bigcup B)\bigcap(A\bigcup C)$,

　　 $A\bigcap(B\bigcup C)=(A\bigcap B)\bigcup(A\bigcap C)$. 　　　　　　（分配律）

(5) $A\bigcap(A\bigcup B)=A\bigcup(A\bigcap B)=A$. 　　　　　　　　（吸收律）

(6) 若 $A\subseteq C$, 则 $A\bigcup(B\bigcap C)=(A\bigcup B)\bigcap C$. 　　　（模律）

(7) $(A\bigcup B)'=A'\bigcap B',\ (A\bigcap B)'=A'\bigcup B'$. 　　（De Morgan 律）

(8) $(A')'=A$.

这些运算与运算规律可推广到多个子集的情形.

4. 包含与排斥原理

关于子集运算后元素个数的变化有以下规律: 设 U 是一个集合, A,B,C 是 U 的有限子集, 则有

$$|A\bigcup B|=|A|+|B|-|A\bigcap B|.$$

$$|A\bigcap B|=|A|+|B|-|A\bigcup B|.$$

$$|A\bigcap B\bigcap C|=|A|+|B|+|C|-|A\bigcup B|$$
$$-|A\bigcup C|-|B\bigcup C|+|A\bigcup B\bigcup C|.$$

$$|A \cup B \cup C| = |A| + |B| + |C| - |A \cap B|$$
$$- |A \cap C| - |B \cap C|$$
$$+ |A \cap B \cap C|.$$

当 $A \cap B = \varnothing$ 时,有 $|A \cup B| = |A| + |B|$. 这就是**加法原理**(sum rule).

这些公式很容易用图形加以证明. 对于多个子集的情形有以下定理.

定理 1.2.1(包含与排斥原理,inclusion and exclusion principle) 设 A_1, $A_2, \cdots, A_n$ 是 U 的有限子集,则

$$\left| \bigcap_{i=1}^{n} A_i \right| = \sum_{i=1}^{n} |A_i| - \sum_{1 \leqslant i < j \leqslant n} |A_i \cup A_j| + \cdots + (-1)^{n-1} \left| \bigcup_{i=1}^{n} A_i \right|.$$

$$(1.2.1)$$

$$\left| \bigcup_{i=1}^{n} A_i \right| = \sum_{i=1}^{n} |A_i| - \sum_{1 \leqslant i < j \leqslant n} |A_i \cap A_j| + \cdots + (-1)^{n-1} \left| \bigcap_{i=1}^{n} A_i \right|.$$

$$(1.2.2)$$

证明 我们只证公式(1.2.1),对 n 应用归纳法.

当 $n=2$ 时,公式(1.2.1)已证成立.

假设此公式对 $n-1$ 成立,要证对 n 也成立. 利用 $n=2$ 的公式可得

$$\left| \bigcap_{i=1}^{n} A_i \right| = \left| \left(\bigcap_{i=1}^{n-1} A_i \right) \cap A_n \right| = \left| \bigcap_{i=1}^{n-1} A_i \right| + |A_n| - \left| \left(\bigcap_{i=1}^{n-1} A_i \right) \cup A_n \right|.$$

再由归纳假设及分配律得

$$\left| \bigcap_{i=1}^{n} A_i \right| = \sum_{i=1}^{n} |A_i| - \sum_{1 \leqslant i < j \leqslant n-1} |A_i \cup A_j| + \cdots$$
$$+ (-1)^{n-2} \left| \bigcup_{i=1}^{n-1} A_i \right| + |A_n| - \left| \bigcap_{i=1}^{n-1} (A_i \cup A_n) \right|$$

$$= \sum_{i=1}^{n} |A_i| - \sum_{1 \leqslant i < j \leqslant n-1} |A_i \cup A_j| + \cdots$$
$$+ (-1)^{n-2} \left| \bigcup_{i=1}^{n-1} A_i \right| - \left(\sum_{i=1}^{n-1} |A_i \cup A_n| \right.$$
$$- \sum_{1 \leqslant i < j \leqslant n-1} |A_i \cup A_j \cup A_n| + \cdots + (-1)^{n-2} \left| \bigcup_{i=1}^{n} A_i \right| \right)$$

$$= \sum_{i=1}^{n} |A_i| - \sum_{1 \leqslant i < j \leqslant n} |A_i \cup A_j| + \cdots + (-1)^{n-1} \left| \bigcup_{i=1}^{n} A_i \right|. \qquad \square$$

下面举例说明包含与排斥原理的应用.

例 1.2.1 求不大于 500 可被 5,7,9 中某一个数整除的正整数的个数.

解 设不大于 500 可被 5 整除的正整数集合为 A_1,不大于 500 可被 7 整

除的正整数集合为 A_2 ,不大于 500 可被 9 整除的正整数集合为 A_3 ,则

$$|A_1| = 100, \quad |A_2| = \left\lfloor \frac{500}{7} \right\rfloor = 71, \quad |A_3| = \left\lfloor \frac{500}{9} \right\rfloor = 55.$$

$$|A_1 \cap A_2| = \left\lfloor \frac{500}{35} \right\rfloor = 14, \quad |A_1 \cap A_3| = \left\lfloor \frac{500}{45} \right\rfloor = 11,$$

$$|A_2 \cap A_3| = \left\lfloor \frac{500}{63} \right\rfloor = 7, \quad |A_1 \cap A_2 \cap A_3| = \left\lfloor \frac{500}{315} \right\rfloor = 1.$$

故由公式(1.2.2),得

$$|A_1 \cup A_2 \cup A_3| = \sum_{i=1}^{3} |A_i| - \sum_{i<j} |A_i \cap A_j| + |A_1 \cap A_2 \cap A_3|$$
$$= 100 + 71 + 55 - 14 - 11 - 7 + 1$$
$$= 195.$$

关于包含与排斥原理的更详细内容请参看组合数学的书[6].

5. 映射的概念

映射是函数概念的推广,它描述了两个集合的元素之间的关系,是数学中最基本的工具之一,读者必须对它十分熟练.

定义 1.2.1　设 A, B 为两个非空集合,若存在一个 A 到 B 的对应关系 f ,使得对 A 中的每一个元素 x ,都有 B 中惟一确定的一个元素 y 与之对应,则称 f 是 A 到 B 的一个**映射**(mapping),记作 $y = f(x)$.

y 称为 x 的**像**(image), x 称为 y 的**原像**(inverse image), A 称为 f 的**定义域**(domain), B 称为 f 的**定值域**或**到达域**(codomain).

通常用记号 $f: A \to B$ 或 $A \xrightarrow{f} B$ 抽象地表示 f 是 A 到 B 的一个映射. 而用记号

$$f: x \mapsto f(x)$$

表示映射 f 所规定的元素之间的具体对应关系. 必要时两者都指明,如

$$f: x \mapsto f(x) \quad (A \to B).$$

例 1.2.2　设 $A = \{a, b, c\}, B = \{1, 2, 3, 4\}$. 对应关系 f 定义为 $a \mapsto 1$, $b \mapsto 2, c \mapsto 4$,则 f 满足定义 1.2.1 中的条件,是一个 A 到 B 的映射.

例 1.2.3　设 $A = B = \mathbb{R}$ (实数集合),对应关系 g 定义为 $x \mapsto x^3$,它是熟知的初等函数,显然满足定义 1.2.1 中的条件,是一个 $\mathbb{R}$ 到 $\mathbb{R}$ 本身的映射.

例 1.2.4　记

$$M_n(\mathbb{R}) = \{\text{全体 } n \text{ 阶实方阵}\},$$

规定 $M_n(\mathbb{R})$ 到 $\mathbb{R}$ 的对应关系 φ 为

$$\forall A \in M_n(\mathbb{R}) \ \text{有} \ \varphi(A) = \det A,$$

由于每一个矩阵的行列式是惟一确定的,所以这是一个 $M_n(\mathbb{R})$ 到 $\mathbb{R}$ 的映射.

在映射定义中,最主要的是:$\forall x \in A$,均有惟一确定的 $y \in B$ 与之对应.下面举两个不是映射的对应关系的例子.

例如,设 $A = \{1,2\}$,$B = \mathbb{Z}$,规定 A 到 B 的对应关系为 $f : 1 \mapsto$ 奇数,$2 \mapsto$ 偶数. 由于 $\mathbb{Z}$ 中的奇数与偶数都不止一个,故 $f(1)$,$f(2)$ 都不是惟一确定的,所以 f 不是 A 到 B 的映射.

又如规定 $\mathbb{Q}$ 到 $\mathbb{Z}$ 的对应关系为

$$\varphi : \frac{b}{a} \Big|_{a \neq 0} \mapsto b,$$

因为 $\frac{1}{2} = \frac{2}{4}$,但 $\varphi\left(\frac{1}{2}\right) = 1$,$\varphi\left(\frac{2}{4}\right) = 2$,$\varphi\left(\frac{1}{2}\right) \neq \varphi\left(\frac{2}{4}\right)$,故 φ 不是 $\mathbb{Q}$ 到 $\mathbb{Z}$ 的映射.

后一例子主要是由于自变量的表达形式不惟一而引起像的不惟一. 因此,遇到这种情况要检验一个对应关系 f 是否是映射需检验下列条件:

$$x_1 = x_2 \Rightarrow f(x_1) = f(x_2). \tag{1.2.3}$$

6. 映射的分类

可根据映射的不同性质对映射作以下分类.

定义 1.2.2 设 f 是 A 到 B 的一个映射.

(1) 若 $\forall x_1, x_2 \in A$ 和 $x_1 \neq x_2$ 均有 $f(x_1) \neq f(x_2)$,则称 f 是一个**单射**(injection).

(2) 若 $\forall y \in B$ 均有 $x \in A$ 使 $f(x) = y$,则称 f 是**满射**(surjection).

(3) 若 f 既是单射又是满射,则称 f 是**双射**(bijection).

要证明一个映射 f 是单射,只需证明以下命题:

$$f(x_1) = f(x_2) \Rightarrow x_1 = x_2. \tag{1.2.4}$$

式(1.2.4)正好是式(1.2.3)的逆命题.

单射、满射和双射在不同的书里有不同的称呼,例如,双射又叫一一对应.

例 1.2.2 的映射 f 是单射,但不是满射. 例 1.2.3 的映射 $g : x \mapsto x^3$($\mathbb{R} \to \mathbb{R}$)是双射. 例 1.2.4 的映射 $\varphi : A \mapsto \det A$($M_n(\mathbb{R}) \to \mathbb{R}$)是满射,但不是单射,因为行列式值相同的矩阵不止一个.

下面再引进一些记号和概念.

设 f 是 A 到 B 的一个映射,$S \subseteq A$,记

$$f(S) = \{f(x) \mid x \in S\},$$

它是 B 的一个子集,称为子集 S 在 f 作用下的像. $f(A)$ 称为 f 的**像**(image),记作 $\mathrm{Im} f$. 因而有

$$f:A \rightarrow B \text{ 是满射} \Leftrightarrow \mathrm{Im} f = f(A) = B.$$

反过来,若 $T \subseteq B$,记

$$f^{-1}(T) = \{x \in A \mid f(x) \in T\},$$

它是 A 的一个子集,称为子集 T 在 f 下的**全原像**(inverse image). 元素 $b \in B$ 的全原像记作 $f^{-1}(b)$,它可能是空集. 因此,

$$f:A \rightarrow B \text{ 是单射} \Leftrightarrow \forall b \in f(A) \text{ 有 } |f^{-1}(b)| = 1.$$

若两个集合 A 和 B 之间存在一个双射,则称 A 和 B **等势**(cardinal equivalence). 一个无限集如果与自然数集 N^+ 等势,则称之为**可数集**(countable set),否则称为**不可数集**(uncountable set). 两个有限集合等势的充要条件是 $|A| = |B|$. 但对两个无限集合来说,即使是真包含,也可以是等势的.

例 1. 2. 5 设 $A = \{0, 1, 2, \cdots\}$,$B = \{1, 2, 3, \cdots\}$,定义对应关系 $f:n \mapsto n+1 (A \rightarrow B)$. 不难验证 f 是双射,所以 A 与 B 等势. 但 $B \subset A$.

例 1. 2. 6 证明实数区间 $(0,1)$ 与闭区间 $[0,1]$ 等势.

由于这两个集合只差两个元素,我们可以类似例 1.2.5 那样取出两个真包含的可数子集来建立一一对应,然后再在其余部分之间建立一一对应关系.

设

$$A_1 = \left\{ \frac{1}{2}, \frac{1}{3}, \frac{1}{4}, \cdots \right\},$$

$$A_2 = \left\{ 0, 1, \frac{1}{2}, \frac{1}{3}, \frac{1}{4}, \cdots \right\},$$

建立 $(0,1)$ 到 $[0,1]$ 的对应关系 φ:

$$\varphi\left(\frac{1}{2}\right) = 0, \quad \varphi\left(\frac{1}{n}\right) = \frac{1}{n-2}, \quad n \geqslant 3,$$

$$\varphi(x) = x, \quad \forall x \in (0,1) \setminus A_1,$$

显然 φ 是 $(0,1)$ 到 $[0,1]$ 的双射,所以它们等势.

设 A, B 是两个集合,所有 A 到 B 的映射的集合记作 B^A,即

$$B^A = \{f \mid f:A \rightarrow B\},$$

当 A 和 B 是有限集时,显然有

$$|B^A| = |B|^{|A|}.$$

若 f 是 A 到 A 自身的映射,则称 f 是 A 上的一个**变换**(transformation). 当 A 是有限集时,A 上的变换通常用"列表法"表示. 例如,设 $A = \{1, 2, 3\}$,定义 A 上的变换 $f:1 \mapsto 2, 2 \mapsto 3, 3 \mapsto 1$,则 f 可表示为

$$f = \begin{pmatrix} 1 & 2 & 3 \\ 2 & 3 & 1 \end{pmatrix}.$$

一般来说,$A = \{1, 2, \cdots, n\}$ 上的一个变换 f 可表示为

$$f = \begin{pmatrix} 1 & 2 & 3 & \cdots & n \\ f(1) & f(2) & f(3) & \cdots & f(n) \end{pmatrix}.$$

7. 映射的复合

两个映射在一定条件下可以进行复合运算. 首先,我们来建立两个映射相等的概念. 由于一个映射由定义域、定值域、对应关系三个因素决定,因此,两个映射相等必须这三个因素都相等,即如果 $f_1: A_1 \to B_1$,$f_2: A_2 \to B_2$,当且仅当 $A_1 = A_2$,$B_1 = B_2$ 和 $\forall x \in A_1$ 有 $f_1(x) = f_2(x)$ 时,称 f_1 与 f_2 相等,记作 $f_1 = f_2$.

类似于熟知的复合函数的概念,下面给出两个映射复合的概念.

定义 1.2.3 设 A, B, C 为三个集合,有两个映射 $f_1: A \to B$ 和 $f_2: B \to C$,则由 f_1, f_2 可确定一个 A 到 C 的映射 g:

$$g(x) = f_2(f_1(x)), \quad \forall x \in A,$$

称 g 是 f_1 与 f_2 的**复合**(或合成)(composite),记作 $g = f_2 f_1$.

对于 A 上的一个变换 I_A,若 $\forall x \in A$ 有 $I_A(x) = x$,称 I_A 是 A 上的一个**单位变换**或**恒等变换**(identity transformation).

关于映射的复合有以下性质.

定理 1.2.2 设有映射 $f: A \to B, g: B \to C, h: C \to D$,则有下面的结论:

(1) $h(gf) = (hg)f$. (结合律)   (1.2.5)

(2) $I_B f = f I_A = f$.   (1.2.6)

要证等式 (1.2.5) 和 (1.2.6),只要根据映射相等的概念,对任意一个元素 $x \in A$,检验等式两边对 x 作用的结果是否相同.

因为 $\forall x \in A$ 有

$$\begin{aligned} f_3(f_2 f_1)(x) &= f_3[f_2 f_1(x)] \\ &= f_3[f_2(f_1(x))] \\ &= f_3 f_2(f_1(x)) \\ &= (f_3 f_2)(f_1(x)) \\ &= [(f_3 f_2) f_1](x), \end{aligned}$$

所以式 (1.2.5) 成立.

类似可证式 (1.2.6).

8. 映射的逆

类似于反函数,对映射有逆映射的概念.

定义 1.2.4 设 $f: A \to B$.

(1) 若存在映射 $g: B \to A$ 使 $gf = I_A$,就称 g 是 f 的**左逆**(left inverse).

(2) 若存在映射 $h: B \to A$ 使 $fh = I_B$,就称 h 是 f 的**右逆**(right inverse).

(3) 若 f 同时有左逆和右逆,则左、右逆相等,称为 f 的**逆**(inverse),记作 f^{-1},此时称 f 可逆.

对(3),需要证明. 设 $gf = I_A$,$fh = I_B$,要证明 g 与 h 相等,按映射相等的定义,需讨论 $\forall b \in B$,$g(b)$ 与 $h(b)$ 是否都相等. 因为

$$g(b) = gI_B(b) = gfh(b)$$
$$= (gf)h(b)$$
$$= I_A(h(b)) = h(b),$$

所以 $g = h$.

要注意的是,若 f 只有左逆或只有右逆,则 f 未必可逆. 下面给出 f 可逆的条件.

定理 1.2.3 设 $f: A \to B$,则有下列结论:

(1) f 有左逆的充分必要条件为 f 是单射;

(2) f 有右逆的充分必要条件为 f 是满射;

(3) f 可逆的充分必要条件为 f 是双射.

证明 (1) 必要性:设 f 有左逆 g,若 $f(x_1) = f(x_2)$,两边作用 g,得 $gf(x_1) = gf(x_2)$,即 $I_A(x_1) = I_A(x_2)$,得 $x_1 = x_2$,所以 f 是单射.

充分性:设 f 是单射,定义 B 到 A 的对应关系 g 为

$$g(b) = \begin{cases} a, & \text{若 } b \in f(A) \text{ 且 } f(a) = b, \\ a_1, & \text{若 } b \in B \backslash f(A), \end{cases}$$

其中 a_1 是 A 中任意取定的一个元素.

因为 f 是单射,所以 $g(b)$ 惟一确定,故 g 是映射. 又 $\forall a \in A$ 有 $gf(a) = g(b) = a$,所以 $gf = I_A$,即 g 是 f 的左逆.

(2) 必要性:设 f 有右逆 h,则 $\forall b \in B$ 有 $fh(b) = b$,即 $f[h(b)] = b$,即 $\forall b \in B$,存在 $x = h(b)$ 使 $f(x) = b$. 所以 f 是满射.

充分性:设 f 是满射,我们定义一个 B 到 A 的对应关系 h,$\forall b \in B$,因为 f 是满射,存在一个 a,使 $f(a) = b$,于是,令 $h(b) = a$,则 h 是 B 到 A 的一个映射,且有

$$fh(b) = f(h(b)) = f(a) = b,$$

所以 $fh=I_B$，即 h 是 f 的右逆.

(3) 由(1)和(2)可得. □

关于逆映射有以下性质：

(1) $(f^{-1})^{-1}=f$.

(2) 若 g 是 $A \to B$ 的可逆映射，f 是 $B \to C$ 的可逆映射，则 fg 是 $A \to C$ 的可逆映射，且有 $(fg)^{-1}=g^{-1}f^{-1}$.

注意 记号 $f^{-1}(b)$ 的不同意义：前面我们用 $f^{-1}(b)$ 表示 b 在 f 下的全原像，不管 f 是否可逆. 当 f 是可逆时，$f^{-1}(b)$ 既表示 b 在 f 下的全原像，也表示 b 在 f^{-1} 作用下的像，这二者是一致的.

当 A 是有限集时，A 上的一个变换 f 可逆的充分必要条件是 f 是单射（或满射）. 这是因为当 A 是有限集时，f 是单射，意味着必是满射；反之，只要 f 是 A 上的满射，则 f 也是单射.

习题 1.2

1. 设 A 是有限集，用二项式定理证明 $|2^A|=2^{|A|}$.

2. 一个班有 93% 的人是团员，80% 的人担任过社会工作，70% 的人受过奖励，问：

(1) 受过奖励的团员至少占百分之几？

(2) 三者兼而有之的人至少占百分之几？

3. 在大于 1000 的正整数中，求：

(1) 不能被 5，6，8 中任何一个整数整除的个数；

(2) 既非平方数也非立方数的个数.

4. 设 $|A|=m$，$|B|=n$，求：

(1) A 到 B 的单射有多少个？

(2) 当 $m=3$，$n=2$ 时，A 到 B 的满射有多少个（对一般情形，求满射数的问题可参看文献[6] p.52～53）？

5. 证明 $(0,1)$ 与 $(-\infty,+\infty)$ 等势.

6. 设 f 是 A 到 B 的一个映射，$S \subseteq A$，举例说明 $f^{-1}[f(S)]=S$ 是否成立.

7. 设 $|A|<\infty$，f 是 A 上的一个变换，证明以下三个命题等价：(1) f 是单射；(2) f 是满射；(3) f 可逆.

*8. 设 $A \neq \varnothing$，证明不存在 A 到它的幂集 $\mathscr{P}(A)$ 的双射.

1.3　二元关系

本节主要讨论集合元素之间的关系.

1. 二元运算与代数系统

由两个集合可以用如下方法构造一个新的集合.

定义 1.3.1　设 A,B 是两个非空集合,由 A 的一个元素 a 和 B 的一个元素 b 可构成一个有序的元素对 (a,b),所有这样的元素对构成的集合,称为 A 与 B 的**笛卡儿积**(cartesian product),记作 $A \times B$,即 $A \times B = \{(a,b) \mid a \in A, b \in B\}$.

例 1.3.1　设 $A = \{1,2,3\}, B = \{a,b\}$,它们的笛卡儿积是

$$A \times B = \{(1,a),(1,b),(2,a),(2,b),(3,a),(3,b)\}.$$

例 1.3.2　设 $A = B = \mathbb{R}$,则 $\mathbb{R} \times \mathbb{R} = \{(x,y) \mid x,y \in \mathbb{R}\}$ 即是实笛卡儿坐标平面上的全体点的集合.

当 $|A| < \infty$ 和 $|B| < \infty$ 时有 $|A \times B| = |A| \cdot |B|$. 这就是所谓的**乘法原理**(multiplication principle). 笛卡儿积可以推广到任意有限个集合上:

$$A_1 \times A_2 \times \cdots \times A_n = \{(a_1,a_2,\cdots,a_n) \mid a_i \in A_i (i = 1,2,\cdots,n)\}.$$

一个 A 到 B 的映射 f 可以用 $A \times B$ 的一个子集 $\{(a,f(a)) \mid a \in A\}$ 来表示. 用笛卡儿积还可以定义一个集合中的运算.

定义 1.3.2　设 S 是一个非空集合,若有一个对应规则 f,对 S 中每一对元素 a 和 b 都规定了一个惟一的元素 $c \in S$ 与之对应,即 f 是 $S \times S \to S$ 的一个映射,则此对应规则就称为 S 中的一个**二元运算**(binary operation),并表示为 $a \cdot b = c$,其中"$\cdot$"表示运算符.

由定义可见,一个二元运算必须满足封闭性: $a \cdot b \in S$,以及惟一性: $a \cdot b$ 是惟一确定的.

例如,在整数集合 $\mathbb{Z}$ 中,普通的加法与乘法都是二元运算.

实数域 $\mathbb{R}$ 上的全体 n 阶可逆方阵的集合,记作 $GL(n,\mathbb{R})$ 或 $GL_n(\mathbb{R})$. 矩阵乘法是一个二元运算,因为两个可逆阵之积仍为可逆阵. 而矩阵加法不是二元运算,因为两个可逆阵之和未必可逆,因而不满足封闭性.

用类似的方法也可给出一元运算和多元运算的概念.

有了运算的概念,就可以给出代数系的确切定义.

定义 1.3.3　设 S 是一个非空集合,若在 S 中定义了一种运算 $\cdot$(或若干种运算 $+,\cdot,\times$ 等),则称 S 是一个**代数系统**(algebraic system),简称**代数**

系,记作$(S,\cdot)$或$(S,+,\cdot)$等.

例如,前面提到的$(\mathbb{Z},+),(\mathbb{Z},\cdot),(\mathbb{Z},+,\cdot),(GL_n(\mathbb{R}),\cdot)$等都是代数系. 近世代数就是研究各种代数系.

2. 二元关系

我们经常需要研究两个集合元素之间的关系或者一个集合内元素间的关系. 例如在矩阵集合中两个矩阵的相似、相合等关系,在向量空间中两个向量是否线性相关等.

定义 1.3.4 设 A,B 是两个集合,若规定一种规则 R,使对任何 $a\in A$ 和对任何 $b\in B$ 均可确定 a 和 b 是否适合这个规则,若适合这个规则,就说 a 和 b 有二元关系 R,记作 aRb,否则记作 $aR'b$.

A 和 B 之间的一个二元关系 R 也可用 $A\times B$ 的如下子集来表示:
$$S_R=\{(a,b)\mid a\in A,b\in B,aRb\}.$$
反之,$A\times B$ 的任何一个子集 S 也确定了 A 和 B 之间的一个二元关系 $R:aRb$ 当且仅当 $(a,b)\in S$.

在前面提到,一个 A 到 B 的映射 f 可用 $A\times B$ 的一个子集来表示,因而 f 也确定了一个 A 和 B 的二元关系:
$$xRy \Leftrightarrow y=f(x).$$

记号"命题1⇔命题2"表示命题1与命题2互为充分必要条件,或者说它们互相等价. 而记号"命题1⇒命题2"表示由命题1可推出命题2.

例 1.3.3 设 $X=\{a,b\},Y=\{c,d,e\}$,X 和 Y 的一个二元关系 α 规定如下:$a\alpha c,a\alpha d,a\alpha'e,b\alpha'c,b\alpha'd,b\alpha e$,它可用 $X\times Y$ 的子集 $S_\alpha=\{(a,c),(a,d),(b,e)\}$ 来表示.

例 1.3.4 在实数集合 $\mathbb{R}$ 中,定义二元关系为小于等于 $\leqslant$,则此二元关系可表示为
$$S_\leqslant=\{(a,b)\mid a,b\in\mathbb{R},a\leqslant b\}.$$

例 1.3.5 在整数集合 $\mathbb{Z}$ 中整除关系也是一个二元关系:
$$a\mid b \Leftrightarrow 存在 c\in\mathbb{Z} 使 b=ac.$$

3. 等价关系、等价类和商集

等价关系是集合中一类重要的二元关系,读者在线性代数中已经学过,它的定义如下.

定义 1.3.5 设 $\sim$ 是集合 A 上的一个二元关系,满足以下条件:

(1) 对任何 $a\in A$ 有 $a\sim a$.   (反身性)

(2) 对任何 $a,b \in A$ 有 $a \sim b \Rightarrow b \sim a$.　　　　　　　　　　　　（对称性）

(3) 对任何 $a,b,c \in A$ 有 $a \sim b$ 和 $b \sim c \Rightarrow a \sim c$.　　　　　（传递性）

则称 $\sim$ 为 A 中的一个**等价关系**（equivalence relation）. A 的子集 $\bar{a} = \{x \mid x \in A, x \sim a\}$ 即所有与 a 等价的元素的集合，称为 a 所在的一个**等价类**（equivalence class），a 称为这个等价类的**代表元**（representative element）.

例 1.3.6　设 n 是一个取定的正整数，在 $\mathbb{Z}$ 中定义一个二元关系 $\equiv \pmod n$ 如下：

$$a \equiv b \pmod n \Leftrightarrow n \mid (a - b),$$

这个二元关系称为模 n 的**同余（关系）**（congruence），a 与 b 模 n 同余指 a 和 b 分别用 n 来除所得的余数相同.

同余关系是一个等价关系，每一个等价类 $\bar{a} = \{x \mid x \in z, x \equiv a \pmod n\}$ 称为一个**同余类**，或**剩余类**（congruence class）.

例如 $9 \equiv 2 \pmod 7$，$-2 \equiv 4 \pmod 6$，$-1 \equiv 1 \pmod 2$ 等. 同余关系有许多实际背景. 例如，如果两人的生肖相同，则他们的年龄模 12 同余；如果两人都是星期一出生，则他们活到今天的天数模 7 同余，等等.

例如，对同余关系 "$\equiv \pmod 6$"，有同余类 $\bar{0}, \bar{1}, \bar{2}, \bar{3}, \bar{4}, \bar{5}$. 每一类的代表元不是惟一的，如 $\bar{0} = \bar{6} = \overline{-6} = \overline{12} = \cdots$，$\bar{1} = \bar{7} = \overline{-5} = \overline{13} = \cdots$，本书将其中每一类中最小非负整数的代表元命名为**正则代表元**（regular representative element），它是惟一确定的，就是带余除法的余数. 以后我们尽量用正则代表元来代表同余类. 同余类的记号可以不同，有的书采用方括号表示，如 $[0], [1]$ 等. 总之应以简单为好.

同余关系是一种非常重要的等价关系，以后将把它推广到其他类型的同余关系.

等价关系有以下性质：

(1) $a \sim b \Leftrightarrow \bar{a} = \bar{b}$，即等价类中每一个元素都可以作为代表元.

(2) 对任何两个元素 a 和 b，或有 $\bar{a} = \bar{b}$，或有 $\bar{a} \cap \bar{b} = \varnothing$.

这是因为如果 $a \sim b$，则由 (1) 得 $\bar{a} = \bar{b}$；如果 $a \nsim b$（a 不等价于 b）而 $\bar{a} \cap \bar{b} \neq \varnothing$，可取 $c \in \bar{a} \cap \bar{b}$，则有 $c \in \bar{a}$ 和 $c \in \bar{b} \Rightarrow c \sim a$ 和 $c \sim b \Rightarrow a \sim b$，矛盾. 故 $\bar{a} \cap \bar{b} = \varnothing$.

为了进一步描写等价类的性质，下面引进集合划分的概念.

定义 1.3.6　设 A 为非空集合，$A_\alpha (\alpha \in I)$ 为 A 的一些非空子集，其中 I 为子集 A_α 的脚标 α 构成的集合，若有

(1) $\displaystyle\bigcup_{\alpha \in I} A_\alpha = A$,

(2) 当 $\alpha,\beta\in I$ 且 $\alpha\neq\beta$,有 $A_\alpha\bigcap A_\beta=\varnothing$,

则称 $\{A_\alpha\,|\,\alpha\in I\}$ 为 A 的一个**划分**或**分类**(partition).

等价关系与划分有以下关系.

定理 1.3.1 设～为非空集合 A 中的一个等价关系,则等价类集合 $\{\bar{a}\,|\,a\in A\}$ 是 A 的一个划分;反之,A 的任何一个划分 $\{A_\alpha\,|\,\alpha\in I\}$ 决定了 A 中的一个等价关系:$a\sim b\Longleftrightarrow$ 有 $\alpha\in I$ 使 $a,b\in A_\alpha$.

证明 由等价关系性质(2)立即可得定理的前半部分.对定理的后半部分,只要证明由 A 的一个划分 $\{A_\alpha\,|\,\alpha\in I\}$ 所确定的二元关系 $R:aRb\Longleftrightarrow$ 有 $\alpha\in I$ 使 $a,b\in A_\alpha$,满足等价关系的三个条件.对任何 $a\in A$,因为 $\bigcup\limits_{\alpha\in I}A_\alpha=A$,必存在 $\alpha\in I$ 使 $a\in A_\alpha$,所以 $a\sim a$,对称性显然满足.又若 $a\sim b,b\sim c$,即 $a,b\in A_\alpha,b,c\in A_\beta$,可得 $A_\alpha\bigcap A_\beta\neq\varnothing$,由划分性质得 $A_\alpha=A_\beta$,故 $a,c\in A_\alpha,a\sim c$.故传递性成立. $\square$

集合 A 对某个等价关系～的所有等价类构成的集合,称为 A 关于～的**商集**(quotient set),记作 $A/\sim$,即

$$A/\sim=\{\bar{a}\,|\,a\in A\},$$

它是 2^A 的一个子集.这里我们用同一个记号 $\bar{a}$ 表示在不同场合下的两种意义:在 A 中 $\bar{a}$ 表示 A 的一个子集,而在 $A/\sim$ 中,$\bar{a}$ 表示它的一个元素.

例 1.3.6 中整数集全 $\mathbb{Z}$ 对模 n 的同余关系有 n 个等价类,它们是

$$\bar{0}=\{kn\,|\,k\in\mathbb{Z}\},$$
$$\bar{1}=\{kn+1\,|\,k\in\mathbb{Z}\},$$
$$\cdots$$
$$\overline{n-1}=\{kn+(n-1)\,|\,k\in\mathbb{Z}\}.$$

$\mathbb{Z}$ 对 $\equiv(\bmod\ n)$ 的商集记作

$$\mathbb{Z}_n=\mathbb{Z}/\equiv(\bmod\ n)=\{\bar{0},\bar{1},\cdots,\overline{n-1}\}.$$

例 1.3.7 在全体 2 阶实矩阵集合 $M_2(\mathbb{R})$ 中定义二元关系～:

$$A\sim B\Longleftrightarrow\det A=\det B.$$

不难证明这是一个等价关系.每一个实数 r 对应一个等价类,其中所有的矩阵的行列式都等于 r,在这个等价类中可选矩阵 $\begin{pmatrix}r&0\\0&1\end{pmatrix}$ 作为代表元,故这个等价类可表示为

$$\overline{\begin{pmatrix}r&0\\0&1\end{pmatrix}}=\left\{\begin{pmatrix}a&b\\c&d\end{pmatrix}\Big|\,a,b,c,d\in\mathbb{R},ad-bc=r\right\},$$

商集为

$$M_2(\mathbb{R})/\sim = \left\{ \overline{\begin{pmatrix} r & 0 \\ 0 & 1 \end{pmatrix}} \middle| r \in \mathbb{R} \right\}.$$

4. 偏序和全序

定义 1.3.7　设 S 是一个集合，$\leqslant$ 是 S 中一个二元关系满足

(1) 对任何 $x \in S$ 有 $x \leqslant x$,　　　　　　　　　　　　　（反身性）

(2) 对任何 $x,y \in S$ 若有 $x \leqslant y$ 且 $y \leqslant x \Rightarrow x = y$,　　　（反对称性）

(3) 对任何 $x,y,z \in S$ 若有 $x \leqslant y$ 且 $y \leqslant z \Rightarrow x \leqslant z$,　　　（传递性）

则称 $\leqslant$ 是 S 中一个**偏序**（partial ordering），S 称为**偏序集**（partially ordered set or poset），记作 $(S, \leqslant)$.

若 $(S, \leqslant)$ 还满足

(4) 对任何 $x,y \in S$ 均有 $x \leqslant y$ 或 $y \leqslant x$,

则称 $\leqslant$ 为 S 中的一个**全序**（total ordering），$(S, \leqslant)$ 称为一个**全序集**（totally ordered set）.

偏序集与全序集的区别只是在于，在全序集中任何两个元素均有序的关系，而在偏序集中则不一定. 我们规定，偏序集的子集仍是一个偏序集. 两个元素若有 $x \leqslant y$ 且 $x \neq y$，则记为 $x < y$.

例 1.3.8　设 A 为任意集合，$S = 2^A$，在 S 中定义二元关系 $\leqslant$：$x \leqslant y \Leftrightarrow x \subseteq y$，则不难检验 S 对 $\leqslant$ 满足定义 1.3.7 中条件 (1)、(2)、(3)，故 $(S, \leqslant)$ 是偏序集，但不是全序集.

例 1.3.9　在正整数集合 $\mathbb{Z}^+$ 中定义 $\leqslant$ 为整除关系，即 $a \leqslant b \Leftrightarrow a \mid b$，则 $(\mathbb{Z}^+, \mid)$ 是偏序集，而不是全序集. 但如果在 $\mathbb{Z}^+$ 中定义 $\leqslant$ 就是普通的小于或等于关系，则 $(\mathbb{Z}^+, \leqslant)$ 是全序集.

可用 Hasse 图来表示一个偏序集. 例如 $S = \{1,2,3,4,5,6\}$，$\leqslant$ 为整除关系. S 中每一个元素对应图中一个点. 若 $x < y$ 且不存在 $u \in S$ 使 $x < u < y$，则称 y **覆盖**（cover）x，当 y 覆盖 x 时，在图中点 y 与点 x 之间有一条边相连，且点 y 在点 x 的上方. 我们可从任何一点开始按此规则画出所有的点和边. 这样得到的图就是偏序集的 Hasse 图. 对这个特殊的例子作出的 Hasse 图如图 1.4 所示.

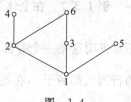

图　1.4

全序集的图是一条竖链.

下面给出偏序集 $(S, \leqslant)$ 中最大（小）元、极大（小）元以及子集的上（下）界的概念.

(1) 设 $a \in S$，若对任何 $x \in S$ 均有 $x \leqslant a (x \geqslant a)$，则称 a 是 S 的**最大（小）**

元(maximal (minimal) element).

(2) 设 $a \in S$,若 $x \geqslant a (x \leqslant a) \Rightarrow x = a$,则称 a 是 S 中的一个**极大(小)元**(maximum (minimum) element).

(3) 设 T 是 S 的一个子集,$a \in S$,若对任何 $x \in T$ 均有 $x \leqslant a (x \geqslant a)$,就称 a 是 T 的一个**上(下)界**(upper (low) bound).注意子集的上(下)界未必在此子集中.

(4) 设 $T \subseteq S$,a 是 T 的一个上界,若对 T 的任意一个上界 a' 均有 $a \leqslant a'$,则称 a 是 T 的**最小上界**(least upper bound).类似有最大下界的概念.

例如,$\mathbf{Z}^+ = \{1, 2, 3, \cdots\}$ 是正整数集,它对整除关系构成一个偏序集,设 $S = \{1, 2, 3, 4, 5, 6\}$,S 有最小元 1,无最大元,在 Hasse 图上(见图 1.4),最小元位于最底层.$4, 5, 6$ 都是 S 的极大元.S 在 $\mathbf{Z}^+$ 中的上界有很多,$4, 5, 6$ 的公倍数都是,但最小上界只有一个,即 $4, 5, 6$ 的最小公倍数 60.这个上界不在 S 中.

最后我们给出全序集的良序性的概念.

定义 1.3.8 设 A 为全序集,若 A 的任何非空子集都有最小元,则称 A 是**良序集**(well ordered set).

正整数集 $\mathbf{Z}^+$ 是良序集.设 M 是 $\mathbf{Z}^+$ 的任意一个非空子集,可在 M 中任取一个数,设为 n,则 M 中小于或等于 n 的数只有有限个(不多于 n 个),故存在一个最小数,所以 $\mathbf{Z}^+$ 是良序集.

整数集合 $\mathbf{Z}$ 对普通的数的大小不是良序的,但可对 $\mathbf{Z}$ 重新规定序使其成为良序集.

由正整数集的良序性可得以下的数学归纳法原理.

定理 1.3.2 设 M 是由正整数构成的集合,若 $1 \in M$,且当 $n-1 \in M$ 时必有 $n \in M$,则 M 是止整数集.

证明 设 $N = \mathbf{Z}^+ \backslash M$,若 $N \neq \varnothing$,则由 $\mathbf{Z}^+$ 的良序性知 N 有最小数 a,且因 $a \notin M$ 知 $a \neq 1$,故 $a-1 \in \mathbf{Z}^+$.由 a 在 N 中的极小性知 $a-1 \notin N$,于是 $a-1 \in M$,由定理所给条件得 $a \in M$,矛盾.所以 $N = \varnothing$,即 $M = \mathbf{Z}^+$.   □

如果一个命题与正整数有关,根据定理 1.3.2,有以下的普通归纳法:首先证明命题对 1 成立,然后假设命题对 $n-1$ 成立,若能证明命题对 n 也是真的,则此命题对所有正整数都是真的.

数学归纳法还有另一种形式:首先证明命题对 1 是真的,然后假设命题对所有小于 n 的正整数都是真的,若能证明命题对 n 也成立,则命题对所有正整数都成立.

数学归纳法可以推广到任何良序集,这就是所谓的超限归纳法.

定理 1.3.3（超限归纳法原理）　设 $(S, \leqslant)$ 是一个良序集,$P(x)$ 是与元素 $x \in S$ 有关的一个命题,如果

（1）对于 S 中的最小元 a_0,$P(a_0)$ 成立,

（2）假定对任何 $x < a$,$P(x)$ 成立,可证明 $P(a)$ 也成立,

则 $P(x)$ 对任何 $x \in S$ 都成立.

习题 1.3

1. 设 $A = \{1,2,3,4,5\}$,在 2^A 中定义二元关系 $\sim$:$S \sim T \Leftrightarrow |S| = |T|$. 证明 $\sim$ 是等价关系,并写出等价类和商集 $2^A / \sim$.

2. 设 $S = \{0,1,2,\cdots,n\}$,f 是 $M_n(\mathbb{R})$ 到 S 的映射:$f(A) = \mathrm{R}(A)$,$\forall A \in M_n(\mathbb{R})$,求由 f 所决定的等价关系,并决定等价类和商集.

3. 在 $M_n(\mathbb{C})$ 中定义二元关系 $\sim$:$A \sim B \Leftrightarrow$ 存在 $P \in M_n(\mathbb{C})$ 且 $\det P \neq 0$ 使 $P^{-1}AP = B$,证明 $\sim$ 是等价关系,应选什么样的元素作为等价类的代表元最简单?

4. 设 S 是实 n 阶对称矩阵的集合,定义 S 中二元关系 $\sim$:$A \sim B \Leftrightarrow \exists$ 非奇异 n 阶矩阵 C 使 $C'AC = B$,证明 $\sim$ 是 S 中的一个等价关系,并求 $|S/\sim|$.

5. 举一个偏序集但不是全序集的例子,并画出它的 Hasse 图.

6. 已知两个偏序集的 Hasse 图如图 1.5 所示,分别写出这两个偏序集及偏序关系.

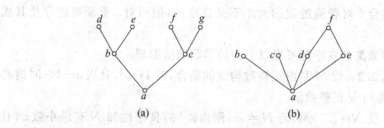

(a)　　　　　　　　　(b)

图　1.5

7. 用两种方法对 $\mathbb{Z}$ 定义序,使它成为一个良序集.

1.4　整数与同余方程

整数集合是大家最熟悉的数集,它在近世代数中也是最基本的代数系,所以有必要对有关整数的性质作一系统的整理和补充.

1. 整数的运算

在整数运算中有以下两个基本定理.

定理 1.4.1(带余除法定理,theorem of division with residue) 设 $a, b \in \mathbb{Z}$, $b \neq 0$,则存在惟一的整数 q, r 满足

$$a = qb + r, \quad 0 \leqslant r < |b|.$$

r 称为模 b 的**余数**(residue),记作

$$a \bmod b = r.$$

若 $r = 0$,则 $a = qb$,称 b **整除** a,记作 $b \mid a$,这时,称 b 是 a 的**因子**(或因数)(factor 或 divisor),a 是 b 的**倍数**(multiple).

注意余数记号 $a \bmod b = r$ 与 1.3 节中的同余记号的关系,两个整数模 n 同余就是模 n 的余数相等:

$$a \equiv b \pmod{n} \Leftrightarrow n \mid (a-b) \Leftrightarrow a \bmod n = b \bmod n \Leftrightarrow a = qn + b.$$

如果一个大于 1 的正整数 p 除了 1 与它自身外没有其他的正因子,就称 p 是素数或质数(prime).

定理 1.4.2(算术基本定理,fundamental theorem of arithmetic) 每一个不等于 1 的正整数 a 可以分解为素数的幂之积:

$$a = p_1^{\varepsilon_1} p_2^{\varepsilon_2} \cdots p_s^{\varepsilon_s},$$

其中 $p_1, p_2, \cdots, p_s$ 为互不相同的素数,$\varepsilon_i \in \mathbb{Z}^+$.除因子的次序外分解式是惟一的.此分解式称为**整数的标准分解式**(standard decomposition).

这两个定理的证明在这里不再叙述,读者可在许多书中找到(例如[1]).

2. 最大公因子和最小公倍数

设 $a, b \in \mathbb{Z}$,不全为 0,它们的正最大公因子记作 (a, b),正最小公倍数记作 $[a, b]$.

最大公因子的计算除了熟知的辗转相除法外,还可利用算术基本定理.

设 $a, b \in \mathbb{Z}^+$,由算术基本定理可将它们表示为

$$a = p_1^{x_1} p_2^{x_2} \cdots p_s^{x_s},$$
$$b = p_1^{y_1} p_2^{y_2} \cdots p_s^{y_s},$$

其中 $p_1, p_2, \cdots, p_s$ 为互不相同的素数,$x_i, y_i (i = 1, 2, \cdots, s)$ 为非负整数,某些可以等于 0.令

$$\alpha_i = \min\{x_i, y_i\} \quad (i = 1, 2, \cdots, s),$$
$$\beta_i = \max\{x_i, y_i\} \quad (i = 1, 2, \cdots, s),$$

则

$$(a,b) = p_1^{a_1} p_2^{a_2} \cdots p_s^{a_s},$$
$$[a,b] = p_1^{\beta_1} p_2^{\beta_2} \cdots p_s^{\beta_s},$$

且有

$$ab = (a,b) \cdot [a,b].$$

最大公因子还有以下重要性质.

定理 1.4.3（最大公因子定理, theorem of maximal common factor）　设 $a,b \in \mathbf{Z}$, a,b 不全为 0, $d=(a,b)$, 则存在 $p,q \in \mathbf{Z}$ 使

$$pa+qb=d.$$

证明　作集合　　$A=\{ra+sb \in \mathbf{Z}^+ \,|\, r,s \in \mathbf{Z}\}$.

首先证明 $A \neq \varnothing$. 由于 a,b 不全为 0, 必存在 r,s 使 $ra+sb \neq 0$. 又因为 $-(ra+sb)=(-r)a+(-s)b, -r,-s \in \mathbf{Z}$, $ra+sb$ 与 $-(ra+sb)$ 中必有一个为正整数, 所以 $A \neq \varnothing$. 其次, 由正整数集的良序性, A 有最小元, 设为 d, 并设 $d=pa+qb$. 下面证明 $d=(a,b)$.

先证 $d|a$. 设由带余除法得 $a=\alpha d+\beta, 0 \leqslant \beta < |d|$, 即 $\beta=a-\alpha d=(1-\alpha p)a+(-\alpha q)b \in A$, 由 d 的最小性得 $\beta=0$, 所以 $a=\alpha d$, 即 $d|a$.

类似可证 $d|b$, 故 d 是 a 和 b 的公因子.

设 u 是 a 和 b 的任一公因子, 由 $u|a, u|b$ 得 $u|(pa+qb)$, 即 $u|d$. 所以 d 是 a 和 b 的最大公因子, 即 $d=(a,b)$.　　　□

可用辗转相除法求得 p,q.

例 1.4.1　设 $a=51425, b=13310$, 求 $d=(a,b), [a,b]$ 及 $p,q \in \mathbf{Z}$ 使 $pa+qb=d$.

解　用辗转相除法得以下结果:

	$51425(a)$	$13310(b)$	3
	39930	11495	
1	$11495(r_1)$	$1815(r_2)$	6
	10890	1815	
3	$605(r_3)$	0	

$$\begin{cases} a = 3b+r_1, \\ b = r_1+r_2, \\ r_1 = 6r_2+r_3, \\ r_2 = 3r_3. \end{cases}$$

于是, 得

$$d = r_3 = 605,$$
$$d = r_1 - 6r_2 = r_1 - 6(b - r_1) = 7r_1 - 6b = 7(a - 3b) - 6b$$
$$= 7a - 27b,$$

故 $\qquad p = 7, q = -27.$

$$[a, b] = ab/(a, b) = 51425 \times 13310/605 = 1131350.$$

我国古代发明一种递推算法,叫做**大衍求一术**[8],尤其适合于编程,用计算机计算.

设 $a > b > 0, d = (a, b)$,用下列递推公式求出 4 个数列:$\{r_k\}, \{q_k\}, \{c_k\},$ $\{d_k\}$.

$$\begin{cases} r_{k-2} = q_k r_{k-1} + r_k, \\ c_k = q_k c_{k-1} + c_{k-2}, \\ d_k = q_k d_{k-1} + d_{k-2}, \end{cases} \qquad (1.4.1)$$

其中初值为

$$r_{-1} = a, \quad r_0 = b;$$
$$c_{-1} = 1, \quad c_0 = 0;$$
$$d_{-1} = 0, \quad d_0 = 1.$$

$k = 0, 1, 2, \cdots, n, n+1$,直至得到 $r_n \neq 0, r_{n+1} = 0$,则

$$d = (a, b) = r_n,$$
$$p = (-1)^{n-1} c_n, \quad q = (-1)^n d_n,$$

满足 $\qquad d = pa + qb.$

证明 (1) 首先用归纳法证明下式:

$$r_k = (-1)^{k-1} c_k a + (-1)^k d_k b,$$
$$k = 1, 2, \cdots, n. \qquad (1.4.2)$$

对 k 应用归纳法. $k = 1$,由 $a = q_1 b + r_1, c_1 = 1, d_1 = q_1$ 得 $r_1 = a - d_1 b = c_1 a + (-1)^1 d_1 b$,式(1.4.2)成立. 设 $k > 1$,且对小于 k 的所有正整数公式(1.4.2)成立.

由式(1.4.1)和归纳假设得

$$r_k = r_{k-2} - q_k r_{k-1}$$
$$= (-1)^{k-3} c_{k-2} a + (-1)^{k-2} d_{k-2} b$$
$$- q_k ((-1)^{k-2} c_{k-1} a + (-1)^{k-1} d_{k-1} b)$$
$$= (-1)^{k-1} [c_{k-2} + q_k c_{k-1}] a + (-1)^k [d_{k-2} + q_k d_{k-1}] b$$
$$= (-1)^{k-1} c_k a + (-1)^k d_k b.$$

故式(1.4.2)成立.

(2) 再证 $d | r_k, k = n-1, n-2, \cdots, 2, 1, 0, -1.$

由于 $r_{n+1} = 0, r_{n-1} = q_{n+1} r_n + r_{n+1} = q_{n+1} r_n$ 和 $d = r_n$,故 $d | r_{n-1}.$

假设 $d \mid r_n, d \mid r_{n-1}, \cdots, d \mid r_{n-k}$，则由 $r_{n-k-1} = q_{n-k+1} r_{n-k} + r_{n-k+1}$ 得 $d \mid r_{n-k-1}$.

以此类推，可得 $d \mid r_k, k = n-1, n-2, \cdots, 2, 1, 0, -1$.

(3) 证明 $d = (a, b)$.

首先有 $d = r_n = pa + qb$.

由(2)得 $d \mid r_0 = b, d \mid r_{-1} = a$，所以 d 是 a 与 b 的公因子. 若 d' 也是 a 与 b 的公因子，则由 $d = pa + qb$ 得 $d' \mid d$. 所以 d 是 a 与 b 的最大公因子.

可用下表表示大衍求一术的计算过程：

k	q_k	r_k	c_k	d_k
-1		a	1	0
0		b	0	1
1	q_1	r_1	c_1	d_1
$\vdots$	$\vdots$	$\vdots$	$\vdots$	$\vdots$
n	q_n	$\boldsymbol{r_n}$	$\boldsymbol{c_n}$	$\boldsymbol{d_n}$
$n+1$	q_{n+1}	$r_{n+1} = 0$		

可得

$$d = r_n,$$
$$p = (-1)^{n-1} c_n,$$
$$q = (-1)^n d_n.$$

例如，求 $d = (187, 221)$ 及 p, q. 作表计算如下：

k	q_k	r_k	c_k	d_k
-1		221	1	0
0		187	0	1
1	1	34	1	1
$(n=)2$	5	$\boldsymbol{17}$	$\boldsymbol{5}$	$\boldsymbol{6}$
$(n+1=)3$	2	0		

得到

$$d = 17,$$
$$p = (-1)^{n-1} 5 = -5,$$
$$q = (-1)^n 6 = 6.$$

3. 互素

若 $a,b \in \mathbb{Z}$ 满足 $(a,b)=1$,则称 a 与 b **互素**(relatively prime).

关于整数间的互素关系有以下性质:

(1) $(a,b)=1 \Leftrightarrow \exists\, p,q \in \mathbb{Z}$ 使 $pa+qb=1$.

(2) $a \mid bc$ 且 $(a,b)=1 \Rightarrow a \mid c$.

(3) 设 $a,b \in \mathbb{Z}$,p 为素数,则有
$$p \mid ab \Rightarrow p \mid a \text{ 或 } p \mid b.$$

(4) $(a,b)=1,(a,c)=1 \Rightarrow (a,bc)=1$.

(5) $a \mid c,b \mid c$ 且 $(a,b)=1 \Rightarrow ab \mid c$.

(6) **Euler 函数**:设 n 为正整数,$\varphi(n)$ 为小于 n 并与 n 互素的正整数的个数.若 n 的标准分解式为
$$n = p_1^{e_1} p_2^{e_2} \cdots p_s^{e_s},$$
则
$$\varphi(n) = n\left(1-\frac{1}{p_1}\right)\left(1-\frac{1}{p_2}\right)\cdots\left(1-\frac{1}{p_s}\right).$$

证明 利用包含与排斥原理.

设 $A_i = \{$不大于 n 且是 p_i 的倍数的正整数$\}$
$$= \{x \in \mathbb{Z}^+ \mid x \leqslant n \text{ 且 } p_i \mid x\},$$
则有
$$|A_i| = \frac{n}{p_i}, \quad |A_i \cap A_j| = \frac{n}{p_i p_j}, \quad \cdots.$$
由包含与排斥原理可得
$$\varphi(n) = n - \left|\bigcup_{i=1}^{s} A_i\right|$$
$$= n - \sum_{i=1}^{s}|A_i| + \sum_{1 \leqslant i < j \leqslant s}|A_i \cap A_j| - \cdots + (-1)^s \left|\bigcap_{i=1}^{s} A_i\right|$$
$$= n\left(1 - \sum_{i=1}^{s}\frac{1}{p_i} + \sum_{i<j}\frac{1}{p_i p_j} - \cdots + (-1)^s \frac{1}{p_1 p_2 \cdots p_s}\right)$$
$$= n\left(1-\frac{1}{p_1}\right)\left(1-\frac{1}{p_2}\right)\cdots\left(1-\frac{1}{p_s}\right). \qquad \square$$

4. 同余方程及孙子定理

关于同余的概念前面已经介绍过了,下面介绍同余方程的概念和解法.

定义 1.4.1 设 $a,b \in \mathbb{Z}$,$m \in \mathbb{Z}^+$,则

$$ax \equiv b \pmod{m}, \quad a \not\equiv 0 \pmod{m} \qquad (1.4.3)$$

称为模 m 的**一次同余方程**（congruence equation of first depree），或简称**一次同余式**.

若 $c \in \mathbb{Z}$ 满足方程(1.4.3)，则称 c 为方程(1.4.3)的一个**特解**（special solution）. 下面讨论方程(1.4.3)有解的条件.

定理 1.4.4　同余方程(1.4.3)有解的充分必要条件是 $(a, m) \big| b$.

证明　⟹:设方程(1.4.3)有解，即 $\exists c \in \mathbb{Z}$ 满足 $ac \equiv b \pmod{m}$，则 $\exists q \in \mathbb{Z}$，使

$$ac + qm = b,$$

所以 $(a, m) \big| b$.

⟸: $(a, m) \big| b$，令

$$a = a_1(a, m), \ b = b_1(a, m), \ m = m_1(a, m),$$

则 $(a_1, m_1) = 1$，因而有 $r, s \in \mathbb{Z}$ 使

$$r a_1 + s m_1 = 1,$$

因而得

$$r a_1 b_1 + s m_1 b_1 = b_1,$$

即

$$r a_1 b_1 \equiv b_1 \pmod{m_1}. \qquad (1.4.4)$$

另一方面由 $ax \equiv b \pmod{m}$，即

$$a_1(a, m) x \equiv b_1(a, m) \pmod{m_1(a, m)}$$

$$\Leftrightarrow \quad a_1(a, m) x - b_1(a, m) = k m_1(a, m)$$

$$\Leftrightarrow \quad a_1 x - b_1 = k m_1$$

$$\Leftrightarrow \quad a_1 x \equiv b_1 \pmod{m_1}. \qquad (1.4.5)$$

比较式(1.4.4)与式(1.4.5)得

$$x \equiv r b_1 \pmod{m_1},$$

或

$$x = r b_1 + l m_1 \quad (l \in \mathbb{Z})$$

即为方程(1.4.3)的解. 这个解称为方程(1.4.3)的**一般解**或**通解**（general solution），它包含方程(1.4.3)的所有的解.

定理的证明过程提供了一个求一次同余式解的方法与步骤：

(1) 求 (a, m)，若 $(a, m) \big| b$，则方程有解.

(2) 求 a_1, b_1, m_1：

$$a_1 = a/(a, m), \quad b_1 = b/(a, m), \quad m_1 = m/(a, m).$$

(3) 求 $p, q \in \mathbb{Z}$，满足 $p a_1 + q m_1 = 1$.

(4) $x = p b_1 + l m_1 (l \in \mathbb{Z})$ 或 $x \equiv p b_1 \pmod{m_1}$，就是方程(1.4.3)的通解.

例 1.4.2 解同余方程 $1215x \equiv 560 \pmod{2755}$.

解 按上述步骤求解如下:

(1) 求 $(a, m) = (1215, 2755) = 5$, 因 $5 \mid 560$, 故方程有解.

(2) $a_1 = 1215/5 = 243$, $b_1 = 560/5 = 112$, $m_1 = 2755/5 = 551$.

(3) 由 $(a_1, m_1) = 1$, 用转辗相除法可求得满足 $ra_1 + sm_1 = 1$ 的 $r = -195$, $s = 86$.

(4) 方程的解为

$$x = -195 \times 112 + l \cdot 551 \quad (l \in \mathbb{Z})$$
$$= 200 + 551l \quad (l \in \mathbb{Z})$$

或

$$x = 200, 751, 1302, 1853, 2404 \pmod{2755}.$$

下面讨论同余方程组的求解问题. 设有以下同余方程组:

$$\begin{cases} x \equiv b_1 \pmod{m_1}, \\ x \equiv b_2 \pmod{m_2}, \\ \cdots \\ x \equiv b_k \pmod{m_k}. \end{cases} \quad (1.4.6)$$

求满足此方程组的解.

关于同余方程组, 我国古代数学家有不少杰出的工作.《孙子算经》(公元前后)中提出以下问题:

"今有物不知其数, 三三数之剩二, 五五数之剩三, 七七数之剩二, 问物几何?""答曰二十三."

它的意思是, 要求一个数, 它被 3 除余 2, 被 5 除余 3, 被 7 除余 2, 求此数. 答案为 23.

用同余方程来表示, 就是求满足下面方程组的 x:

$$\begin{cases} x \equiv 2 \pmod 3, \\ x \equiv 3 \pmod 5, \\ x \equiv 2 \pmod 7, \end{cases} \quad (1.4.7)$$

$x = 23$ 是它的一个特解. 如何求它的一般解呢? 1593 年明朝的《算法统宗》对更一般的同余方程组:

$$\begin{cases} x \equiv a \pmod 3, \\ x \equiv b \pmod 5, \\ x \equiv c \pmod 7, \end{cases} \quad (1.4.8)$$

用一首歌道出了它的一般解:

三人同行七十稀,

五树梅花廿一枝,

$$\text{七子团圆整半月,}$$
$$\text{除百零五便得知.}$$

用式子表达,方程组(1.4.8)的解就是

$$x \equiv (70a + 21b + 15c) \pmod{105}.$$

对于更一般的同余方程组(1.4.6)有以下著名的孙子定理,又称**中国剩余定理**(chinese remainder theorem).

定理 1.4.5(孙子定理) 设 $m_1, m_2, \cdots, m_k (k \geqslant 1)$ 为 k 个两两互素的正整数,令

$$M = m_1 m_2 \cdots m_k = m_1 M_1 = m_2 M_2 = \cdots = m_k M_k,$$

则同余方程(1.4.6)的一般解为

$$x \equiv b_1 c_1 M_1 + b_2 c_2 M_2 + \cdots + b_k c_k M_k \pmod{M} \qquad (1.4.9)$$

其中 c_i 是满足同余方程

$$M_i x \equiv 1 \pmod{m_i} \qquad (1.4.10)$$

的一个特解, $i = 1, 2, \cdots, k$.

在证明这个定理之前,先用它来求解前面的同余方程(1.4.7),然后再证明此定理.

因为 $m_1 = 3$, $m_2 = 5$, $m_3 = 7$,所以 $M = 105$, $M_1 = 35$, $M_2 = 21$, $M_3 = 15$. 解方程

$$35x \equiv 1 \pmod 3 \quad 得 \quad c_1 = 2,$$

解方程

$$21x \equiv 1 \pmod 5 \quad 得 \quad c_2 = 1,$$

解方程

$$15x \equiv 1 \pmod 7 \quad 得 \quad c_3 = 1,$$

由式(1.4.9)得方程(1.4.7)的一般解为

$$x \equiv 2 \times 2 \times 35 + 3 \times 21 + 2 \times 15$$
$$\equiv 140 + 63 + 30 \equiv 23 \pmod{105}.$$

方程(1.4.8)的一般解由公式(1.4.9)正好得到那首歌所述的结果.

下面证明孙子定理.

证明 只要证明以下两点:式(1.4.9)是方程(1.4.6)的解;方程(1.4.6)的所有解均在(1.4.9)中.

(1) 式(1.4.9)满足方程(1.4.6)是显然的,只要把它代入方程(1.4.6)的每一个方程进行验证即可.

(2) 设 y 是方程(1.4.6)的任一解,证明 y 包含在式(1.4.9)中.

y 满足方程(1.4.6)中每一个方程,因而有

$$y \equiv b_i \pmod{m_i} \quad (i = 1, 2, \cdots, k).$$

设 x 为由式(1.4.9)决定的解,因而有

$$x - y \equiv 0 \pmod{m_i} \quad (i = 1, 2, \cdots, k),$$

故 $\qquad\qquad m_i \,\big|\, (x-y) \quad (i = 1, 2, \cdots, k),$

又因为 $\qquad\qquad (m_i, m_j) = 1 \quad (i \neq j),$

所以 $\qquad\qquad m_1 m_2 \cdots m_k = M \,\big|\, (x-y),$

即 $\qquad\qquad\qquad y \equiv x \pmod{M}.$

也就是说 y 被包含在式(1.4.9)中. $\qquad\qquad\qquad\qquad$ □

我们可以把求同余方程组(1.4.6)一般解的孙子定理归结为以下几个步骤:

(1) 求 $M = m_1 m_2 \cdots m_k$, $M_i = M/m_i (i = 1, 2, \cdots, k)$.

(2) 求一次同余式

$$M_i x \equiv 1 \pmod{m_i}$$

的任何一个特解 $c_i (i = 1, 2, \cdots, k)$.

(3) 代入式(1.4.9),则得方程(1.4.6)的通解:

$$x \equiv b_1 c_1 M_1 + b_2 c_2 M_2 + \cdots + b_k c_k M_k \pmod{M}.$$

作为孙子定理的一个应用,下面对本节前面已经证明过的 Euler 函数 $\varphi(n)$,利用同余性质和孙子定理重新加以证明.

例 1.4.3 设 $\varphi(n)$ 是 Euler 函数,则

(1) 若 $(m, k) = 1$,则 $\varphi(mk) = \varphi(m)\varphi(k)$.

(2) 若 $n = p_1^{e_1} p_2^{e_2} \cdots p_s^{e_s}$,则

$$\varphi(n) = n\left(1 - \frac{1}{p_1}\right)\left(1 - \frac{1}{p_2}\right)\cdots\left(1 - \frac{1}{p_s}\right).$$

证明 (1) 设 $n = mk$,$(m, k) = 1$. 要证明等式 $\varphi(n) = \varphi(m)\varphi(k)$,一个常用的方法是构造两个集合,然后建立一一对应关系,从而证明等式. 为此,令

$$A = \{x \mid 1 \leqslant x < n \text{ 且 } (x, n) = 1\},$$
$$B = \{r \mid 1 \leqslant r < m \text{ 且 } (r, m) = 1\},$$
$$C = \{s \mid 1 \leqslant s < k \text{ 且 } (s, k) = 1\}.$$

则 $|A| = \varphi(n)$,$|B| = \varphi(m)$,$|C| = \varphi(k)$.

作映射 $f: A \to B \times C, x \mapsto (r, s)$,其中 $x \bmod m = r$,$x \bmod k = s$.

先证 f 是单射. 若有 $x_1, x_2 \in A$ 使 $x_1 \bmod m = x_2 \bmod m = r$ 和 $x_1 \bmod k = x_2 \bmod k = s$,则得 $m \,\big|\, (x_1 - x_2)$ 和 $k \,\big|\, (x_1 - x_2)$. 又由 $(m, k) = 1$ 得到 $mk = n \,\big|\, (x_1 - x_2)$,所以 $x_1 = x_2$. 因而 f 是单射.

再证 f 是满射. $\forall (r,s) \in B \times C$,构造同余方程组

$$\begin{cases} x \equiv r \pmod{m}, \\ x \equiv s \pmod{k}. \end{cases}$$

由于 m 与 k 互素,由孙子定理知在 A 中方程组有解 x. 因而 f 是满射.

综上所述,f 是双射,故有 $|A| = |B \times C| = |B| \cdot |C|$,即 $\varphi(n) = \varphi(m)\varphi(k)$.

(2) 对 s 应用归纳法. $s = 1$,$n = p_1^{\varepsilon_1}$,与 n 不互素且不大于 n 的正整数(包括 n)为 $p_1, 2p_1, \cdots, (p_1^{\varepsilon_1 - 1})p_1$,共 $p_1^{\varepsilon_1 - 1}$ 个,所以,$\varphi(n) = n - p_1^{\varepsilon_1 - 1} = n\left(1 - \dfrac{1}{p_1}\right)$,公式成立.

假设公式对 $s - 1$ 成立,要证对 s 成立.

令 $m = p_1^{\varepsilon_1} p_2^{\varepsilon_2} \cdots p_{s-1}^{\varepsilon_{s-1}}$,$k = p_s^{\varepsilon_s}$,则 $n = mk$ 且 $(m,k) = 1$. 由归纳假设得

$$\varphi(m) = m\left(1 - \frac{1}{p_1}\right)\cdots\left(1 - \frac{1}{p_{s-1}}\right), \quad \varphi(k) = p_s^{\varepsilon_s}\left(1 - \frac{1}{p_s}\right).$$

因而

$$\varphi(n) = \varphi(m)\varphi(k) = m\left(1 - \frac{1}{p_1}\right)\cdots\left(1 - \frac{1}{p_{s-1}}\right)p_s^{\varepsilon_s}\left(1 - \frac{1}{p_s}\right),$$

所以公式成立. 证毕.

习题 1.4

1. 设 $a = 493$,$b = 391$,求 (a,b),$[a,b]$ 及 $p, q \in \mathbb{Z}$　使 $pa + qb = (a,b)$.

2. 求 $n = 504$ 的标准分解式和 $\varphi(n)$.

3. 团体操表演过程中要求队伍变换成 10 行、15 行、18 行、24 行时均能成长方形,问需要多少人?

4. 设 $a, b, c \in \mathbb{Z}$,则不定方程 $ax + by = c$ 有解的充分必要条件是 $(a,b) \mid c$.

5. 分别解同余式:

(1) $258x \equiv 131 \pmod{348}$;

(2) $56x \equiv 88 \pmod{96}$.

6. 解同余方程组

$$\begin{cases} x \equiv 3 \pmod{5}, \\ x \equiv 7 \pmod{9}. \end{cases}$$

7. 韩信点兵:有兵一队,若列成 5 行,则多 1 人;成 6 行,多 5 人;成 7 行,多 4 人;成 11 行,多 10 人,求兵数.

第 1 章小结

第 1 章的内容虽然有些是读者熟知的,但也有一些内容读者并不一定都熟悉,需要重点学习的.

1. 关于等价关系、等价类及其代表元、商集等概念的理解和表示方法

等价关系:集合 A 中的一个二元关系 $\sim$ 满足反身性、对称性、传递性.

等价类: $\bar{a}=\{x\,|\,x\in A,x\sim a\}$,可用其他记号如 $[a]$,E_a 表示.

商集:等价类的集合,记作 $A/\sim=\{\bar{a}\,|\,a\in A\}$.

2. 代数系=(集合,运算)

它的概念虽然简单,但它是整个近世代数的起点,不同的集合和不同的运算可定义不同的代数系,甚至可根据需要定义新的代数系.

3. 整数运算的几个重要公式

(1) **带余除法定理:** $a,b\in\mathbb{Z}$,$b\neq 0$,则存在惟一的 $q,r\in\mathbb{Z}$ 满足 $a=qb+r$ 且 $0\leqslant r<|b|$. 并记作 $a\bmod b=r$.

(2) 整数集合中**模 n 的同余关系**记作 $\equiv(\bmod n)$,即 $a\equiv b\,(\bmod n)\Leftrightarrow n\,|\,(a-b)$.

等价类为 $\bar{k}=\{qn+k\,|\,q\in\mathbb{Z}\}$,$k=0,1,\cdots,n-1$.

对应的商集记作

$$Z_n=\mathbb{Z}/\equiv(\bmod n)=\{\bar{0},\bar{1},\cdots,\overline{n-1}\}.$$

记号 $a\bmod n=r$ 与记号 $a\equiv b\,(\bmod n)$ 的区别:$a\bmod n=r$ 中的 r 是 a 被 n 除所得的余数,$0\leqslant r<n$. 而 $a\equiv b\,(\bmod n)$ 中的 a 与 b 只满足 $n\,|\,(a-b)$,无取值范围的限制.

(3) **算术基本定理:**每一个大于 1 的正整数 n 可分解为素数的幂之积:$n=p_1^{e_1}p_2^{e_2}\cdots p_s^{e_s}$.

(4) **Euler 函数:**设大于 1 的正整数 $n=p_1^{e_1}p_2^{e_2}\cdots p_s^{e_s}$,则小于 n 并与 n 互素的正整数的个数为 $\varphi(n)=n\left(1-\dfrac{1}{p_1}\right)\cdots\left(1-\dfrac{1}{p_s}\right)$,且满足当 $(m,k)=1$ 时,有 $\varphi(mk)=\varphi(m)\varphi(k)$.

(5) **最大公因子定理**(或 Bezout 公式):设 $a,b\in\mathbb{Z}$,不全为 0,$d=(a,b)$,则存在 $p,q\in\mathbb{Z}$ 使 $pa+qb=d$. 计算方法有转辗相除法,大衍求一术等.

(6) 关于互素关系有以下性质:

① $(a,b)=1\Leftrightarrow\exists p,q\in\mathbb{Z}$ 使 $pa+qb=1$.

② $a\,|\,bc$ 且 $(a,b)=1\Rightarrow a\,|\,c$.

③ p 为素数,且 $p\,|\,ab\Rightarrow p\,|\,a$ 或 $p\,|\,b$.

④ $(a,b)=1$ 且 $(a,c)=1\Rightarrow(a,bc)=1$.

⑤ $a\,|\,c,b\,|\,c$ 且 $(a,b)=1\Rightarrow ab\,|\,c$.

4. 同余方程

(1) **一次同余方程**:$ax\equiv b\ (\bmod\ m)(a\not\equiv 0\ (\bmod\ m))$ 有解的充分必要条件是 $(a,m)\,|\,b$,且有解时通解为

$$x\equiv pb_1(\bmod\ m_1)\quad\text{或}\quad x=pb_1+lm_1,\ l\in\mathbf{Z},$$

其中 b_1,m_1,p 的意义如下:$a=a_1(a,m)$,$b=b_1(a,m)$,$m=m_1(a,m)$,$pa_1+qm_1=1$.

(2) **一次同余方程组**的求解方法有**孙子定理**. 此定理不必背下来,只需会用.

设 $m_1,m_2,\cdots,m_k(k\geqslant 2)$ 为两两互素的正整数,则一次同余方程组

$$\begin{cases}x\equiv b_1(\bmod\ m_1),\\x\equiv b_2(\bmod\ m_2),\\\cdots\\x\equiv b_k(\bmod\ m_k)\end{cases}$$

有解,其解为

$$x\equiv b_1c_1M_1+b_2c_2M_2+\cdots+b_kc_kM_k(\bmod\ M),$$

其中 $M=m_1m_2\cdots m_k$,$M_i=M/m_i$,$i=1,2,\cdots,k$;c_i 为同余方程

$$M_ix\equiv 1\ (\bmod\ m_i)$$

的任一特解,$i=1,2,\cdots,k$.

第2章 群 论

前面已经提到过,近世代数的研究对象是代数系.最简单的代数系是在一个集合中只定义一种二元运算,这种代数系就是群.它也是最具代表性的一种代数系,把它理解透了可起到举一反三的作用,再学其他的代数系也就比较容易了.这一章是全书的核心,务必细读.

研究群的方法在近世代数中具有典型性,大致可分以下几部分:首先是群的基本概念和一些典型的例子;其次是研究群内的元素与子群的性质,并由此得到商群的概念;第三是研究两个群之间的同构与同态的关系;最后是与群的应用有关的一些问题,如群对集合的作用等.这四部分内容将按逻辑顺序互相穿插讲述.下面首先介绍群的基本概念.

2.1 基 本 概 念

我们首先给出半群和群的定义,同时给出与群的定义等价的几个性质,以便从不同的角度来看群,使我们对它有较全面的了解.同时给出大量有代表性的例子,使我们对群的理解不再停留在抽象的定义上,而有了一些具体的背景.

1. 群和半群

群是由一个集合和一个二元运算构成的代数系,它在近世代数中是最基本的 个代数系.

定义 2.1.1 设 G 是一个非空集合,若在 G 上定义一个二元运算 $\cdot$ 满足

S_1:结合律:对任何 $a,b,c \in G$ 有 $(a \cdot b) \cdot c = a \cdot (b \cdot c)$,则称 G 是一个**半群**(semigroup),记作 $(G, \cdot)$. 若 $(G, \cdot)$ 还满足

S_2:存在单位元 e 使对任何 $a \in G$ 有 $e \cdot a = a \cdot e = a$.

S_3:对任何 $a \in G$ 有逆元 a^{-1} 使 $a^{-1} \cdot a = a \cdot a^{-1} = e$.

则称 $(G, \cdot)$ 是一个**群**(group).

如果半群中也有单位元,则称为**含幺半群**(monoid).

如果群 $(G, \cdot)$ 适合交换律:

对任何 $a,b \in G$ 有 $a \cdot b = b \cdot a$,

则称 G 为**可换群**或 **Abel**(**阿贝尔**)**群**.

由于定义比较长,通常把群的定义概括为四点:封闭性,结合律,单位元和逆元,以便于记忆.这里封闭性指运算结果仍在 G 中的意思.

例 2.1.1　整数集合 $\mathbb{Z}$ 对普通加法构成的代数系 $(\mathbb{Z}, +)$,结合律成立,有单位元 0,任意一个元素 x 的逆元是 $-x$,所以 $(\mathbb{Z}, +)$ 是群.类似地 $(\mathbb{Q}, +)$,$(\mathbb{R}, +)$,$(\mathbb{C}, +)$ 也是群,且这些群都是可换群.

但对普通乘法来说,$(\mathbb{Z}, \cdot)$ 不是群,因为除 1 和 -1 外,其他元素均无逆元.$(\mathbb{Z}, \cdot)$ 只是一个含幺半群.$(\mathbb{Q}, \cdot)$,$(\mathbb{R}, \cdot)$,$(\mathbb{C}, \cdot)$ 也不是群,因为元素 0 无逆元.如果把 0 元排除掉,令 $\mathbb{Q}^* = \mathbb{Q} \setminus \{0\}$,$\mathbb{R}^* = \mathbb{R} \setminus \{0\}$,$\mathbb{C}^* = \mathbb{C} \setminus \{0\}$,则 $(\mathbb{Q}^*, \cdot)$,$(\mathbb{R}^*, \cdot)$,$(\mathbb{C}^*, \cdot)$ 都是群.

这类群我们统称它们为数群.

例 2.1.2　设 A 是集合,$S = 2^A$,在 S 中定义二元运算为子集的并 $\cup$.因为对 $\cup$ 结合律成立,所以 $(S, \cup)$ 是一个半群.又因对任何 $X \in S$,有 $\varnothing \cup X = X \cup \varnothing = X$,$\varnothing$ 是单位元,故 $(S, \cup)$ 是一个含幺半群.类似,$(S, \cap)$ 也是一个含幺半群,但它的单位元是 A.

例 2.1.3　设 $w = a_1 a_2 \cdots a_n$ 是一个 n 位二进制数码,称为一个码词.S 是由所有这样的码词构成的集合,即 $S = \{w = a_1 a_2 \cdots a_n \mid a_i = 0$ 或 $1, i = 1, 2, \cdots, n\}$.

在 S 中定义二元运算 $+$:$w_1 = a_1 \cdots a_n$,$w_2 = b_1 \cdots b_n$,$w_1 + w_2 = c_1 \cdots c_n$,其中 $c_i \equiv a_i + b_i \pmod 2$,$i = 1, 2, \cdots, n$,则 $(S, +)$ 是一个群,此群称为二进制码词群.

例 2.1.4　设 $K_4 = \{e, a, b, c\}$,K_4 中的二元运算 $\cdot$ 由下列乘法表 2.1 给出:

不难验证 $(K_4, \cdot)$ 适合结合律,e 是单位元,每个元素的逆元为:$e^{-1} = e$,$a^{-1} = a$,$b^{-1} = b$,$c^{-1} = c$.所以 $(K_4, \cdot)$ 是群,此群称为 **Klein 四元群**.它也是一个可换群.

表　2.1

$\cdot$	e	a	b	c
e	e	a	b	c
a	a	e	c	b
b	b	c	e	a
c	c	b	a	e

一个群的乘法表称为**群表**(group table),群表有以下性质:(1)每行(列)包含每一个元素;(2)若 G 是可换群,则它的乘法表对称于主对角线.很容易用乘法表来定义一个集合中的二元运算,但要定义一个乘法表是群表就不很容易了.一个乘法表是群表的充分必要条件请看本节习题第 7 题.

如果一个群 G 是个有限集,则称 G 是**有限群**(finite group),否则称为**无限群**(infinite group).G 的元素个数 $|G|$ 称为群的**阶**(order).

一般群中的运算用乘法·表示,在运算式中常常省略乘法符.

元素 a 的幂定义为

$$a^n = \underbrace{a \cdots a}_{n \uparrow},$$

其中 n 为正整数,并规定 $a^0 = e$. 当 $ab = ba$ 时有 $(ab)^n = a^n b^n$.

有时把可换群中的运算称为加法,并用"+"来表示,故可换群又叫**加群**. 加群中的单位元叫做**零元**,记作 0;一个元素 a 的逆元叫做**负元**,记作 $-a$. 例如 $(\mathbb{Z}, +)$ 中零元就是 0,x 的负元是 $-x$.

在加群 $(G, +)$ 中,记

$$\underbrace{a + a + \cdots + a}_{n \uparrow} = na,$$

并记 $0a = 0$,减法定义为 $a - b = a + (-b)$.

下面研究群的一些基本性质.

2. 关于单位元的性质

定义 2.1.2 设 $(G, \cdot)$ 是一个半群,

(1) 若有元素 e_L 使对任何 $a \in G$ 有 $e_L \cdot a = a$,则 e_L 叫做**左单位元**(left identity).

(2) 若有元素 e_R 使对任何 $a \in G$ 有 $a \cdot e_R = a$,则 e_R 叫做**右单位元**(right identity).

定理 2.1.1 若半群 G 有左单位元 e_L 和右单位元 e_R,则 $e_L = e_R = e$,是 G 的单位元,且单位元是惟一的.

证明 先证左、右单位元相等:看乘积 $e_L \cdot e_R$,一方面由 e_L 是左单位元得 $e_L \cdot e_R = e_R$,另一方面由 e_R 是右单位元得 $e_L \cdot e_R = e_L$,故 $e_L = e_R$.

再证单位元的惟一性:设 G 中有两个单位元 e_1 和 e_2,则 $e_1 = e_1 e_2 = e_2$,所以单位元是惟一的. □

在不致混淆的情况下,单位元 e 简记为 1.

3. 关于逆元的性质

定义 2.1.3 设 $(G, \cdot)$ 是一个半群,$a \in G$,e 是单位元.

(1) 若存在 a_L^{-1} 使 $a_L^{-1} a = e$,则称 a_L^{-1} 是 a 的**左逆元**(left inverse).

(2) 若存在 a_R^{-1} 使 $a a_R^{-1} = e$,则称 a_R^{-1} 是 a 的**右逆元**(right inverse).

定理 2.1.2 若含幺半群 G 中元素 a 有左逆元 a_L^{-1} 和右逆元 a_R^{-1},则 $a_L^{-1} = a_R^{-1} = a^{-1}$,且逆元是惟一的.

证明 先证左、右逆元相等:利用结合律可作如下计算:$a_L^{-1} = a_L^{-1} e =$

$a_L^{-1}(aa_R^{-1})=(a_L^{-1}a)a_R^{-1}=ea_R^{-1}=a_R^{-1}$，所以 $a_L^{-1}=a_R^{-1}=a^{-1}$.

再证惟一性：设 a_1^{-1} 和 a_2^{-1} 都是 a 的逆元，则 $a_1^{-1}=a_1^{-1}e=a_1^{-1}(aa_2^{-1})=$ $(a_1^{-1}a)a_2^{-1}=ea_2^{-1}=a_2^{-1}$，所以 a 的逆元是惟一的. □

a 的逆元有以下性质：

(1) $(a^{-1})^{-1}=a$.

(2) 若 a,b 可逆，则 ab 也可逆，且有 $(ab)^{-1}=b^{-1}a^{-1}$.

(3) 若 a 可逆，则 a^n 也可逆，且有 $(a^n)^{-1}=(a^{-1})^n=a^{-n}$.

4. 群的几个等价性质

下面几个定理叙述了与群的定义等价的条件.

定理 2.1.3　半群 $(G,\cdot)$ 是群的充要条件是满足以下两个条件：

S_2'：G 中有左单位元 e_L：对任何 $a\in G$ 有 $e_L a=a$；

S_3'：对任何 $a\in G$ 有以下形式的左逆元 a^{-1}：$a^{-1}a=e_L$.

需要注意的是，此处的左逆元与定义 2.1.3 中的左逆元不同.

证明　只需证充分性. 先证 a 的左逆 a^{-1} 满足 $aa^{-1}=e_L$：因为任何元素均有左逆，可设 a^{-1} 的左逆为 $(a^{-1})^{-1}$，于是有 $aa^{-1}=e_L aa^{-1}=(a^{-1})^{-1}a^{-1}aa^{-1}$ $=(a^{-1})^{-1}e_L a^{-1}=(a^{-1})^{-1}a^{-1}=e_L$.

再证左单位元也是右单位元：$\forall a\in G$ 有 $ae_L=a(a^{-1}a)=(aa^{-1})a=e_L a=$ a，所以 e_L 是单位元，从而 a^{-1} 是 a 的逆元，所以由定义 2.1.1 知 $(G,\cdot)$ 是群. □

定理 2.1.3 的证明有一点技巧，分三步：(1) 先证明 $aa^{-1}=e_L$；(2) 再证 e_L 是右单位元；(3) 最后再证 a^{-1} 是逆元.

可以用条件 S_1, S_2' 和 S_3' 来定义群，而把定义 2.1.1 作为定理. 此外，定理 2.1.3 中的左单位元和左逆元的条件可以同时改为右单位元和右逆元，但不能改为一左一右，读者可用乘法表构造一个反例.

定理 2.1.4　半群 $(G,\cdot)$ 是群的充要条件是：对任何 $a,b\in G$ 方程 $ax=b$ 和 $ya=b$ 在 G 中均有解.

证明　必要性：因为 G 是群，a 有逆元 a^{-1}，故可得 $ax=b$ 的解为 $x=$ $a^{-1}b$，$ya=b$ 的解是 $y=ba^{-1}$.

充分性：由定理 2.1.3，只要证明 G 中有左单位元和任意一个元素 a 有左逆元.

先证 G 有左单位元：任取 $a\in G$，方程 $ya=a$ 有解，设其解为 e. 任取 $g\in$ G，方程 $ax=g$ 有解，设其解为 b，即 $ab=g$，于是有 $eg=eab=ab=g$，因而 e 是左单位元.

再证 $\forall a\in G$ 有左逆元：因方程 $ya=e$ 有解，则其解就是 a 的左逆元.

所以由定理 2.1.3 知$(G,\cdot)$是群. □

对有限半群有以下定理.

定理 2.1.5 有限半群$(G,\cdot)$是群的充要条件是左、右消去律都成立：

$$ax = ay \Rightarrow x = y,$$
$$xa = ya \Rightarrow x = y.$$

证明 必要性：由于群中每个元素都有逆，所以任何群(不管是有限群还是无限群)消去律都成立.

充分性：设$G=\{a_1,a_2,\cdots,a_n\}$，任取$a\in G$，集合$G'=\{aa_i\,|\,i=1,2,\cdots,n\}\subseteq G$，又因$aa_i=aa_j\Leftrightarrow a_i=a_j$，所以$|G'|=|G|$，因而$G'=G$. 于是对$b\in G$必有$a_k\in G$使$aa_k=b$，即方程$ax=b$有解. 同理可证方程$ya=b$亦有解，所以由定理 2.1.4 知$(G,\cdot)$是群. □

定理 2.1.3 和定理 2.1.4 都可作为群的定义，而定理 2.1.5 可作为有限群的定义，但更重要的是这几个定理从不同的角度来反映群的本质. 定理 2.1.3 是说群的定义中的"半群中存在单位元和逆元"可用"半群中存在左单位元和左逆元"来代替，表面上好像降低了要求，实际上是等价的；定理 2.1.4 与定理 2.1.5 说的是群中的运算性质：群中一次方程可解和消去律成立. 但反过来有点差别：半群中一次方程可解则是群；有限半群消去律成立则是群. 注意后者需加有限的条件.

下面再举一些典型的例子.

例 2.1.5 $Z_n=\{\overline{0},\overline{1},\cdots,\overline{n-1}\}$是整数模$n$的同余类集合，在$Z_n$中定义加法(称为模$n$的加法)为$\overline{a}+\overline{b}=\overline{a+b}$.

由于同余类的代表元有不同的选择，我们必须验证以上定义的运算结果与代表元的选择无关. 设$\overline{a_1}=\overline{a_2},\overline{b_1}=\overline{b_2}$，则有$n\,|\,(a_1-a_2),n\,|\,(b_1-b_2)\Rightarrow n\,|\,[(a_1-a_2)+(b_1-b_2)]\Rightarrow n\,|\,[(a_1+b_1)-(a_2+b_2)]\Rightarrow\overline{a_1+b_1}=\overline{a_2+b_2}$，所以模$n$的加法是$Z_n$中的一个二元运算. 显见，单位元是$\overline{0}$. $\forall k\in Z_n,\overline{k}$的逆元是$\overline{n-k}$. 所以$(Z_n,+)$是群.

$(Z_n,+)$称为**整数模n的同余类加法群**(additive group of congruence classes modulo n). 例如$Z_6=\{\overline{0},\overline{1},\cdots,\overline{5}\}$，运算时有$\overline{3}+\overline{4}=\overline{1},\overline{4}+\overline{4}=\overline{2},\overline{3}-\overline{4}=\overline{5}$等. 特别是$Z_2=\{\overline{0},\overline{1}\}$，运算是模 2 加法：$\overline{0}+\overline{0}=\overline{0},\overline{0}+\overline{1}=\overline{1}+\overline{0}=\overline{1},\overline{1}+\overline{1}=\overline{0}$. 这就是计算机科学中的二进制运算. 全体$k$位二进制数$a_1a_2\cdots a_k$的集合是$k$个$Z_2$的笛卡儿积：$Z_2\times Z_2\times\cdots\times Z_2$. 又如$(Z_{26},+)$是第 1 章中介绍的简单移位密码的信息载体.

这是一个在理论上和实际应用中都十分重要的群，它的重要性不管怎么强调都不过分,它是以后理解商群的先导.

有时为了书写简单,我们把同余类记号的上横线去掉,记作 $Z_n = \{0, 1, \cdots, n-1\}$,运算时取模 n 的余数:$(a+b) \bmod n$.

如果我们在 Z_n 中定义模 n 的乘法:$\bar{a} \cdot \bar{b} = \overline{ab}$. 可证其满足惟一性:

设 $\overline{a_1} = \overline{a_2}, \overline{b_1} = \overline{b_2} \Rightarrow n \mid (a_1 - a_2), n \mid (b_1 - b_2) \Rightarrow n \mid (a_1 - a_2)(b_1 - b_2) \Rightarrow n \mid (a_1 b_1 + a_2 b_2 - a_1 b_2 - a_2 b_1) \Rightarrow n \mid [(a_1 b_1 - a_2 b_2) + (a_2 - a_1) b_2 + a_2 (b_2 - b_1)] \Rightarrow n \mid (a_1 b_1 - a_2 b_2)$,所以 $\overline{a_1 b_1} = \overline{a_2 b_2}$.

所以模 n 的乘法是 Z_n 中的二元运算,显然满足结合律,有单位元 $\bar{1}$,但不是每个元素都有逆元,显见 $\bar{0}$ 就没有逆元,除它外可能还有一些元素没有逆元,例如 Z_6 中,$\bar{2}, \bar{3}, \bar{4}$ 都没有逆元. 所以 $(Z_n, \cdot)$ 是含幺半群.

但如果我们把 $(Z_n, \cdot)$ 中无逆元的元素去掉,就会变成群,请看下例.

例 2.1.6 设 $Z_n^* = \{\bar{k} \mid \bar{k} \in Z_n, (k, n) = 1\}$,在 Z_n^* 中定义乘法(称为模 n 的乘法)为 $\bar{a} \cdot \bar{b} = \overline{ab}$.

我们已经证明了此运算的惟一性,要检验它的封闭性,因为由 $\bar{a} \in Z_n^*$,$\bar{b} \in Z_n^*$ 得出 $\overline{ab} \in Z_n^*$ 并不明显.

现证封闭性:因为 $\bar{a}, \bar{b} \in Z_n^* \Rightarrow (a, n) = 1$ 和 $(b, n) = 1 \Rightarrow (ab, n) = 1$,所以 $\overline{ab} \in Z_n^*$.

所以模 n 的乘法是 Z_n^* 中的一个二元运算.

结合律显然满足. 单位元是 $\bar{1}$. 对任何 $\bar{a} \in Z_n^*$,由 $(a, n) = 1$ 知存在 $p, q \in Z$ 使 $pa + qn = 1$,因而有 $pa \equiv 1 \pmod{n}$ 即 $\bar{p} \cdot \bar{a} = \bar{1}$,所以 $\bar{a}^{-1} = \bar{p}$,即 Z_n^* 中每一元素均有逆元. 综上,Z_n^* 对模 n 的乘法构成群.

群 $(Z_n^*, \cdot)$ 称为**整数模 n 的同余类乘法群**(multiplicative group of congruence classes modulo n).

Z_n^* 的阶数为 $\varphi(n)$——Euler 函数:小于 n 并与 n 互素的正整数的个数. 当 $n = p$ 是素数时,$|Z_p^*| = p - 1$.

要特别提醒大家注意,记号 Z_n^* 并非 $Z_n \setminus \{\bar{0}\}$.

$(Z_n, +)$ 和 $(Z_n^*, \cdot)$ 是在密码学中很有用的两个群.

例 2.1.7 设 $M_n(F)$ 是数域 F 上的全体 n 阶矩阵的集合,则 $M_n(F)$ 对矩阵的加法构成群. 但对矩阵乘法是半群而不是群.

设 $GL_n(F)$ 是数域 F 上的全体 n 阶可逆矩阵的集合,则 $GL_n(F)$ 对矩阵乘法构成群,这个群称为 F 上的 **n 次全线性群**(generally linear group of degree n). 因为每一个 n 阶可逆矩阵对应于 n 维线性空间中一个可逆线性变换,因而 $GL_n(F)$ 可以看作是 F 上的 n 维线性空间上的全体可逆线性变换的集合.

例 2.1.8 设 A 是一个非空集合，A^A 是 A 上的所有变换的集合，在 A^A 中定义二元运算为映射的复合，由于映射的复合满足结合律（见 1.2 节定理 1.2.1），所以 A^A 对映射的复合成一个半群．如果记 S 是 A 上的全体可逆变换的集合，则 S 对映射的复合成群，此群称为 A 上的**对称群**（symmetric group），记作 S_A．

当 A 是有限集合时，可设 $A=\{1,2,\cdots,n\}$，则 A 上的一个可逆变换可表示为

$$f=\begin{pmatrix} 1, & 2, & \cdots, & n \\ i_1, & i_2, & \cdots, & i_n \end{pmatrix},$$

其中 $i_1, i_2, \cdots, i_n$ 为一个 n 级排列，这样一个变换称为一个 **n 次置换**（permutation of degree n）．全体 n 次置换对变换的复合构成的群称为 **n 次对称群**（symmetric group of degree n），记作 S_n．由 n 级全排列的个数知 $|S_n|=n!$．例如，S_3 共有 $3!=6$ 个元素，它们是

$$\sigma_1=\begin{pmatrix} 1\,2\,3 \\ 1\,2\,3 \end{pmatrix}, \quad \sigma_2=\begin{pmatrix} 1\,2\,3 \\ 2\,1\,3 \end{pmatrix}, \quad \sigma_3=\begin{pmatrix} 1\,2\,3 \\ 1\,3\,2 \end{pmatrix},$$

$$\sigma_4=\begin{pmatrix} 1\,2\,3 \\ 3\,2\,1 \end{pmatrix}, \quad \sigma_5=\begin{pmatrix} 1\,2\,3 \\ 2\,3\,1 \end{pmatrix}, \quad \sigma_6=\begin{pmatrix} 1\,2\,3 \\ 3\,1\,2 \end{pmatrix}.$$

其中 σ_1 为单位元．

两个置换的乘积按复合定义应从右往左计算，例如

$$\sigma_2\sigma_5=\begin{pmatrix} 1\,2\,3 \\ 2\,1\,3 \end{pmatrix}\begin{pmatrix} 1\,2\,3 \\ 2\,3\,1 \end{pmatrix}=\begin{pmatrix} 1\,2\,3 \\ 1\,3\,2 \end{pmatrix}$$

以上几个例子中的数群，整数模 n 的加群，Klein 四元群，全线性群以及对称群都是十分重要的群，今后会经常遇到它们，因此必须熟记它们的定义．

下面结合项链问题讨论正 n 边形的旋转群．一个有 n 颗珠子的项链可以看作一个正 n 边形．

例 2.1.9 设 $X=\{0,1,2,\cdots,n-1\}$ 为正 $n(n\geqslant 3)$ 边形的顶点集合，且按逆时针方向排列（图 2.1）．将正多边形绕中心 O 沿逆时针方向旋转 $2\pi/n$ 角度，则顶点 i 变到原顶点 $i+1\ (\bmod\ n)$ 的位置，故这个旋转是 X 上的一个变换，记作 ρ_1，则 ρ_1 可表示为

$$\rho_1=\begin{pmatrix} 0\,1\,2\,\cdots\,n-1 \\ 1\,2\,3\,\cdots\,0 \end{pmatrix}.$$

旋转 $2k\pi/n$ 角度的变换记作 ρ_k，则 ρ_k 可表示为

$$\rho_k=\begin{pmatrix} 0 & 1 & 2 & \cdots & n-1 \\ k & k+1 & k+2 & \cdots & k+n-1 \end{pmatrix},$$
$$(k=0,1,2,\cdots,n-1).$$

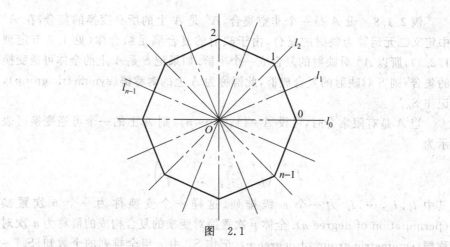

图 2.1

其中加法为模 n 的加法且取值为 0 到 $n-1$ 之间（下同）. ρ_0 为单位变换. ρ_k 可表示为

$$\rho_k(i) = k+i, \quad i=0,1,\cdots,n-1.$$

另一类变换为绕对称轴翻转 π 角度，我们称这类变换为反射或翻转，由于这样的对称轴共有 n 个，记过顶点 0 的轴为 l_0，过边 $(0,1)$ 中点的轴为 l_1，…，直到 l_{n-1}. 相应的反射变换记作 $\pi_0,\pi_1,\cdots\pi_{n-1}$. 例如

$$\pi_0 = \begin{pmatrix} 0 & 1 & \cdots & n-1 \\ 0 & n-1 & \cdots & 1 \end{pmatrix}.$$

读者不难自己证明 π_k 为

$$\pi_k(i)=k+n-i,$$

其中加减法为模 n 的加减法.

由此可证明以下的运算关系：

$$\rho_k = \rho_1^k,$$
$$\pi_k^2 = 1,$$
$$\rho_k^{-1} = \rho_{n-k}, \quad \pi_k^{-1} = \pi_k,$$
$$\rho_k\rho_l = \rho_{k+l},$$
$$\rho_k\pi_l = \pi_{k+l},$$
$$\pi_k\rho_l = \pi_{k-l},$$
$$\pi_k\pi_l = \rho_{k-l}.$$

其中下标的加减法均为模 n 的加减.

令

$$D_n = \{\rho_k,\pi_k \mid k=0,1,2,\cdots,n-1\},$$

则 D_n 对变换的复合是封闭的,有单位元 ρ_o,每个元素有逆元. 所以 D_n 是群,此群称为**二面体群**(dihedron group).

习题 2.1

1. 设 $G=\{A=(a_{ij})_{n\times n}\,|\,a_{ij}\in\mathbb{Z},\det A=1\}$,证明 G 对矩阵乘法构成群.

2. 设 $Q_8=\{\pm E,\pm I,\pm J,\pm K\}$,
其中

$$E=\begin{pmatrix}1 & 0\\ 0 & 1\end{pmatrix},\quad I=\begin{pmatrix}i & 0\\ 0 & -i\end{pmatrix},\quad J=\begin{pmatrix}0 & +1\\ -1 & 0\end{pmatrix},$$

$$K=\begin{pmatrix}0 & i\\ i & 0\end{pmatrix},\quad i^2=-1.$$

证明 Q_8 关于矩阵乘法成群(此群称为**四元数群**(quaternion group)).

3. 设

$$G=\left\{f(x)=\frac{ax+b}{cx+d}\,\Big|\,a,b,c,d\in\mathbb{R},\begin{vmatrix}a & b\\ c & d\end{vmatrix}=1\right\},$$

证明 G 关于变换的复合成群.

4. 举例说明如果把定理 2.1.3 中的条件 S_3' 改为:对任何 $a\in G$ 有右逆元,则定理不成立.

5. M 是含幺半群,e 是单位元,证明 b 是 a 的逆元的充要条件是 $aba=a$ 和 $ab^2a=e$.

6. 列出 S_3 的乘法表.

7. 设 G 是有限集,用乘法表定义了一个二元运算,且 G 有单位元 1,则 G 是群的充分必要条件是乘法表具有以下性质:

(1) 乘法表的每一行与每一列都含有 G 的所有元素.

(2) 对 G 的每一对元素 $x\neq 1,y\neq 1$,在乘法表中任意选取一个 1,设 R 是一个以 $1,x,y$ 为顶点的长方形,其中 $1,x$ 位于同一列,$1,y$ 位于同一行,则 R 的第 4 个顶点上的元素,仅依赖于 x 和 y,而与 1 的选择无关.

2.2 子　群

这一节主要讨论一个群内的元素和子集的一些初等性质. 一方面继续加深对群的概念的理解,另一方面研究群内结构的一些性质.

1. 子群

设 G 是一个群,A,B 是 G 的非空子集,g 是 G 的一个元素,现规定群中子集的运算如下：

$$AB = \{ab \mid a \in A, b \in B\}, \tag{2.2.1}$$

$$A^{-1} = \{a^{-1} \mid a \in A\}, \tag{2.2.2}$$

$$gA = \{ga \mid a \in A\}. \tag{2.2.3}$$

子集的乘积式(2.2.1)满足结合律，元素与子集的乘积式(2.2.3)则是式(2.2.1)的特殊形式，要注意的是 AA^{-1} 并不等于 $\{e\}$，根据式(2.2.2)，AA^{-1} 应为 $AA^{-1} = \{a_1 a_2^{-1} \mid a_1, a_2 \in A\}$。

　　一个子集内的元素也可满足群的条件而成为一个群，这就是子群的概念。

　　定义 2.2.1　设 S 是群 G 的一个非空子集，若 S 对 G 的运算也构成群，则称 S 是 G 的一个**子群**(subgroup)，并记作 $S \leqslant G$。

　　当 $S \leqslant G$ 且 $S \neq G$ 时，称 S 是 G 的**真子群**(proper subgroup)，记作 $S < G$。

　　例 2.2.1　在 $(\mathbb{Z}, +)$ 中，子集 $H_2 = \{2k \mid k \in \mathbb{Z}\}$ 是所有偶数的集合，对加法也作成群，所以 $H_2 \leqslant \mathbb{Z}$。

　　一般来说，对任何取定的一个正整数 m，子集 $H_m = \{mk \mid k \in \mathbb{Z}\}$ 对加法都构成群，所以 $H_m \leqslant \mathbb{Z}$ $(m = 0, 1, 2, \cdots)$。反之，可以证明 $\mathbb{Z}$ 的任何一个子群只能是某个 H_m。读者不妨自己利用整数的性质加以证明，我们将在下一节详细讨论这一问题。

　　仅有一个单位元的子集 $\{e\}$ 也是一个子群，这个子群称为单位元子群。单位元、单位元子群在不致混淆的情况下，有时都简记为 1。G 本身也是 G 的子群。但是这两个子群是任何群都有的，称它们为**平凡子群**(trivial subgroup)。对于一个一般的群中的子集 S 来说，如何判断它是否是子群呢？是否还要按群的定义逐条检验呢？我们逐条来分析，首先看 G 中的二元运算是否是 S 中的二元运算，这需要检验封闭性：对任何 $a, b \in S$ 有 $ab \in S$。但惟一性就不必检验了。结合律也不必检验。剩下还需检验 S 中是否有单位元，和对任何 $a \in S$，a^{-1} 是否仍在 S 中。我们可把这些条件总结成以下定理。

　　定理 2.2.1　设 S 是群 G 的一个非空子集，则以下三个命题互相等价：

　　(1) S 是 G 的子群。

　　(2) 对任何 $a, b \in S$ 有 $ab \in S$ 和 $a^{-1} \in S$。

　　(3) 对任何 $a, b \in S$ 有 $ab^{-1} \in S$。

　　证明　(1)$\Rightarrow$(2)：由子群定义是显然的。

　　(2)$\Rightarrow$(3)：$\forall a, b \in S$，由(2)得 $b^{-1} \in S$ 和 $ab^{-1} \in S$。

　　(3)$\Rightarrow$(1)：有 $aa^{-1} = 1 \in S$。其次 $1 \cdot a^{-1} = a^{-1} \in S$。最后由 $b^{-1} \in S$ 可得 $ab = a(b^{-1})^{-1} \in S$，即运算对 S 封闭。结合律显然成立。所以 $S \leqslant G$。　　　□

　　条件(2)和(3)都是常用的检验一个子集是否是子群的准则。对于有限子

集 H 来说，H 是子群的条件还可简化为：对任何 $a,b \in H$ 有 $ab \in H$. 即只要封闭性成立就是子群. 证明留作习题.

例 2.2.2 设 $GL_n(F)$ 是数域 F 上的全线性群，$SL_n(F) = \{A \mid A \in GL_n(F), \det A = 1\}$，$\forall A, B \in SL_n(F)$ 有 $|AB^{-1}| = |A| \, |B|^{-1} = 1$，所以 $AB^{-1} \in SL_n(F)$，故由定理 2.2.1 得 $SL_n(F) \leqslant GL_n(F)$，$SL_n(F)$ 称为**特殊线性群**（special linear group）.

子群还有以下一些性质：

(1) 设 $H \leqslant G$，则 H 的单位元就是 G 的单位元.

类似于子群的概念也有子半群的概念，但是对半群来说，如果它有单位元，它的子半群不一定有单位元，即使也有单位元，它们的单位元也可不一致.

(2) $H_1, H_2 \leqslant G \Rightarrow H_1 \cap H_2 \leqslant G$.

(3) $H_1, H_2 \leqslant G$，则
$$H_1 \cup H_2 \leqslant G \Leftrightarrow H_1 \subseteq H_2 \text{ 或 } H_2 \subseteq H_1.$$

(4) $H_1, H_2 \leqslant G$，则
$$H_1 H_2 \leqslant G \Leftrightarrow H_1 H_2 = H_2 H_1.$$

我们只给出(4)的证明，其余的留给读者自己去证.

(4)的证明：$\Rightarrow$：$\forall ab \in H_1 H_2$，由 $H_1 H_2$ 是子群，有 $(ab)^{-1} \in H_1 H_2$，因而可表示为 $(ab)^{-1} = a_1 b_1$，由此得 $ab = (a_1 b_1)^{-1} = b_1^{-1} a_1^{-1} \in H_2 H_1$，所以 $H_1 H_2 \subseteq H_2 H_1$，反之，$\forall ba \in H_2 H_1$，$(ba)^{-1} = a^{-1} b^{-1} \in H_1 H_2$，由于 $H_1 H_2$ 是子群，故 $ba \in H_1 H_2$，于是 $H_2 H_1 \subseteq H_1 H_2$. 所以 $H_1 H_2 = H_2 H_1$.

$\Leftarrow$：$\forall a_1 b_1, a_2 b_2 \in H_1 H_2$，$(a_1 b_1)(a_2 b_2)^{-1} = a_1 b_1 b_2^{-1} a_2^{-1} = a_1 b' a_2^{-1} = a_1 a' b'' = a'' b'' \in H_1 H_2$，由定理 2.2.1(3) 知 $H_1 H_2 \leqslant G$.

下面我们从几何意义上来讨论全线性群 $GL_3(\mathbb{R})$ 的子群. 在三维欧氏空间 $\mathbb{R}_3$ 中，$GL_3(\mathbb{R})$ 是 $\mathbb{R}_3$ 中所有可逆线性变换的集合. 它有以下子群：

(1) $SL_3^{\pm}(\mathbb{R}) = \{A \mid A \in \mathbb{R}^{3 \times 3}, |A| = \pm 1\}$.

它的几何意义是所有保持体积不变的线性变换的集合，这里所说的保持体积不变，指的是对 $\mathbb{R}_3$ 中任意三个向量 $\alpha_1, \alpha_2, \alpha_3$ 所构成的平行六面体的体积与经过变换后的三个向量 $A\alpha_1, A\alpha_2, A\alpha_3$ 所构成的平行六面体的体积相同，即 $|(A\alpha_1 \times A\alpha_2) \cdot A\alpha_3| = |(\alpha_1 \times \alpha_2) \cdot \alpha_3|$，请读者自己证明.

(2) $SL_3(\mathbb{R}) = \{A \mid A \in \mathbb{R}^{3 \times 3}, |A| = 1\}$.

它是保持体积不变且保持定向不变（指对任意三个向量 $\alpha_1, \alpha_2, \alpha_3$ 所成的左手系或右手系关系经变换后仍保持不变）的所有线性变换的集合，即 $\forall \alpha_1, \alpha_2, \alpha_3 \in \mathbb{R}_3$ 有 $(A\alpha_1 \times A\alpha_2) \cdot A\alpha_3 = (\alpha_1 \times \alpha_2) \cdot \alpha_3$.

(3) $O_3(\mathbb{R}) = \{A \mid A \in \mathbb{R}^{3 \times 3}, A'A = I\}$.

即所有正交矩阵的集合. 它的几何意义是保持向量长度不变的所有线性

变换的集合.

(4) $SO_3 = \{A \mid A \in \mathbb{R}^{3\times3}, A'A = I \text{ 且 } |A| = 1\}$.

由线性代数知识可知 $|A| = 1$ 的正交变换是旋转,它保持空间向量的长度和定向都不变,并且 $\forall A \in SO_3$ 可确定它的旋转轴 η 和旋转角 θ,可将 A 表示为 $r(\eta, \theta)$. 因而 SO_3 称为三维旋转群.

以上几个子群的关系为

$$SO_3 < SL_3(\mathbb{R}) < SL_3^{\pm}(\mathbb{R}) < GL_3(\mathbb{R}).$$

2. 元素的阶

定义 2.2.2 设 G 是群,$a \in G$,使

$$a^n = e \tag{2.2.4}$$

成立的最小正整数 n 称为 a 的**阶**(order)或**周期**(period),记作 $o(a)$. 若没有这样的正整数存在,则称 a 的阶是无限的.

由定义,单位元的阶是 1.

在加群中,式(2.2.4)变为

$$na = 0, \tag{2.2.5}$$

例如在 $(\mathbb{Z}, +)$ 中除 0 以外的元素都是无限阶的. 但是在 $(Z_n, +)$ 中元素的阶都是有限的,例如,$Z_6 = \{\bar{0}, \bar{1}, \bar{2}, \cdots, \bar{5}\}$ 中 $o(\bar{1}) = 6, o(\bar{2}) = 3$.

定理 2.2.2 设 G 是群,$a \in G$,则

$$a^m = 1 \Leftrightarrow o(a) \mid m.$$

证明 $\Rightarrow$:设 $o(a) = n$,由带余除法可得

$m = pn + r, 0 \leqslant r < n$,于是有 $a^m = a^{pn+r} = a^r = 1$. 但因 n 是使 $a^m = 1$ 的最小正整数,故 $r = 0$ 即 $m = pn$,所以 $n \mid m$.

$\Leftarrow$:$n = o(a) \mid m \Rightarrow m = kn \Rightarrow a^m = (a^n)^k = 1$. □

关于元素的阶还有以下重要结果:

(1) 有限群中每一个元素的阶是有限的. 但无限群中不一定存在无限阶的元素. 例如由复数域上所有单位根构成的乘法群中每个元素都是有限阶的.

(2) 设 G 是群,$a, b \in G$,$o(a) = m, o(b) = n$,若 $(m, n) = 1$ 和 $ab = ba$,则 $o(ab) = mn$.

证明 设 $o(ab) = k$,因 $(ab)^{mn} = a^{mn}b^{mn} = 1$,故由定理 2.2.2 知 $k \mid mn$.

另外,由 $(ab)^{km} = b^{km} = 1$ 得 $n \mid km$,又由 $(n, m) = 1$ 得 $n \mid k$,同理亦可得 $m \mid k$,因而 $nm \mid k$.

综上,得 $o(ab)=mn$. □

(3) 设 G 是群,若除单位元外其他元素都是 2 阶元,则 G 是 Abel 群.

证明　首先由 $a^2=1$ 可得 $a=a^{-1}$.

对任何 $a,b\in G$ 有 $ab\in G$ 及 $(ab)^2=1$,因而 $ab=(ab)^{-1}=b^{-1}a^{-1}=ba$,所以 G 是 Abel 群. □

例 2.2.3　确定二面体群 D_n 中各元素的阶.

解　显然有 $o(\pi_k)=2\ (k=0,1,\cdots,n-1),o(\rho_o)=1,o(\rho_1)=n$.

现考虑 $o(\rho_k)$. 令 $d=(k,n)$ 及 $n=dn_1,k=dk_1$,则 $(k_1,n_1)=1$.

又令　$o(\rho_k)=m$,　可得

$$\rho_k^{n_1}=\rho_1^{kn_1}=\rho_1^{k_1dn_1}=(\rho_1^n)^{k_1}=1,\text{所以 } m\mid n_1.$$

反之,由 $\rho_k^m=\rho_1^{km}=1$,得 $n\mid km$,于是进一步可得 $n_1\mid k_1m$,又由 $(n_1,k_1)=1$,所以 $n_1\mid m$.

综上,得

$$m=n_1=\frac{n}{d}=\frac{n}{(k,n)}.$$

所以

$$o(\rho_k)=\frac{n}{(k,n)}.$$

习题 2.2

1. 举一个半群的例子,它有单位元,但它的一个子半群无单位元,或有不同的单位元.

2. 设 H 是群 G 的有限子集,证明 $H\leqslant G\Leftrightarrow$ 对任何 $a,b\in H$ 有 $ab\in H$.

3. 找出 $\mathbb{Z}$ 和 $\mathbb{Z}_{12}$ 中全部子群.

4. 设 G 是群,$\forall a,b\in G$,证明 $o(ab)=o(ba)$.

5. 设 G 是偶数阶群,证明 G 中存在 2 阶元.

6. 设 G 是群,对任何 $a,b\in G$ 有 $(ab)^2=a^2b^2$,证明 G 是 Abel 群.

7. 设 G 是非可换群,证明 G 中存在非单位元的元素 a 和 b 且 $a\neq b$ 使 $ab=ba$.

8. 设 G 是群,$a\in G,o(a)=n,m$ 为任意正整数,则 $o(a^m)=n/(m,n)$.

9. 设 $A=(a_{ij})_{3\times3}\in SO_3$,$\eta$ 为 A 所在的旋转轴的单位向量.θ 为旋转角,证明:

(1) η 可用 $A-I$ 中两个线性无关的行向量作叉积求得;

(2) θ 满足方程 $2\cos\theta+1=\mathrm{tr}A$.

2.3　循环群和生成群,群的同构

本节介绍一类最简单的群和群的同构的概念.

1. 循环群和生成群

设 G 是群,$a \in G$,令
$$H = \{a^k \mid k \in \mathbb{Z}\},$$
因为 $\forall a^{k_1}, a^{k_2} \in H$ 有 $a^{k_1}(a^{k_2})^{-1} = a^{k_1 - k_2} \in H$,所以 H 是 G 的子群,此子群称为由 a 生成的**循环子群**(cyclic subgroup),记作 $\langle a \rangle$,a 称为它的**生成元**(generator).若 $G = \langle a \rangle$,则称 G 是**循环群**(cyclic group).

循环子群是由一个元素生成的,由几个元素或一个子集也可生成一个子群.

定义 2.3.1　设 S 是群 G 的一个非空子集,包含 S 的最小子群称为**由 S 生成的子群**(subgroup generated by S),记作 $\langle S \rangle$,S 称为它的**生成元集**(generating set).$\langle S \rangle$ 可表示为
$$\langle S \rangle = \{a_1^{\varepsilon_1} a_2^{\varepsilon_2} \cdots a_k^{\varepsilon_k} \mid a_i \in S, \varepsilon_i \in \mathbb{Z}, k = 1, 2, \cdots\} \qquad (2.3.1)$$
下面我们来证明式(2.3.1).可设 H 是式(2.3.1)的右边的集合,很易由子群的条件看出 H 是子群且 $H \supseteq S$.如果 K 是任一个包含 S 的子群,对任何 $x = a_1^{\varepsilon_1} \cdots a_k^{\varepsilon_k} \in H$,因为 $a_i \in S \subseteq K$,又因 K 是子群,故 $a_i^{\varepsilon_i} \in K$ 和 $a_1^{\varepsilon_1} a_2^{\varepsilon_2} \cdots a_k^{\varepsilon_k} \in K$,故 $H \subseteq K$,所以 H 是包含 S 的最小子群,由定义得 $\langle S \rangle = H$.

如果 $G = \langle S \rangle$,且任何 S 的真子集的生成子群均不是 G,则称 S 是 G 的**极小生成元集**(minimum generating set).任何一个生成子群都有一个极小生成元集.当 $|S| < \infty$ 时,元素个数最少的生成元集称为**最小生成元集**(minimal generating set).

例如,Klein 四元群的极小生成元集是 $\{a, b\}$,因为另外两个元素可用 a 和 b 的乘积来表示:$c = ab, e = a^2$,$\{a, b\}$ 的任何真子集的生成子群均不是 Klein 四元群.因而 Klein 四元群可表示为
$$K = \langle a, b \mid o(a) = o(b) = 2, ab = ba \rangle.$$
$(\mathbb{Z}, +)$ 是由 1 生成的循环群:$(\mathbb{Z}, +) = \langle 1 \rangle$,$H_m = \{mk \mid k \in \mathbb{Z}\} = \langle m \rangle$ 是 $\mathbb{Z}$ 的循环子群.$(\mathbb{Z}_n, +) = \langle \bar{1} \rangle$ 是 n 阶循环群.

二面体群 D_n 是由 ρ_1 和 π_0 生成的群:$D_n = \langle \rho_1, \pi_0 \rangle$.它的极小生成元集可以有好几个,如何把它们都表示出来,留作习题.

令 $\rho_1 = a, \pi_0 = b$,则 $ba = a^{-1}b$,因而 D_n 可抽象地表示为
$$D_n = \langle a, b \mid o(a) = n, o(b) = 2, ba = a^{-1}b \rangle.$$

下面举一个较为复杂的例子.

例 2.3.1 设 $SL_2(\mathbb{Z}) = \left\{ \begin{pmatrix} a & b \\ c & d \end{pmatrix} \middle| a, b, c, d \in \mathbb{Z}, ad - bc = 1 \right\}$. 证明

$$SL_2(\mathbb{Z}) = \left\langle \begin{pmatrix} 1 & 1 \\ 0 & 1 \end{pmatrix}, \begin{pmatrix} 1 & 0 \\ 1 & 1 \end{pmatrix} \right\rangle.$$

证明

令

$$A = \begin{pmatrix} 1 & 1 \\ 0 & 1 \end{pmatrix}, \quad B = \begin{pmatrix} 1 & 0 \\ 1 & 1 \end{pmatrix},$$

有

$$A^k = \begin{pmatrix} 1 & k \\ 0 & 1 \end{pmatrix}, \quad B^k = \begin{pmatrix} 1 & 0 \\ k & 1 \end{pmatrix}, \quad k \in \mathbb{Z},$$

$$Q = B^{-1}AB^{-1} = \begin{pmatrix} 0 & 1 \\ -1 & 0 \end{pmatrix}, \quad Q^2 = \begin{pmatrix} -1 & 0 \\ 0 & -1 \end{pmatrix},$$

显然有 $\langle A, B \rangle \subseteq SL_2(\mathbb{Z})$，反之，$\forall X = \begin{pmatrix} a & b \\ c & d \end{pmatrix} \in SL_2(\mathbb{Z})$.

情形 1, 当 a, b, c, d 中有一个元素为 0 时，例如 $c = 0$，则必有 $a = d = 1$ 或 $a = d = -1$，因而

$$X = \begin{pmatrix} 1 & b \\ 0 & 1 \end{pmatrix} = A^b, \quad \text{或 } X = \begin{pmatrix} -1 & b \\ 0 & -1 \end{pmatrix} = Q^2 A^{-b},$$

所以　　$X \in \langle A, B \rangle$.

情形 2, 当 $abcd \neq 0$ 时，必有 $(a, c) = 1$（否则 $|X| \neq 1$），不妨设 $|a| < |c|$，并令 $c = qa + r, 0 \leqslant r < |a|$，于是有

$$QB^{-q}X = \begin{pmatrix} r & * \\ -a & * \end{pmatrix}$$

左上角元素的绝对值减小了，用这种方法可左乘 A 与 B 的某个乘积使左上角元素的绝对值不断减小，经过有限次运算后，使左上角元素为 0，从而变为情形 1.

所以　　　　　　　　　　　　$X \in \langle A, B \rangle$，

从而　　　　　　　　　　　　$SL_2(\mathbb{Z}) \subseteq \langle A, B \rangle$.

综上得　　　　　　　　　　　$SL_2(\mathbb{Z}) = \langle A, B \rangle$.

2. 群的同构

有些群虽然元素和运算符号不一样，但从群的代数结构与性质上看，它们

是完全相同的,这就是同构的概念.

定义 2.3.2　设 $(G, \cdot)$ 与 $(G', \circ)$ 是两个群,若存在一个 G 到 G' 的双射 f 满足

$$f(a \cdot b) = f(a) \circ f(b), \forall a, b \in G,$$

就说 f 是 G 到 G' 的一个同构映射或**同构**(isomorphism),并称 G 与 G' 同构,记作 $G \underset{f}{\cong} G'$.

通常把条件 $f(a \cdot b) = f(a) \circ f(b)$ 称为 f 保持群的运算关系.一个同构映射 f 不仅保持运算关系,而且使两个群的所有代数性质都一一对应.例如,把 G 中的单位元 e 映成 G' 中的单位元 e' : $e' = f(e)$;把 G 中的任一元素 a 的逆元映成 G' 中的对应元素的逆元: $f(a^{-1}) = [f(a)]^{-1}$;把 G 中的子群 H 映成 G' 中的子群: $H \leqslant G \Leftrightarrow f(H) \leqslant G'$;保持元素的阶不变: $o(f(a)) = o(a)$;保持元素的可交换性: $a \cdot b = b \cdot a \Leftrightarrow f(a) \circ f(b) = f(b) \circ f(a)$,等等.总之,两个同构的群,如果不管它们的元素和运算表示符号的差异而只考虑它们的代数性质,我们就把它们等同起来看作一个群.

例 2.3.2　设 $G = (\mathbb{R}^{+}, \cdot), G' = (\mathbb{R}, +)$,其中 $\mathbb{R}^{+}$ 是所有正实数的集合,证明 $G \cong G'$.

证明　作 G 到 G' 的对应关系

$$f : x \mapsto \lg x \quad (\mathbb{R}^{+} \to \mathbb{R}),$$

显然这是一个映射.因 $\lg x_1 = \lg x_2 \Rightarrow x_1 = x_2$,所以 f 是单射.又对任意一个 $b \in G'$,取 $x = 10^b$,则 $f(x) = b$,所以 f 也是满射.

$$\forall x_1, x_2 \in G, f(x_1 \cdot x_2)$$
$$= \lg(x_1 \cdot x_2) = \lg x_1 + \lg x_2 = f(x_1) + f(x_2).$$

所以由定义 2.3.2 知 f 是 G 到 G' 的同构, $G \cong G'$.

例 2.3.3　设 $U_n = \{ \mathrm{e}^{\frac{2k\pi}{n} \mathrm{i}} \mid k = 0, 1, \cdots, n-1 \}$,是复数域上的所有 n 次单位根的集合, U_n 关于复数乘法构成群.证明 $(U_n, \cdot) \cong (Z_n, +)$.

设 $(Z_n, +)$ 到 $(U_n, \cdot)$ 的一个对应关系为

$$f : \bar{k} \mapsto \mathrm{e}^{\frac{2k\pi}{n} \mathrm{i}}, \quad k = 0, 1, \cdots, n-1,$$

由于 Z_n 中元素的表达形式不惟一,要证明对应关系的惟一性.

因 $\bar{k}_1 = \bar{k}_2 \Rightarrow k_1 = k_2 + qn \Rightarrow \mathrm{e}^{\frac{2k_1\pi}{n}\mathrm{i}} = \mathrm{e}^{\frac{2(k_2+qn)\pi}{n}\mathrm{i}} \Rightarrow \mathrm{e}^{\frac{2k_1\pi}{n}\mathrm{i}} = \mathrm{e}^{\frac{2k_2\pi}{n}\mathrm{i}}$,即 $f(\bar{k}_1) = f(\bar{k}_2)$,所以 f 是一个映射.进而不难证明 f 是一个双射,且有

$$f(\overline{k_1} + \overline{k_2}) = f(\overline{k_1 + k_2}) = \mathrm{e}^{\frac{2(k_1+k_2)\pi}{n}\mathrm{i}} = \mathrm{e}^{\frac{2k_1\pi}{n}\mathrm{i}} \mathrm{e}^{\frac{2k_2\pi}{n}\mathrm{i}}$$
$$= f(\overline{k_1}) \cdot f(\overline{k_2})$$

所以 f 是 Z_n 到 U_n 的同构，$(Z_n,+)\cong(U_n,\cdot)$.

从例 2.3.3 可见，表面上不同的两个群在代数性质上可以是完全相同的，这样，就可以利用同构的方法研究一类群.下面用同构的方法分析循环群的性质.

3. 循环群的性质

循环群是一类最简单的群,从同构的意义上讲,它的结构是完全确定的.

定理 2.3.1 设 $G=\langle a\rangle$ 是由 a 生成的循环群,则

(1) 当 $o(a)=\infty$ 时,$G\cong(\mathbb{Z},+)$,称 G 为无限循环群.

(2) 当 $o(a)=n$ 时,$G\cong(Z_n,+)$,这时称 G 为 n 阶循环群,记作 C_n.

这个定理的证明很容易,只要先将 G 的元素形式写出：(1) 当 $o(a)=\infty$ 时,$G=\{a^k\mid k\in\mathbb{Z}\}$;(2) 当 $o(a)=n$ 时,$G=\{e,a,a^2,\cdots,a^{n-1}\}$,由此不难找出相应的同构映射.

下面进一步研究循环群的生成元问题.

由于所有循环群都同构于 $(\mathbb{Z},+)$ 或 $(Z_n,+)$,所以今后凡是遇到循环群都可以用 $\mathbb{Z}$ 或 Z_n 来代替,因此下面我们就用 $(\mathbb{Z},+)$ 和 $(Z_n,+)$ 来讨论循环群的性质.

定理 2.3.2 关于循环群的生成元有

(1) $(\mathbb{Z},+)$ 的生成元只能是 1 或 -1.

(2) $(Z_n,+)$ 的生成元只能是 $\bar{a}$,其中 $(a,n)=1$.因而生成元的个数为 $\varphi(n)$.

证明 (1) 设 $\mathbb{Z}=\langle a\rangle$,因 $1\in\mathbb{Z}$,故必有 k 使 $ka=1$,所以 $a=1$ 或 -1,显然有 $\mathbb{Z}=\langle 1\rangle=\langle -1\rangle$.

(2) 设 $Z_n=\langle\bar{a}\rangle$,因 $\bar{1}\in Z_n$,必有 k 使 $k\bar{a}=\bar{1}$ $\Leftrightarrow$ $\exists p\in\mathbb{Z}$ 使 $ka+pn=1$ $\Leftrightarrow$ $(a,n)=1$. $\square$

下面研究循环群的子群性质.

定理 2.3.3 循环群的子群仍是循环群,且

(1) $(\mathbb{Z},+)$ 的全部子群为 $H_m=\langle m\rangle,m=0,1,2,\cdots$.

(2) $(Z_n,+)$ 的全部子群为 $\langle\bar{0}\rangle$ 和 $\langle\bar{d}\rangle,d\mid n$.

证明 (1) 设 $H\leqslant\mathbb{Z}$,若 $H\neq\{0\}$,令
$$M=\{x\mid x\in H \text{ 且 } x>0\}.$$
由于 $x\in H\Rightarrow -x\in H$,故 $M\neq\varnothing$.由自然数集的良序性知 M 有最小元,设为 m.于是 $\forall x\in M$ 有 $x=pm+r,0\leqslant r<m$,且 $r=x-pm\in M$.由 m 的最小性得 $r=0$,所以 $M=\{km\mid k\in\mathbb{Z}^+\}$,因而

$$H = \{km \mid k \in \mathbb{Z}\} = \langle m \rangle.$$

(2) 令 $Z_n = \{\overline{0}, \overline{1}, \overline{2}, \cdots, \overline{n-1}\}$，并约定它的每一个元素的表达形式惟一，均为 $\overline{k}, k < n$. 设 $H \leqslant Z_n$，且 $H \neq \{\overline{0}\}$. 令 $M = \{k \mid \overline{k} \in H \setminus \{\overline{0}\}, k < n\}$，显然 $M \neq \varnothing$ 是自然数集的子集，有最小元，设为 d. $\forall x \in M$，有 $x = pd + r, 0 \leqslant r < d$，由于 $\overline{r} = \overline{x} - p\overline{d} \in H$，若 $\overline{r} \neq \overline{0}$，则 $r \in M$ 与 d 是 M 的最小元矛盾，故 $r = 0$，所以 $M = \{kd \mid k > 0\}, H = \{\overline{kd} \mid k = 0, 1, 2, \cdots\} = \{\overline{kd} \mid k = 0, 1, 2, \cdots\}$，由 d 的最小性可得：$\exists m \in \mathbb{Z}^+$ 使 $md = n$，所以

$$H = \{\overline{0}, \overline{d}, \overline{2d}, \cdots, \overline{(m-1)d}\} = \langle \overline{d} \rangle, d \mid n. \qquad \square$$

当循环群中的运算用乘法表示时，其元素用生成元的幂来表示. 当循环群中的运算用加法表示时，通常将它直接与 $(\mathbb{Z}, +)$ 或 $(Z_n, +)$ 等同.

例 2.3.4 确定二面体群 D_n 的所有子群.

解 由所有绕中心的旋转构成的子群是 n 阶循环群：$C_n = \langle \rho_1 \rangle = \{\rho_0, \rho_1, \cdots, \rho_{n-1}\}$，$C_n$ 的所有子群也是 D_n 的子群，由定理 2.3.3 可求出 C_n 的所有子群. 设 $n = p_1^{\varepsilon_1} p_2^{\varepsilon_2} \cdots p_s^{\varepsilon_s}$ 是 n 的标准分解式，令

$$d(k_1, k_2, \cdots, k_s) = p_1^{k_1} p_2^{k_2} \cdots p_s^{k_s},$$

其中 $0 \leqslant k_i \leqslant \varepsilon_i \quad (i = 1, 2, \cdots, s),$

则对应每一个 $d = d(k_1, k_2, \cdots, k_s)$ 有一个子群：

$$H_{k_1 k_2 \cdots k_s} = \langle \rho_d \rangle.$$

这样的子群共有 $\prod\limits_{i=1}^{s} (\varepsilon_i + 1)$ 个.

由每一个反射 π_i 可生成一个 2 阶子群：

$$K_i = \langle \pi_i \rangle \quad (i = 0, 1, 2, \cdots, n-1).$$

第三类子群则是 $H_{k,l} = \langle \rho_k, \pi_l \rangle, l < k.$

对于具体的 n，可不重复地写出 D_n 的所有子群.

习题 2.3

1. 设 G 是由 a, b 两个元素生成的群，其定义如下：

$$G = \langle a, b \mid o(a) = n, o(b) = 2, ba = a^{-1}b \rangle,$$

写出 G 的所有元素，并证明 $G \cong D_n$. G 也可作为二面体群 D_n 的定义.

2. 求二面体群 D_n 的所有最小生成元集.

3. 证明 Klein 四元群同构于 $(Z_{12}^*, \cdot)$.

4. $(\mathbb{Q}, +)$ 与 $(\mathbb{Q}^*, \cdot)$ 是否同构？

5. 设 $G = \langle a \rangle$ 为无限循环群，$A = \langle a^s \rangle, B = \langle a^t \rangle$，证明：

(1) $A \cap B = \langle a^m \rangle, m = [s, t]$.

(2) $\langle A, B \rangle = \langle a^d \rangle, d = (s, t)$.

6. 设

$$G = \left\{ \begin{pmatrix} 1 & n \\ 0 & \pm 1 \end{pmatrix} \middle| n \in \mathbb{Z} \right\}$$

是关于矩阵乘法构成的群,

$$A = \begin{pmatrix} 1 & 1 \\ 0 & -1 \end{pmatrix}, \qquad B = \begin{pmatrix} 1 & 2 \\ 0 & -1 \end{pmatrix},$$

证明　$G = \langle A, B \rangle$.

7. 非平凡子群 M 称为群 G 的**极大子群**(maximal subgroup),如果有子群 H 满足 $M < H \leqslant G$,则必有 $H = G$.确定无限循环群的全部极大子群.

8. 设 p 为素数

$$G = \{ x \mid x \in \mathbb{C}, x^{p^n} = 1, n = 1, 2, \cdots \}$$

是对复数乘法构成的群,证明 G 的任意真子群都是有限阶循环群.

*9. 设

$$A = \begin{pmatrix} 0 & 1 & 0 & \cdots & \cdots & 0 \\ 0 & 0 & 1 & 0 & \cdots & 0 \\ \vdots & & \ddots & \ddots & & \vdots \\ \vdots & & & \ddots & \ddots & 0 \\ \vdots & & & & \ddots & 1 \\ 1 & 0 & \cdots & \cdots & 0 & 0 \end{pmatrix}, \quad B = \begin{pmatrix} 1 & 0 & \cdots & \cdots & 0 \\ 0 & \omega & 0 & \cdots & 0 \\ 0 & 0 & \omega^2 & \cdots & 0 \\ \vdots & & & \ddots & \vdots \\ 0 & \cdots & \cdots & & \omega^{n-1} \end{pmatrix},$$

其中 ω 为 n 次单位原根.

$$G = \langle A, B \rangle,$$

证明　$|G| = n^3$.

2.4　变换群和置换群,Cayley 定理

设 A 是一个非空集合,在 2.1 节的例 2.1.8 中已经讲过,A 上的所有可逆变换构成的群称为 A 上的对称群.此群的任何子群都叫做 A 上的**变换群**.当 $|A| = n$ 时,A 上的对称群称为 n 次对称群,记作 S_n. S_n 的任何一个子群称为 **n 次置换群**.

变换群和置换群在群论中有很重要的作用,任何群都可用它们来表示.因此我们要对它们专门讨论,下面先研究置换群.

1. 置换群

1) 置换的轮换分解

一个置换可以表示为一些轮换的乘积,什么是轮换呢?

定义 2.4.1 设 r 是一个 n 次置换,满足

(1) $r(a_1)=a_2, r(a_2)=a_3, \cdots, r(a_l)=a_1$,

(2) $r(a)=a$,当 $a \neq a_i (i=1,2,\cdots,l)$,

则称 r 是一个长度为 l 的**轮换**(cycle),并记作: $r=(a_1,a_2,\cdots,a_l)$. 长度为 2 的轮换称为**对换**(transposition).

例如

$$f = \begin{pmatrix} 1 & 2 & 3 & 4 & 5 & 6 \\ 3 & 2 & 4 & 5 & 1 & 6 \end{pmatrix} = (1\ 3\ 4\ 5)$$

是一个长度为 4 的轮换.

$$\tau = \begin{pmatrix} 1 & 2 & 3 & 4 & 5 & 6 \\ 1 & 5 & 3 & 4 & 2 & 6 \end{pmatrix} = (2\ 5)$$

是一个对换.

显然长度为 l 的轮换 r 的阶数 $o(r)=l$,长度为 1 的轮换就是单位元,记作 (1). 两个轮换的乘积的计算方法也是由右往左按复合函数的概念进行计算,例如

$$f\tau = (1\ 3\ 4\ 5)(2\ 5) = (2\ 1\ 3\ 4\ 5).$$

由上所见,如果我们能把任一置换表示为轮换,则无论是书写还是运算都会简化很多. 但要注意,轮换可从任一元素开始,因而表示形式不惟一.

定理 2.4.1 设 σ 是任一个 n 次置换,则

(1) σ 可分解为不相交的轮换之积:

$$\sigma = r_1 r_2 \cdots r_k. \tag{2.4.1}$$

若不计因子的次序,则分解式是惟一的. 此处的不相交指的是任何两个轮换中无相同元素.

(2) $o(\sigma) = [l_1, l_2, \cdots, l_k]$ ($l_1, \cdots, l_k$ 的最小公倍数),其中 l_i 是 r_i 的长度.

我们先看一个例子,设

$$\sigma = \begin{pmatrix} 1 & 2 & 3 & 4 & 5 & 6 & 7 \\ 3 & 7 & 5 & 2 & 1 & 6 & 4 \end{pmatrix},$$

可从任意一个元素开始,逐个写出轮换:

$$\sigma = (1\ 3\ 5)(2\ 7\ 4)(6),$$

其中 6 称为 σ 的**不动点**,可略去, σ 可表示为

$$\sigma = (1\ 3\ 5)(2\ 7\ 4),$$

是两个不相交的轮换之积，因为这两个轮换不相交，次序可以任意.

下面我们来证明定理 2.4.1.

证明　首先证分解式的存在性：从 $\{1,2,\cdots,n\}$ 中任选一个数作为 i_1，依次求出 $\sigma(i_1)=i_2$，$\sigma(i_2)=i_3$，$\cdots$ 直至这个序列中第一次出现重复，这个第一次重复的数必然是 i_1，即存在 i_{l_1} 使 $\sigma(i_{l_1})=i_1$，否则如果第一次重复出现在 $\sigma(i_{l_1})=i_k$（$1<k<l_1$），则同时有 $\sigma(i_{k-1})=i_k$，且 $i_{k-1}\neq i_{l_1}$，这与 σ 是双射矛盾. 于是得到轮换 $r_1=(i_1,i_2,\cdots,i_{l_1})$. 然后再取 $j_1\notin\{i_1,i_2,\cdots,i_{l_1}\}$，重复以上过程可得 $r_2=(j_1,j_2,\cdots,j_{l_2})$，且由映射定义知 r_2 与 r_1 无公共元素. 如此下去，直至每一个元素都在某一个轮换中，因而得到分解式(2.4.1).

再证分解式(2.4.1)的惟一性：首先可把分解式(2.4.1)中 1-轮换（长度为 k 的轮换称为 k-轮换）去掉，它们对应 σ 的不动点，是由 σ 惟一确定，因而在分解式(2.4.1)中的元素都是动点. 假如 σ 有两个分解式使某个 i 在不同的轮换中，则存在 k 使 $\sigma(k)$ 有两个不同的像，与 σ 是映射矛盾.

最后求 σ 的阶：设 $o(\sigma)=d$，由于 r_i 之间不相交，$\sigma^d=r_1^d\cdots r_k^d=1$，必有 $r_i^d=1$（$i=1,2,\cdots,k$）. 所以 $l_i\mid d$（$i=1,2,\cdots,k$），因而 d 是 $l_1,\cdots,l_k$ 的公倍数，又由阶的定义，知 d 是 $l_1,\cdots,l_k$ 的最小公倍数. □

式(2.4.1)称为置换的标准轮换分解式.

2) 置换的对换分解

长度为 2 的轮换称为对换，例如 $\tau_1=(12)$，$\tau_2=(23)$ 等.

一个置换还可分解为对换之积，这些对换一般来说不再是不相交了.并且分解形式不惟一.

定理 2.4.2　任何一个置换 σ 可分解为对换之积：

$$\sigma = \pi_1\pi_2\cdots\pi_s \tag{2.4.2}$$

其中 π_i（$i=1,2,\cdots,s$）是对换.且对换的个数 s 的奇偶性由 σ 惟一确定，与分解方法无关.

证明　先证对换分解式(2.4.2)的存在性：我们可把任意一个轮换用如下方法表为对换之积：

$$(i_1,i_2,\cdots,i_l) = (i_1,i_l)(i_1,i_{l-1})\cdots(i_1,i_2),$$

而每一个置换可表示为轮换之积，因而也可表示为对换之积.显然分解式(2.4.2)不是惟一的.

再证分解式(2.4.2)中对换个数 s 的奇偶性的惟一性：设 σ 的轮换分解式为式(2.4.1)，定义

$$N(\sigma) = \sum_{i=1}^{k} (l_i - 1). \tag{2.4.3}$$

对单位置换 1, $N(1)=0$. 下面我们证明 s 的奇偶性与 $N(\sigma)$ 的奇偶相同, 即 $s \equiv N(\sigma) \pmod 2$, 而 $N(\sigma)$ 是惟一确定的.

我们可以证明以下事实: 设 (a,b) 为任一对换, 当 a 和 b 在 σ 的不同轮换中 (包括 1-轮换) 时, 通过置换运算, 可得 $N((a,b)\sigma) = N(\sigma) + 1$ (请读者自己动手做一下). 当 a,b 在 σ 的同一轮换中时, 可得 $N((a,b)\sigma) = N(\sigma) - 1$. 因而对任何情况均有

$$N((a,b)\sigma) \equiv N(\sigma) + 1 \pmod 2.$$

由于 $\pi_s \cdots \pi_2 \pi_1 \sigma = \sigma^{-1} \sigma = (1)$, 因而得到 $N(\pi_s \cdots \pi_2 \pi_1 \sigma) \equiv N(\sigma) + s \equiv 0$, 所以有 $N(\sigma) \equiv s \pmod 2$, 即 s 的奇偶性由 σ 惟一确定. □

3) 置换的奇偶性

由于一个置换 σ 分解为对换乘积时, 对换个数 s 的奇偶性是惟一确定的, 因此可用 s (或 $N(\sigma) = \sum_{i=1}^{k}(l_i-1)$) 的奇偶性来规定 σ 的奇偶性; 当对换个数 s (或 $N(\sigma)$) 是偶 (奇) 数时, σ 称为**偶 (奇) 置换** (evencold) permutation). 例如, 长度为奇数的轮换是偶置换, 长度为偶数的轮换是奇置换.

两个置换 σ_1, σ_2 相乘时, 乘积的奇偶性可用表 2.2 表示.

n 次对称群 S_n 中所有的偶置换构成一个子群, 此 子群称为 **n 次交错群** (alternating group), 记作 A_n. 集 合 $(a,b)A_n$ 中每个置换都是奇置换, 由此可证 $|A_n| = n!/2$. 利用置换乘积的奇偶性规律还可进一步证明任 何一个置换群的元素或都是偶置换, 或奇偶置换各半.

表   2.2

·	偶	奇
偶	偶	奇
奇	奇	偶

4) 置换的类型

一个 n 次置换 σ, 如果 σ 的标准轮换分解式是由 λ_1 个 1-轮换、λ_2 个 2-轮 换、$\cdots$、λ_n 个 n-轮换组成, 则称 σ 是一个 $1^{\lambda_1} 2^{\lambda_2} \cdots n^{\lambda_n}$ 型置换, 其中 $1 \cdot \lambda_1 + 2 \cdot \lambda_2 + \cdots + n \cdot \lambda_n = n$. 例如, 在 S_5 中 $(1\,2\,3)$ 是一个 $1^2 3^1$ 型置换, (12345) 是一个 5^1 型置换, $(12)(34)$ 是一个 $1^1 2^2$ 型置换.

在 S_n 中, $1^{\lambda_1} 2^{\lambda_2} \cdots n^{\lambda_n}$ 型置换的个数为

$$\frac{n!}{1^{\lambda_1} 2^{\lambda_2} \cdots n^{\lambda_n} \lambda_1 ! \lambda_2 ! \cdots \lambda_n !}$$

(习题 2.7, 7).

下面再看几个例子.

例 2.4.1 二面体群 D_n 是一个 n 次置换群, 在例 2.1.9 中曾将正 n 边形

的顶点用 $0,1,\cdots,n-1$ 表示，今后用 $1,2,\cdots,n$ 表示，则它的元素可用轮换表示为

$$\rho_1 = (1\ 2\ 3\ \cdots\ n),$$

$$\rho_k = (1\ 2\ 3\ \cdots\ n)^k, \qquad k = 0,1,\cdots,n-1,$$

$$\pi_0 = (2\ n)(3,n-1)\cdots,$$

ρ_k 的类型为 $\left(\dfrac{n}{d}\right)^d$ 型，其中 $d=(k,n)$. π_k 的表达式与 n 的奇偶性有关. 当 n 为奇数时，π_k 都是 $1^1\ 2^{\frac{n-1}{2}}$ 型的；当 n 为偶数时，π_k 有两种类型：$1^2\ 2^{\frac{n}{2}-1}$ 型和 $2^{\frac{n}{2}}$ 型.

下面我们讨论三维空间中正多面体保持空间位置不变的旋转，每一个旋转对应其顶点集合的一个置换. 两个置换相乘就是一个旋转接着另一个旋转，一个旋转的逆就是与它反向的旋转，因此，所有旋转构成一个群，称为此正多面体的旋转群，可用一个置换群来表示.

例 2.4.2 求正方体的旋转群.

设正立方体的顶点集为 $\{A_1,A_2,\cdots,A_8\}$（图 2.2）. 由于它有且仅有三类对称轴：第一类是通过对面中心的轴（如 L_1）共有 3 个，第二类是通过对顶点的轴（如过 A_1 和 A_7 的轴 P_1）；第三类是通过对边中心的轴（例如轴 Q_1）. 按这三类轴分别给出对应的旋转变换如下：

单位元 (1)

绕第一类轴的旋转：

$(1234)(5678),(13)(24)(57)(68),(1432)(5876),$

$(1265)(4378),(16)(25)(47)(38),(1562)(4873),$

$(1584)(2673),(18)(54)(27)(63),(1485)(2376).$

绕第二类轴的旋转：

$(245)(386),(254)(368),$

$(136)(475),(163)(457),$

$(247)(186),(274)(168),$

$(138)(275),(183)(257).$

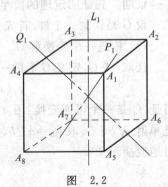

图 2.2

绕第三类轴的旋转：

$(12)(78)(35)(46),(14)(67)(35)(28),$

$(15)(37)(28)(46),(23)(58)(17)(46),$

$(26)(48)(17)(35),(34)(56)(17)(28).$

故这个旋转群共有 24 个元素.

　　显然正多面体旋转群都是三维旋转群 SO_3 的子群.

　　三维空间中有多少种正多面体？这也是一个有趣的问题. 与平面上正多边形不同,空间中的正多面体只有 5 种,见图 2.3 和表 2.3,它们是正四面体(a),正六面体(b),正八面体(c),正十二面体(d)和正二十面体(e). 要证明这一点需要用到 Euler 多面体公式:点数－边数＋面数＝2,读者用已有的知识可以完成证明.

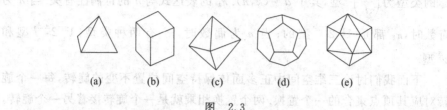

(a)　　　　(b)　　　　(c)　　　　(d)　　　　(e)

图　2.3

表 2.3　正多面体的参数

正多面体	顶点数	边数	面数	每个面的形状	与每个点相关联的边数
正四面体	4	6	4	三角形	3
立方体	8	12	6	正方形	3
正八面体	6	12	8	三角形	4
正十二面体	20	30	12	正五边形	3
正二十面体	12	30	20	三角形	5

2. Cayley 定理

定理 2.4.3(Cayley(凯莱)定理)　任何一个群同构于一个变换群,任何一个有限群同构于一个置换群.

证明　先证明定理的前半部分:任何一个群同构于一个变换群.

设 G 是任意一个群. 首先要构造一个变换群 G',然后证明 $G \cong G'$.

(1) 构造一个变换群 G'

任取 $a \in G$,定义 G 上的一个变换 f_a 如下:
$$f_a(x) = ax, \quad \forall x \in G.$$
可证 f_a 是一个可逆变换:因 $f_a(x_1) = f_a(x_2) \Rightarrow ax_1 = ax_2 \Rightarrow x_1 = x_2$,所以 f_a 是单射. $\forall b \in G$,取 $x_0 = a^{-1}b$,则 $f_a(x_0) = ax_0 = b$,所以 f_a 也是满射. 故 f_a 是可逆变换.

　　令
$$G' = \{f_a \mid a \in G; \ f_a(x) = ax, \ \forall x \in G\}.$$
可直接证明 G' 对映射复合构成群: $\forall f_a, f_b \in G', f_a f_b(x) = abx = f_{ab}(x)$,所

以 $f_a f_b = f_{ab} \in G'$，封闭性成立. 单位元为 f_e. $f_a^{-1} = f_{a^{-1}}$. 所以 G' 是一个变换群.

（2）证明 $G \cong G'$

作映射 $\varphi: a \mapsto f_a (G \to G')$.

由于 $\varphi(a) = \varphi(b) \Rightarrow f_a = f_b \Rightarrow ax = bx \Rightarrow a = b$，所以 φ 是单射，显然也是满射. 故 φ 是双射.

$$\forall a, b \in G, \quad \varphi(ab) = f_{ab} = f_a f_b = \varphi(a) \varphi(b).$$

所以 φ 是 G 到 G' 的同构，$G \cong G'$.

当 G 有限时，G' 是一个置换群，从而可得定理的后半部分. □

这是群论中一个非常重要的定理，它的证明要点是在 G 的基础上构造一个 G 的变换群，取 G' 为 G 上的所有线性函数 $f_a(x) = ax$ 所构成的变换群，然后再进一步证明 G 与 G' 同构. 用这种方法可对任何一个群，找出与它同构的变换群或置换群，见下例.

例 2.4.3   Klein 四元群 $K = \{e, a, b, c\}$，找出一个置换群与 K 同构. 由定理 2.4.3 的证明过程知置换群 $G' = \{f_g \mid g \in K, f_g(x) = gx, \forall x \in K\}$ 与 K 是同构的，G' 的各元素如下：

$$f_e = \begin{pmatrix} e & a & b & c \\ e & a & b & c \end{pmatrix} = (1),$$

$$f_a = \begin{pmatrix} e & a & b & c \\ a & e & c & b \end{pmatrix} = (ea)(bc),$$

$$f_b = \begin{pmatrix} e & a & b & c \\ b & c & e & a \end{pmatrix} = (eb)(ac),$$

$$f_c = \begin{pmatrix} e & a & b & c \\ c & b & a & e \end{pmatrix} = (ec)(ab),$$

用 $\{1, 2, 3, 4\}$ 代替 $\{e, a, b, c\}$，则

$$K \cong \{(1), (12)(34), (13)(24), (14)(23)\}.$$

用这种方法可表出与任何一个群同构的变换群或置换群.

例 2.4.4   证明 $S_n = \langle (12), (13), \cdots, (1n) \rangle$.

这是一个很典型的例子，它表出了 S_n 的生成元集的一种情况.

证明   显然 $\langle (12), (13), \cdots, (1n) \rangle \subseteq S_n$，反之，只需证明 $\forall \sigma \in S_n$，σ 可表示为某些 $(1i)$，$2 \le i \le n$ 的乘积.

首先，由定理 2.4.2，σ 可表示为对换之积：

$$\sigma = (i_1 j_1)(i_2 j_2) \cdots (i_r j_r).$$

然后，我们可将每一个对换用 $(1i)$ 来表示：设 (ij)，$i \ne 1$，$j \ne 1$，为 σ 的表达

式中任一对换,易见$(ij)=(1i)(1j)(1i)$,所以 σ 可表示为某些$(1i),2\leqslant i\leqslant n$ 的乘积. □

习题 2.4

1. 设 $\sigma=(i_1,i_2,\cdots,i_k)$,$\tau$ 为任一个 n 次置换,证明 $\tau\sigma\tau^{-1}=(\tau(i_1),\tau(i_2),\cdots,\tau(i_k))$.

2. 证明 $|A_n|=n!/2$.

3. 证明任何一个置换群的元素或全部是偶置换,或奇偶置换各半.

4. 证明
$$S_n=\langle(12),(123\cdots n)\rangle.$$

5. 证明
$$A_n=\langle(123),(124),\cdots,(12n)\rangle.$$

6. 求出正四面体的旋转群.

7. 证明正立方体旋转群同构于 S_4.

8. 确定 S_n 中长度为 n 的轮换个数.

2.5   子群的陪集和 Lagrange 定理

群内的子群反映了群的结构与性质,因此我们需要进一步研究有关群内子群的性质.

1. 子群的陪集

定义 2.5.1   设$(G,\cdot)$是一个群,$H\leqslant G,a\in G$,则 $a\cdot H$ 称为 H 的一个**左陪集**(left coset),$H\cdot a$ 称为 H 的一个**右陪集**(right coset).

当 G 是可换群时,子群 H 的左、右陪集是相等的.

例 2.5.1 $G=(\mathbb{Z},+),H=\{km|k\in\mathbb{Z}\}$,$H$ 是 G 的子群,因为 G 是可换群,H 的左、右陪集相等,它们是
$$0+H=H=\{km\mid k\in\mathbb{Z}\},$$
$$1+H=\{1+km\mid k\in\mathbb{Z}\},$$
$$\vdots$$
$$m-1+H=\{m-1+km\mid k\in\mathbb{Z}\}.$$
每一个陪集正好与一个同余类对应.

例 2.5.2   设 S_3 中子群 $H=\{(1),(12)\}$,则 H 的左陪集有

$$(1)H=(12)H=H,$$
$$(13)H=(123)H=\{(13),(123)\},$$
$$(23)H=(132)H=\{(23),(132)\}.$$

H 的右陪集有

$$H(1)=H(12)=H,$$
$$H(13)=H(132)=\{(13),(132)\},$$
$$H(23)=H(123)=\{(23),(123)\}.$$

由例 2.5.2 可见,一个陪集的表示形式不惟一,例如陪集 $(13)H$ 与 (123) H 是相同的. 一般来说,陪集 aH 称为以 a 为代表元的陪集,同一个陪集可以有不同的代表元.

不难证明,有关陪集有以下性质:

(1) $aH=H\Leftrightarrow a\in H$.

(2) $b\in aH\Leftrightarrow aH=bH$. 这说明陪集中任何一个元素都可作为代表元.

(3) 两个陪集相等的条件:

$$aH=bH\Leftrightarrow a^{-1}b\in H \quad (Ha=Hb\Leftrightarrow ba^{-1}\in H).$$

(4) 对任何 $a,b\in G$ 有 $aH=bH$ 或 $aH\bigcap bH=\varnothing$.

因而 H 的所有左陪集的集合 $\{aH\,|\,a\in G\}$ 构成 G 的一个划分.

这是因为如果 $aH\bigcap bH\neq\varnothing$,则存在 $x\in aH\bigcap bH$,于是 $x=ah_1=bh_2$,得 $a^{-1}b=h_1h_2^{-1}\in H$,由性质(3)得 $aH=bH$,又因任何一个元素 a 均可作陪集 aH,因而 $G=\bigcup_{a\in G}aH$,所以 $\{aH\,|\,a\in G\}$ 是 G 的一个划分.

(5) 由划分与等价关系的对应(定理 1.3.1),子群 H 在 G 中可确定两个等价关系:

$$\sim_L:a\sim_L b\Leftrightarrow a^{-1}b\in H,$$
$$\sim_R:a\sim_R b\Leftrightarrow ba^{-1}\in H,$$

相应的商集为

$$G/\sim_L=\{aH\,|\,a\in G\},或记作(G/H)_L;$$
$$G/\sim_R=\{Ha\,|\,a\in G\},或记作(G/H)_R.$$

例 2.5.3 设 $G=GL_2(\mathbb{R})$,$H=\left\{\begin{pmatrix}a & b \\ c & d\end{pmatrix}\Big|\,a,b,c,d\in\mathbb{R},ad-bc=1\right\}$,由于 $g_1H=g_2H\Leftrightarrow g_1^{-1}g_2\in H\Leftrightarrow \det g_1=\det g_2$,即两个矩阵只要它们的行列式相等,它们的左陪集相同. 因而在行列式相同的矩阵中,可取一个最简单的矩阵,例如,取 $\begin{pmatrix}r & 0 \\ 0 & 1\end{pmatrix}$,$r\neq0$ 作为代表元,于是 H 的全部左陪集为

$$\begin{pmatrix} r & 0 \\ 0 & 1 \end{pmatrix} H, \quad r \in \mathbb{R}^*.$$

相应的商集为

$$(G/H)_L = \left\{ \begin{pmatrix} r & 0 \\ 0 & 1 \end{pmatrix} H \,\middle|\, r \in \mathbb{R}^* \right\}.$$

这里用记号$(G/H)_L$表示 G 对 H 的全部左陪集的集合,类似可写出全部右陪集的集合$(G/H)_R$.

2. 子群的指数和 Lagrange 定理

子群 H 的左、右陪集 aH 和 Ha 在一般情况下并不一定相等,如例 2.5.2 中$(1\ 3)H \neq H(1\ 3)$.但在左陪集的集合$\{aH \mid a \in G\}$与右陪集的集合$\{Ha \mid a \in G\}$之间可建立一一对应关系.

定理 2.5.1　设 G 是群,$H \leqslant G$,$S_L = \{aH \mid a \in G\}$,$S_R = \{Ha \mid a \in G\}$,则存在 S_L 到 S_R 的双射.

证明　作 S_L 到 S_R 的一个对应关系

$$\varphi: aH \mapsto Ha^{-1}(S_L \to S_R),$$

由于陪集的表示形式不惟一,因而必须验证对应关系是否是映射,然后再证明它是双射.

因为

$$a_1 H = a_2 H \Leftrightarrow a_1^{-1} a_2 \in H \Leftrightarrow Ha_1^{-1} = Ha_2^{-1},$$

所以 φ 是映射且是单射. 又 $\forall Ha \in S_R$,取 $a^{-1}H \in S_L$,则 $\varphi(a^{-1}H) = Ha$,所以 φ 也是满射.

这就是说集合 S_L 与 S_R 是等势的,当它们是有限集合时,左陪集的个数与右陪集的个数相等:$|S_L| = |S_R|$,称为 H 在 G 中的指数.

定义 2.5.2　设 G 是群,$H \leqslant G$,H 在 G 中的左(右)陪集个数称为 H 在 G 中的**指数**(index),记作$[G:H]$.

当 G 是有限群时,子群的阶数与指数也都是有限的,它们有以下关系:

定理 2.5.2(Lagrange(拉格朗日)定理)　设 G 是有限群,$H \leqslant G$,则

$$|G| = |H|[G:H].$$

证明　设$[G:H] = m$,于是存在 $a_1, \cdots, a_m \in G$ 使 $G = \bigcup_{i=1}^{m} a_i H$ 且 $a_i H \cap a_j H = \varnothing \ (i \neq j)$,而每一个陪集的元素个数均为 $|a_i H| = |H|$,所以

$$|G| = \sum_{i=1}^{m} |a_i H| = m|H| = |H|[G:H]. \qquad \square$$

由 Lagrange 定理立即可得如下推论:

(1) 设 G 是有限群,$H \leqslant G$,则 $|H| \big| |G|$.

(2) 当 $|G| < \infty$ 时,对任何 $a \in G$ 有 $o(a) \big| |G|$. 因而有 $a^{|G|} = e$.

(3) 若 $|G| = p$(素数),则 $G = C_p$(p 阶循环群),即素数阶群必为循环群.

(1) 与 (2) 可直接由 Lagrange 定理推得. 下面证明 (3):

任取 $a \in G$ 且 $a \neq e$,由 (2),$o(a) \big| |G| = p$,又由 $o(a) > 1$,故 $o(a) = p$,所以 $G = \langle a \rangle$.

关于群中两个有限子群的乘积的元素个数有以下定理.

定理 2.5.3 设 G 是群,A,B 是 G 的两个有限子群,则有

$$|AB| = \frac{|A||B|}{|A \cap B|}.$$

证明 设 $D = A \cap B$,则 $D \leqslant A, A = \bigcup_{a \in A} aD$,又 $AB = \bigcup_{a \in A} aB$,令

$$S_1 = \{aB \mid a \in A\}, \quad S_2 = \{aD \mid a \in A\},$$

作 S_1 到 S_2 的对应关系 $f: aB \mapsto aD$,因为

$$a_1 B = a_2 B \Leftrightarrow a_1^{-1} a_2 \in B \Leftrightarrow a_1^{-1} a_2 \in A \cap B \Leftrightarrow a_1 D = a_2 D,$$

所以 f 是 S_1 到 S_2 的映射且是单射. 显然也是满射. 故有

$$|S_1| = |S_2| = [A:D] = \frac{|A|}{|D|}.$$

所以

$$|AB| = |S_1||B| = \frac{|A||B|}{|D|} = \frac{|A||B|}{|A \cap B|}. \qquad \square$$

我们可利用 Lagrange 定理来确定一个群内可能存在的子群、元素的阶等,从而搞清一个群的结构. 以前我们在确定一个群内的子群时,主要利用元素的生成子群. 有了 Lagrange 定理,则首先可由 $|G|$ 的因子来确定可能存在的子群的阶数或元素的阶数,然后根据了群的阶数来寻找子群. 例如二面体群 D_n 的子群,由于 $|D_n| = 2n$,因而 D_n 的子群的阶数只可能是 $d\,(d \mid n)$ 和 $2d$ $(d \mid n)$,可根据阶数分别找出对应的子群. 这样再去做例 2.3.4 可以更加清晰一些.

例 2.5.4 确定 S_3 中的所有子群.

解 因 $|S_3| = 6$,除平凡子群外,S_3 中只可能有 2 阶或 3 阶子群,又因 2 与 3 都是素数,因而它们都是循环子群,由 2 阶元和 3 阶元生成. 故 S_3 中全部子群为:$H_1 = 1, H_2 = \langle (12) \rangle, H_3 = \langle (13) \rangle, H_4 = \langle (23) \rangle, H_5 = \langle (123) \rangle, H_6 = S_3$.

利用"元素的阶是群的阶的因子"这一性质,可以确定一些低阶群的结构.

例 2.5.5 确定所有可能的 4 阶群.

解　因为元素的阶数是群的阶的因子,故可分以下几种情形讨论:

(1) G 中存在 4 阶元,则 $G=C_4$.

(2) G 中无 4 阶元,则除单位元外均为 2 阶元,G 是可换群.可设 $G=\{e,a,b,c\}$,$o(a)=o(b)=o(c)=2$.因 $ab\neq e$ 或 a 或 b,所以 $ab=c$,类似有 $ba=c$,$bc=cb=a$,$ac=ca=b$,所以 $G=$Klein 四元群.

故 4 阶群只有两种可能:4 阶循环群或 Klein 四元群.

利用群$(Z_n^*,\cdot)$和 Largrange 定理及有关性质可证明以下定理,这些公式在现代密码学中是很重要的基础.

定理 2.5.4(Euler 定理)　设 n 为大于 1 的整数,$a\in Z$ 且 $(a,n)=1$,则
$$a^{\varphi(n)}\equiv 1\ (\mathrm{mod}\ n).$$

证明　证明的思路是利用群$(Z_n^*,\cdot)$中元素的阶与群的阶的关系,即定理 2.5.2 的推论(2).

由于 $|Z_n^*|=\varphi(n)$,所以当 $a\in Z$ 且 $(a,n)=1$ 时,$\bar{a}\in Z_n^*$,由定理 2.5.2 的推论(2)得 $(\bar{a})^{|Z_n^*|}=(\bar{a})^{\varphi(n)}=\bar{1}$,写成同余式就是 $a^{\varphi(n)}\equiv 1\ (\mathrm{mod}\ n)$.　□

由此可得以下两个推论(Fermat).

(1) 设 p 为素数,$(a,p)=1$,则 $a^{p-1}\equiv 1\ (\mathrm{mod}\ p)$.

(2) 设 p 为素数,$\forall a\in Z$,则 $a^p\equiv a\ (\mathrm{mod}\ p)$.

定理 2.5.5(Welson 定理)　设 p 为素数,则
$$(p-1)!\equiv -1\ (\mathrm{mod}\ p).$$

证明　利用群$(Z_p^*,\cdot)$中元素的逆元的性质,考虑所有元素的乘积.由于 $Z_p^*=\{\bar{1},\bar{2},\cdots,\overline{p-1}\}$,考虑每一个元素的逆元:$\bar{1}^{-1}=\bar{1}$,$(\overline{p-1})^{-1}=(\overline{-1})^{-1}=\overline{-1}=\overline{p-1}$,对于其他的元素 $\forall a\in Z_p^*\setminus\{\bar{1},\overline{p-1}\}$ 可证有 $a^{-1}\neq a$.利用反证法:假设 $a^{-1}=a$,则 $a^2-1\equiv 0\ (\mathrm{mod}\ p)$,因而 $p\mid(a-1)(a+1)$,得到 $p\mid(a-1)$ 或 $p\mid(a+1)$.若 $p\mid(a-1)$,则 $a\equiv 1\ (\mathrm{mod}\ p)$,与 a 的取值范围矛盾;若 $p\mid(a+1)$,则 $a\equiv -1\equiv p-1\ (\mathrm{mod}\ p)$,亦与 a 的取值范围矛盾.故 $Z_p^*\setminus\{\bar{1},\overline{p-1}\}$ 中的元素与其逆元两两成对,所以 $\bar{1}\cdot(\bar{2}\cdot\cdots\cdot\overline{p-2})\cdot(\overline{p-1})=\overline{p-1}$,写成同余式即为 $(p-1)!\equiv -1\ (\mathrm{mod}\ p)$.　□

以后在学习域的性质后,我们还有另外的证明方法.

习题 2.5

1. 设 H 是群 G 的子群,$a,b\in G$,证明以下命题等价:

(1) $a^{-1}b\in H$,

(2) $b\in aH$,

(3) $aH=bH$,

(4) $aH\bigcap bH\neq\varnothing$.

2. 设 G 是 5 位二进制码词群(例 2.1.3),$H=\{00000,10101,01011,11110\}$ 是 G 的一个子群,写出 H 在 G 中的诸陪集的元素.

3. 确定 A_4 的全部子群.

4. A,B 是群 G 的有限子群,且 $(|A|,|B|)=1$,则 $|AB|=|A||B|$.

5. 设 A,B 是 G 的子群,$C=\langle A\bigcup B\rangle$ 是由 $A\bigcup B$ 生成的子群,证明 $[C:A]\geqslant[B:A\bigcap B]$.

6. 设 $A\leqslant G,B\leqslant G$,若存在 $g,h\in G$ 使 $Ag=Bh$,则 $A=B$.

7. 设 $A\leqslant B\leqslant G$,证明 $[G:A]=[G:B][B:A]$.

2.6 正规子群和商群

正规子群对刻画群的性质有十分重要的作用,下面给出它的定义和有关性质.

1. 正规子群的概念

定义 2.6.1 设 G 是群,$H\leqslant G$,若 $\forall g\in G$ 有
$$gH = Hg,$$
则称 H 是 G 的**正规子群**(normal subgroup)或**不变子群**(invariant subgroup).并记作:$H\trianglelefteq G$.用 $H\triangleleft G$ 表示 H 是 G 的真正规子群.

由定义可见,任何群都有两个平凡的正规子群:$\{e\}$ 和 G 本身.如果 G 是可换群,则 G 的任何子群都是正规子群.

例 2.6.1 指数为 2 的子群必是正规子群.

证明 设 G 是群,$H\leqslant G$,且 $[G:H]=2$,取 $a\in G\backslash H$,则 $aH\bigcap H=\varnothing$,$G=H\bigcup aH=H\bigcup Ha$,由陪集性质得 $aH=G\backslash H=Ha$,所以 $H\triangleleft G$.

由例 2.6.1 可知:$A_n\trianglelefteq S_n$,$C_n\trianglelefteq D_n$.

例 2.6.2 设
$$G = \left\{\begin{pmatrix} r & s \\ 0 & 1 \end{pmatrix}\middle| r,s\in\mathbb{Q},r\neq 0\right\},$$

$$H = \left\{\begin{pmatrix} 1 & s \\ 0 & 1 \end{pmatrix}\middle| s\in\mathbb{Q}\right\},$$

G 对矩阵乘法构成群,H 是 G 的子群,我们来看 H 是否是 G 的正规子群.

任取一个元素

$$g = \begin{pmatrix} r & t \\ 0 & 1 \end{pmatrix} \in G,$$

则有

$$gH = \left\{ \begin{pmatrix} r & rs_1 + t \\ 0 & 1 \end{pmatrix} \middle| s_1 \in \mathbb{Q} \right\},$$

$$Hg = \left\{ \begin{pmatrix} r & s_2 + t \\ 0 & 1 \end{pmatrix} \middle| s_2 \in \mathbb{Q} \right\}.$$

显然有 $gH \subseteq Hg$. 反之,对 $s_2 + t$, 由 $r \neq 0$, 取 $s_1 = r^{-1} s_2$, 得 $rs_1 + t = s_2 + t$, 故 $Hg \subseteq gH$.

所以 $gH = Hg, H \lhd G$.

用定义来判断一个子群是否是正规子群并不总是方便的,下面给出正规子群的一些性质,使我们有更多的判断方法.

2. 正规子群的性质

首先介绍与正规子群定义等价的若干命题.

定理 2.6.1 设 H 是 G 的子群,则以下几个命题是互相等价的:

(1) $\forall a \in G$, 有 $aH = Ha$.

(2) $\forall a \in G, \forall h \in H$, 有 $aha^{-1} \in H$.

(3) $\forall a \in G$, 有 $aHa^{-1} \subseteq H$.

(4) $\forall a \in G$, 有 $aHa^{-1} = H$.

证明 (1) $\Rightarrow$ (2): $\forall a \in G, \forall h \in H$, 有 $ah \in Ha \Rightarrow ah = h_1 a \Rightarrow aha^{-1} = h_1 \in H$.

(2) $\Rightarrow$ (3): $aha^{-1} \in H \Rightarrow aHa^{-1} \subseteq H$.

(3) $\Rightarrow$ (4): 由 $\forall a \in G$, 有 $aHa^{-1} \subseteq H$, 因而也有 $a^{-1}H(a^{-1})^{-1} \subseteq H$, 即 $a^{-1}Ha \subseteq H$, 故 $\forall h \in H$, 有 $a^{-1}ha = h_1$, 所以 $h = ah_1 a^{-1} \in aHa^{-1}$, 得 $H \subseteq aHa^{-1}$, 故 $aHa^{-1} = H$.

(4) $\Rightarrow$ (1): $aHa^{-1} = H \Rightarrow (aHa^{-1})a = Ha \Rightarrow aH = Ha$. □

由定理 2.6.1, 当我们要检验一个子群是否是正规子群时,可用 4 个条件之中的任何一个. 通常用条件(2)比较方便,因为它指出元素的性质,比证明两个集合相等要简单一些. 例如例 2.6.2 中的 H, 可用以下方法判断:

任取

$$a = \begin{pmatrix} r & s \\ 0 & 1 \end{pmatrix} \in G, \quad h = \begin{pmatrix} 1 & t \\ 0 & 1 \end{pmatrix} \in H,$$

有

$$aha^{-1} = \begin{pmatrix} r & s \\ 0 & 1 \end{pmatrix}\begin{pmatrix} 1 & t \\ 0 & 1 \end{pmatrix}\begin{pmatrix} r^{-1} & -r^{-1}s \\ 0 & 1 \end{pmatrix} = \begin{pmatrix} 1 & rt \\ 0 & 1 \end{pmatrix} \in H,$$

所以 $$H \trianglelefteq G.$$

例 2.6.3 设 $K_4 = \{(1),(1\ 2)(3\ 4),(1\ 3)(2\ 4),(1\ 4)(2\ 3)\}$，证明 $K_4 \trianglelefteq S_4$.

证明 由于 S_4 是有限群，原则上用定理 2.6.1 中任何一个条件均不难判断. 为简单起见，仍用条件(2). 前面已经证明过(习题 2.4(1))：

由习题 2.4(1)知当 $\gamma = (i_1, i_2, \cdots, i_k)$，$\tau\gamma\tau^{-1} = (\tau(i_1), \tau(i_2), \cdots, \tau(i_k))$ 仍是一个长度相同的轮换，因而当 σ 的轮换分解式为 $\sigma = \gamma_1\gamma_2\cdots\gamma_s$ 时，有

$$\tau\sigma\tau^{-1} = (\tau\gamma_1\tau^{-1})(\tau\gamma_2\tau^{-1})\cdots(\tau\gamma_s\tau^{-1}),$$

因而 σ 与 $\tau\sigma\tau^{-1}$ 的类型相同.

$\forall \tau \in S_4, \sigma \in K$，当 $\sigma = (1)$ 时，显然有 $\tau\sigma\tau^{-1} = (1) \in K_4$. 当 $\sigma \neq (1)$ 时，$\tau\sigma\tau^{-1}$ 仍为 2^2 型置换，而 S_4 中所有 2^2 型置换全在 K_4 中，故 $\tau\sigma\tau^{-1} \in K_4$，所以 $K_4 \trianglelefteq G$.

正规子群还有以下性质：

(1) 设 $A \trianglelefteq G, B \trianglelefteq G$，则 $A \cap B \trianglelefteq G, AB \trianglelefteq G$.

证明 $\forall g \in G, c \in A \cap B, gcg^{-1} \in A, gcg^{-1} \in B$，所以 $gcg^{-1} \in A \cap B$，故 $A \cap B \trianglelefteq G$.

先证 $AB \leqslant G$：由于 A 为正规子群，故有 $AB = BA$，由 2.2 节的子群性质 (4)知 $AB \leqslant G$.

再证 $AB \trianglelefteq G$：$\forall g \in G, ab \in AB$，有 $gabg^{-1} = (gag^{-1})(gbg^{-1}) = a_1b_1 \in AB$，所以 $AB \trianglelefteq G$.

(2) 设 $A \trianglelefteq G, B \leqslant G$，则 $A \cap B \trianglelefteq B, AB \leqslant G$. 此性质的证明留作习题.

(3) 设 $A \trianglelefteq G, B \trianglelefteq G$ 且 $A \cap B = \{e\}$，则 $\forall a \in A, b \in B$，有 $ab = ba$.

证明 $\forall a \in A, b \in B$，考虑元素 $aba^{-1}b^{-1}$，一方面 $aba^{-1}b^{-1} = (aba^{-1})b^{-1} \in B$，另一方面 $aba^{-1}b^{-1} = a(ba^{-1}b^{-1}) \in A$，所以 $aba^{-1}b^{-1} \in A \cap B$，得 $aba^{-1}b^{-1} = e$，即 $ab = ba$.

群 G 中形式为 $aba^{-1}b^{-1}$ 的元素称为 a, b 的**换位子**(commutator)，由 G 中所有的换位子生成的子群称为**换位子群**(commutator group)，它具有一些性质，详见本节习题.

3. 商群

设 $H \trianglelefteq G$，则 G 关于 H 的左陪集的集合与 G 关于 H 的右陪集的集合相等，称为 G 关于 H 的陪集集合，记作 G/H，即

$$G/H = \{aH \mid a \in G\} = \{Ha \mid a \in G\}.$$

定义由 H 决定的 G 中元素之间的等价关系 $\sim_H$ 为

$$a \sim_H b \Leftrightarrow a^{-1}b \in H.$$

有时用同余记号表示：

$$a^{-1}b \in H \Leftrightarrow a \equiv b \pmod{H}.$$

每一个陪集记作 $\bar{a} = aH$，称为模 H 的一个同余类. 因而 G/H 又可表示为 $G/H = \{\bar{a} \mid a \in G\}$.

下面我们证明 G/H 关于子集乘法构成群.

定理 2.6.2 设 $H \lhd G$，则 G/H 对子集乘法构成群.

证明 $G/H = \{aH \mid a \in G\}$，首先要证明子集乘法是 G/H 中的一个二元运算：$\forall aH, bH \in G/H$，由于子集乘法满足结合律及 H 是正规子群，可得 $aH \cdot bH = (\{a\}H)(\{b\}H) = \{a\}(H\{b\})H = (a(Hb))H = (abH)H = abH \in G/H$，所以子集乘法在 G/H 中封闭. 再证惟一性：$a_1 H = a_2 H, b_1 H = b_2 H \Rightarrow a_1 H b_1 H = a_2 H b_2 H \Rightarrow a_1 b_1 H = a_2 b_2 H$，所以子集乘法是 G/H 中的一个二元运算.

G/H 中有单位元 H：$\forall aH \in G/H, aH \cdot H = H \cdot aH = aH$. $\forall aH \in G/H$ 有逆元 $a^{-1}H$.

综上，G/H 关于子集乘法构成群. □

定义 2.6.2 设 $H \lhd G$，则 G/H 关于子集乘法构成的群称为 G 关于 H 的**商群**(quotient group).

正确理解商群的概念和掌握它的表示方法与运算特点，是掌握群论的关键之一.

例 2.6.4 $(\mathbb{Z}, +)$ 中 $H_m = \langle m \rangle$ 是正规子群，$\mathbb{Z}$ 关于 H_m 的商群为

$$\mathbb{Z}/H_m = \mathbb{Z}/\langle m \rangle = \{k + \langle m \rangle \mid k \in \mathbb{Z}\}$$
$$= \{\bar{0}, \bar{1}, \cdots, \overline{m-1}\} = (Z_m, +)$$

即为整数模 m 的同余类群.

我们把 $\mathbb{Z}/\langle m \rangle = (Z_m, +)$ 的术语推广到一般的商群，一般来说，G/H 也称为 G 模 H 的同余类群.

下面再看例 2.6.2 中的商群 G/H，由商群的定义，可表示为

$$G/H = \{gH \mid g \in G\}.$$

我们把陪集的代表元选择得尽量简单，由于

$$g_1 H = g_2 H \Leftrightarrow g^{-1}g_2 \in H \Leftrightarrow |g_1| = |g_2| \text{（行列式）},$$

而 G 中行列式相同的元素中最简单的元素为

$$\begin{pmatrix} r & 0 \\ 0 & 1 \end{pmatrix}, \quad r \neq 0,$$

所以

$$G/H = \left\{ \begin{pmatrix} r & 0 \\ 0 & 1 \end{pmatrix} H \,\middle|\, r \in \mathbb{Q}^* \right\} = \left\{ \overline{\begin{pmatrix} r & 0 \\ 0 & 1 \end{pmatrix}} \,\middle|\, r \in \mathbb{Q}^* \right\}.$$

下面利用商群来证明有限可换群中的一个性质.

定理 2.6.3 设 G 是有限可换群,p 为素数,且 $p\,|\,|G|$,则 G 中有 p 阶元.

证明 对 $|G|$ 作归纳法.

$|G| = p$,显然成立.下设 $|G| = n > p$,并假设命题对 $|G| < n$ 及 $p\,|\,|G|$ 成立,要证对 $|G| = n$ 及 $p\,|\,n$ 亦成立.

任取 $a \in G$,设 $o(a) = k > 1$,若 $p\,|\,k$,则 $a^{k/p}$ 就是 p 阶元.若 $p \nmid k$,令 $H = \langle a \rangle$,则 $H \lhd G$,商群 $G/H = G'$,满足 $|G'| = \dfrac{n}{k} < n$ 和 $p\,|\,|G'|$.由归纳假设,G' 中存在 p 阶元 $\bar{c} \in G'$:$o_{G'}(\bar{c}) = p$,即 $(cH)^p = H$,于是有 $c^p \in H$ 和 $c^{pk} = e$,即 $(c^k)^p = e$,可证 $c^k \neq e$:否则由 $c^k = e$ 可得 $\bar{c}^k = \bar{e}$ 及 $p\,|\,k$,矛盾.所以 c^k 就是 G 中的 p 阶元. ☐

最后我们给出单群的概念.

4. 单群

定义 2.6.3 若群 $G \neq \{e\}$,G 中除 $\{e\}$ 和 G 本身外,无其他的正规子群,则称 G 是**单群**(simple group).

例如,当 p 是素数时,$(Z_p, +)$ 就是单群,而且可以证明,在可换群中,只有它们是单群.在非可换群中寻找单群,曾经是群论中的一个热门课题,现已得到圆满解决.例如 $A_n(n \geqslant 5)$ 就是单群,将在下一节中证明.SO_3 也是单群,其证明比较复杂.

习题 2.6

1. 设 $A \lhd G, B \lhd G$,则 $A \cap B \lhd G, AB \lhd G$.

2. 设 $A \lhd G, B \leqslant G$,则 $A \cap B \lhd B, AB \leqslant G$.

3. 设 H 是 G 的子群,若 G 关于 H 的左陪集集合对子集乘法构成群,则 H 是 G 的正规子群.

4. 证明四元数群(见习题 2.1 中第 2 题)的每一个子群都是正规子群.

5. $A, B \leqslant G, C = \langle A \cup B \rangle, B \lhd C$,则 $C = AB$.

6. G 是群,$a, b \in G, a_{ab} = aba^{-1}b^{-1}$ 称为 G 中的一个换位子,证明:

(1) G 的一切有限个换位子的乘积构成的集合 K 是 G 的一个正规子群;

（2）G/K 是可换群；

（3）若 $N \lhd G$，且 G/N 可换，则 $N \geqslant K$.

7. 证明一个可换群如果是单群，则它必是素数阶循环群.

8. A_4 是否是单群？

*9. 设 G 是 $2n$ 阶群，且 n 是奇数，则 G 有指数为 2 的正规子群.

2.7 共轭元和共轭子群

这一节我们继续研究群内一些特殊类型的元素和子群.

1. 中心和中心化子

设 G 是一个群，和 G 中所有元素都可交换的元素构成的集合称为群的**中心**，记作 $C(G)$ 或 C，即
$$C(G) = \{a \mid a \in G, \forall x \in G \text{ 有 } ax = xa\}.$$
显然 $e \in C(G)$，故 $C(G)$ 是 G 的一个非空子集. 又因 $\forall a, b \in C(G)$ 有 $ab^{-1}x = xab^{-1}, ab^{-1} \in C(G)$，故 $C(G)$ 是 G 的一个子群. 同时，很易看出 $C(G)$ 是 G 的正规子群.

设 A 是群 G 的一个非空子集，G 中和 A 的所有元素均可交换的元素构成的集合，记作 $C_G(A)$，即
$$C_G(A) = \{g \mid g \in G, \forall a \in A \text{ 有 } ag = ga\},$$
称为 A 在 G 中的**中心化子**（centerlizer）. 易证 $C_G(A) \leqslant G$ 且 $C(G) \leqslant C_G(A)$. 当 $A = \{a\}$ 时，它的中心化子记作 $C_G(a)$ 或 $C(a)$，即
$$C_G(a) = \{g \mid g \in G, ag = ga\},$$
称为元素 a 在 G 中的中心化子. 由定义可以看出：$\langle a \rangle \leqslant C_G(a)$，当 $a \in C$ 时，$C_G(a) = G$. 下面看几个例子.

例 2.7.1 设 $G = \left\{ \begin{pmatrix} a & b \\ c & d \end{pmatrix} \middle| a, b, c, d \in \mathbb{Z}, |ad - bc| = 1 \right\}$ 是对矩阵乘法构成的群，
$$H = \left\{ \begin{pmatrix} 1 & t \\ 0 & 1 \end{pmatrix} \middle| t \in \mathbb{Z} \right\}, \quad g = \begin{pmatrix} 1 & 2 \\ 0 & -1 \end{pmatrix},$$
求 $C(G), C_G(H), C_G(g)$.

解 回忆在线性代数中曾经做过这样的习题：证明与任何矩阵均可交换的矩阵为数量矩阵. 我们可对整数元素的可逆矩阵重新证明此结论. 又因 G 中的元素的行列式的绝对值为 1，故有

$$C(G) = \left\{ \begin{pmatrix} 1 & 0 \\ 0 & 1 \end{pmatrix}, \begin{pmatrix} -1 & 0 \\ 0 & -1 \end{pmatrix} \right\}.$$

利用待定系数法可确定

$$C_G(H) = \left\{ \begin{pmatrix} a & b \\ 0 & a \end{pmatrix} \middle| a = \pm 1, b \in \mathbb{Z} \right\},$$

$$C_G(g) = \left\{ \begin{pmatrix} 1 & 0 \\ 0 & 1 \end{pmatrix}, \begin{pmatrix} -1 & 0 \\ 0 & -1 \end{pmatrix}, \begin{pmatrix} 1 & 2 \\ 0 & -1 \end{pmatrix}, \begin{pmatrix} -1 & -2 \\ 0 & 1 \end{pmatrix} \right\}.$$

例 2.7.2 求 S_4 中元素 $a = (12)$ 的中心化子.

解 首先由 $\langle a \rangle \leqslant C_G(a)$ 知 $(1), (1,2) \in C_{S_4}(a)$, 与目标元素 $1, 2$ 无关的群元素 $(3,4) \in C_{S_4}(a)$, 这些元素的乘积也包含在 $C_{S_4}(a)$ 中, 所以 $C_{S_4}(a) = \{(1), (12), (34), (12)(34)\}$.

这样做比较直观, 但还有点不大放心, 是否还有其他元素, 我们不妨再论证一下. 设 $\sigma \in C_{S_4}(a)$, 则 $\sigma(1,2) = (1,2)\sigma$, 即 $\sigma(1,2)\sigma^{-1} = (1,2)$, 由习题 2.4 中第 1 题的公式得 $(\sigma(1), \sigma(2)) = (1,2)$, 因而有 $\sigma(1) = 1, \sigma(2) = 2$ 或 $\sigma(1) = 2, \sigma(2) = 1$. 不难看出满足条件的元素 σ 只有上面这些元素, 因而结果是正确的.

2. 共轭元和共轭类

设 G 是群, $a, b \in G$, 若存在 $g \in G$ 使 $gag^{-1} = b$, 则称 a 与 b **共轭** (conjugate).

很容易验证群中元素之间的共轭关系是一种等价关系, 每一个等价类称为一个**共轭类**, 记作 $K_a = \{gag^{-1} | g \in G\}$.

由等价关系的性质可知, 一个群内所有的共轭类构成群的一个划分.

现在来分析, 中心内元素共轭类的特点. 若 $a \in C(G)$, 则 $K_a = \{gag^{-1} | g \in G\} = \{a\}$. 因而 $a \in C(G)$ 的充分必要条件是 a 所在的共轭类只含 a 本身一个元素, 因而 G 可表示为

$$G = C \cup \left(\bigcup_{a \notin C} K_a \right),$$

其中式 $\bigcup_{a \notin C}$ 是对非中心内的共轭类代表元求并. 当 $|G| < \infty$ 时, 则有

$$|G| = |C| + \sum_{a \notin C} |K_a|, \tag{2.7.1}$$

其中和式是对非中心内的共轭类代表元求和.

那么, 每一个共轭类中的元素个数有什么规律呢? 对于中心中的元素, 每个元素自成一个共轭类, 因而这些共轭类的元素个数为 1, 因此主要需要解决

非中心元素所在的共轭类的元素个数问题.

定理 2.7.1 设 G 是群, $a \in G$, $K_a = \{gag^{-1} | g \in G\}$, 且 $|K_a| < \infty$, 则有

$$|K_a| = [G : C_G(a)].$$

证明 记 $C(a) = C_G(a)$, 令

$$S = \{gC(a) | g \in G\},$$

是 $C(a)$ 在 G 中的左陪集集合.

作对应关系 $\sigma : gag^{-1} \mapsto gC(a)$ $(K_a \to S)$,

由于 $g_1 a g_1^{-1} = g_2 a g_2^{-1} \Leftrightarrow g_2^{-1} g_1 a = a g_2^{-1} g_1 \Leftrightarrow g_2^{-1} g_1 \in C(a) \Leftrightarrow g_1 C(a) = g_2 C(a)$, 所以 σ 是一个 K_a 到 S 的映射, 且是单射. 显然 σ 也是满射.

所以 $|K_a| = |S| = [G : C(a)]$. □

由定理 2.7.1 和式(2.7.1)立即可得以下定理.

定理 2.7.2 设 G 是有限群, C 是 G 的中心, 则有

$$|G| = |C| + \sum_{a \notin C} [G : C(a)]. \tag{2.7.2}$$

其中和式是对非中心内的共轭类的代表元求和. 此方程称为**类方程**(class equation).

定理 2.7.2 在分析有限群的结构时经常要用到. 由正规子群的性质, 可得它与共轭类的关系: 若 $H \trianglelefteq G$ 和 $a \in H$, 则 $K_a \subseteq H$, 即正规子群中的任何一个元素的共轭类整个都在此正规子群中, 反之, 正规子群是由一些共轭类的并组成的. 这就为确定正规子群提供另一个方法: 首先求出 G 中的所有共轭类, 由共轭类的并构成的子群都是正规子群. 可用此方法来解习题 2.7, 10.

例 2.7.3 设 G 是有限群, $|G| = p^n$ (p 为素数), 则 G 有非平凡中心, 即 $|C| > 1$.

证明 可用类方程(2.7.2)来证明此定理. 首先分析当 $a \notin C$ 时 $[G : C(a)]$ 的取值, 由于 $a \notin C, C(a) < G$, 故 $|C(a)| = p^\alpha (0 \leqslant \alpha < n)$, 由 Lagrange 定理得 $[G : C(a)] = |G| / |C(a)| = p^{n-\alpha} (n - \alpha > 0)$, 因此在方程

$$|G| = |C| + \sum_{a \notin C} [G : C(a)]$$

中, p 能整除 $|G|$ 及和式中每一项, 所以 $p \big| |C|$, 即 $|C| > 1$.

3. 共轭子群与正规化子

设 G 是群, $H \leqslant G$, $g \in G$, 则不难验证 $K = gHg^{-1}$ 也是一个子群, 称为 H 的**共轭子群**(conjugate subgroup), 并称 K 与 H **共轭**(conjugate).

如果 H 是正规子群, 则 $\forall g \in G$ 有 $gHg^{-1} = H$, 即正规子群的共轭子群必是它自己, 因此, 正规子群又称为**自共轭子群**(self conjugate subgroup). 因而对于非正规子群, 必存在异于它的共轭子群. 令

$$A = \{H \mid H \leqslant G\}$$

为 G 中所有子群的集合,在 A 中定义二元关系 $\sim$ 为

$$H_1 \sim H_2 \Leftrightarrow \exists\, g \in G \text{ 使 } g H_1 g^{-1} = H_2,$$

则 $\sim$ 是 A 中的一个等价关系,即子群的共轭关系是 A 中的等价关系. 每一个等价类称为子群的共轭类,设 $H \leqslant G$,H 所在的共轭类记作 K_H,则 K_H 可表示为

$$K_H = \{g H g^{-1} \mid g \in G\}.$$

当 $H \lhd G$ 时 $K_H = \{H\}$. 下面讨论一般情况下,K_H 中元素的个数. 为此,引入一个新概念——正规化子. 若 H 不是 G 的正规子群,总可以找到一个包含 H 的子群 N,使 H 是 N 的正规子群,例如 H 本身就是. 令

$$N_G(H) = \{g \mid g \in G, g H g^{-1} = H\},$$

不难验证 $N_G(H) \leqslant G$,且与 H 有以下关系:

$$H \lhd N_G(H).$$

称 $N_G(H)$ 为 H 在 G 中的**正规化子**(normalizer). 当 $H \lhd G$ 时,$N_G(H) = G$,当 H 不是 G 的正规子群时,必有 $N_G(H) < G$.

利用 $N_G(H)$ 可确定 H 在 G 中的共轭子群的个数.

定理 2.7.3 设 G 是有限群,$H \leqslant G$,$N(H)$ 为 H 在 G 中的正规化子,则与 H 共轭的子群的个数为

$$|K_H| = [G : N(H)].$$

证明 设 $K_H = \{g H g^{-1} \mid g \in G\}$,$T = \{g N(H) \mid g \in G\}$,作对应关系

$$\varphi: g H g^{-1} \mapsto g N(H) \quad (K_H \to T).$$

由于 $g_1 H g_1^{-1} = g_2 H g_2^{-1} \Leftrightarrow g_2^{-1} g_1 H g_1^{-1} g_2 = H \Leftrightarrow g_2^{-1} g_1 \in N(H) \Leftrightarrow g_1 N(H) = g_2 N(H)$,所以 φ 是映射且是单射,显然也是满射. 所以

$$|K_H| = |T| = [G : N(H)]. \qquad\square$$

注意 定理 2.7.3 与定理 2.7.1 的形式与证明方法类似.

例 2.7.4 设 G 是群,H 是 G 中惟一的一个 n 阶子群,则 $H \lhd G$.

证明 利用共轭子群的阶相等这一性质.

$\forall g \in G$,考虑 $g H g^{-1}$ 的阶,由于 $g h_1 g^{-1} = g h_2 g^{-1} \Leftrightarrow h_1 = h_2$,得 $|g H g^{-1}| = |H| = n$,已知 H 是 G 中惟一的 n 阶子群,所以 $g H g^{-1} = H$,即 $H \lhd G$.

4. 置换群的共轭类

对于一些特殊的群,可以确定它的共轭类,例如,在线性群中,互相相似的矩阵就形成一个共轭类. 下面讨论在 S_n 和 A_n 中的共轭类.

设 $\sigma \in S_n$,σ 的标准轮换分解式为

$$\sigma = (i_1 \cdots i_{l_1})(j_1 \cdots j_{l_2}) \cdots (h_1 \cdots h_{l_k}),$$

其中 $1 \leqslant l_1 \leqslant l_2 \leqslant \cdots \leqslant l_k \leqslant n$,并设 σ 是一个 $1^{\lambda_1} 2^{\lambda_2} \cdots n^{\lambda_n}$ 型置换.下面讨论置换群中共轭类与类型的关系,从而可由元素的类型来决定共轭类.

定理 2.7.4 设 G 是一个置换群,σ_1 与 σ_2 在 G 中共轭,则 σ_1 与 σ_2 的类型相同.

证明 由 σ_1 与 σ_2 在 G 中共轭,则存在 $\tau \in G$,使

$$\varpi_1 \tau^{-1} = \sigma_2.$$

对任何一个轮换 $r = (i_1, i_2, \cdots, i_l)$,有

$$\tau r \tau^{-1} = (\tau(i_1), \tau(i_2), \cdots, \tau(i_l))$$

仍是一个长度为 l 的轮换(见习题 2.4,1).如果 $\sigma_1 = r_1 r_2 \cdots r_s$,则

$$\sigma_2 = \varpi_1 \tau^{-1} = (\tau r_1 \tau^{-1})(\tau r_2 \tau^{-1}) \cdots (\tau r_s \tau^{-1}) = r'_1 r'_2 \cdots r'_s,$$

其中 r'_i 与 r_i 是长度相同的轮换,且由于 τ 是单射,r'_i 与 r'_j 当 $i \neq j$ 时是不相交的,故 σ_2 的类型与 σ_1 的类型相同. □

定理 2.7.4 的逆定理是否成立呢? 如果逆定理成立,则确定置换群中的共轭类的问题就很简单了,只需按它们的类型分类.可惜对一般的置换群逆定理不一定成立,但对于对称群来说,逆定理是成立的.

定理 2.7.5 在对称群 S_n 中,σ_1 与 σ_2 共轭的充分必要条件是 σ_1 与 σ_2 类型相同.

证明 必要性已由定理 2.7.4 保证,下面只需证明充分性.

设 σ_1, σ_2 是类型相同的两个置换:

$$\sigma_1 = (i_1 \cdots i_{l_1}) \cdots (p_1 \cdots p_{l_k}),$$
$$\sigma_2 = (j_1 \cdots j_{l_1}) \cdots (q_1 \cdots q_{l_k}),$$

其中 $1 \leqslant l_1 \leqslant \cdots \leqslant l_k \leqslant n.$

取置换

$$\tau = \begin{pmatrix} i_1 \cdots i_{l_1} \cdots p_1 \cdots p_{l_k} \cdots \\ j_1 \cdots j_{l_1} \cdots q_1 \cdots q_{l_k} \cdots \end{pmatrix},$$

则 $\tau \in S_n$,且满足

$$
\begin{aligned}
\varpi_1 \tau^{-1} &= (\tau(i_1) \cdots \tau(i_{l_1})) \cdots (\tau(p_1) \cdots \tau(p_{l_k})) \\
&= (j_1 \cdots j_{l_1}) \cdots (q_1 \cdots q_{l_k}) \\
&= \sigma_2,
\end{aligned}
$$

所以 σ_1 与 σ_2 共轭. □

但在 A_n 中,类型相同的置换不一定属于同一个共轭类,可能分裂为两个共轭类.

定理 2.7.6 设 $\sigma \in A_n$，K_σ 是 A_n 中所有与 σ 有相同类型置换的集合，考虑 σ 在 S_n 中的中心化子 $C_{S_n}(\sigma)$，则

(1) 当 $C_{S_n}(\sigma)$ 含有一个奇置换时，K_σ 是 A_n 的一个共轭类；

(2) 当 $C_{S_n}(\sigma)$ 不含奇置换时，K_σ 在 A_n 中分裂为以下两个共轭类：
$$K'_\sigma = \{\tau\sigma\tau^{-1} \mid \tau \in S_n, \tau \text{ 是偶置换}\},$$
$$K''_\sigma = \{\tau\sigma\tau^{-1} \mid \tau \in S_n, \tau \text{ 是奇置换}\}.$$

证明 首先，由定理 2.7.5，K_σ 是 S_n 中的一个共轭类，即
$$K_\sigma = \{\tau\sigma\tau^{-1} \mid \tau \in S_n\}.$$

(1) 若 $C_{S_n}(\sigma)$ 中有一个奇置换 τ_0，则 σ 可表示为 $\sigma = \tau_0\sigma\tau_0^{-1}$. $\forall \tau\sigma\tau^{-1} \in K_\sigma$，当 τ 是偶置换时，$\tau \in A_n$，$\tau\sigma\tau^{-1}$ 在 A_n 中与 σ 共轭；当 τ 是奇置换时，$\tau\sigma\tau^{-1}$ 可表示为 $\tau\sigma\tau^{-1} = \tau(\tau_0\sigma\tau_0^{-1})\tau^{-1} = (\tau\tau_0)\sigma(\tau\tau_0)^{-1}$，由 $\tau\tau_0 \in A_n$，所以 $\tau\sigma\tau^{-1}$ 与 σ 在 A_n 也共轭. 综上，K_σ 是 A_n 中的一个共轭类.

(2) 若 $C_{S_n}(\sigma)$ 中无奇置换. 首先可用反证法证明 K'_σ 与 K''_σ 在 A_n 中不是一个共轭类：假设 K'_σ 与 K''_σ 在 A_n 中是同一个共轭类，则 $\forall \tau_1\sigma\tau_1^{-1} \in K'_\sigma$ 和 $\forall \tau_2\sigma\tau_2^{-1} \in K''_\sigma$，存在 $\tau \in A_n$ 使 $\tau(\tau_1\sigma\tau_1^{-1})\tau^{-1} = \tau_2\sigma\tau_2^{-1}$，即 $(\tau_2^{-1}\tau\tau_1)\sigma(\tau_2^{-1}\tau\tau_1)^{-1} = \sigma$，因而 $\tau_2^{-1}\tau\tau_1 \in C_{S_n}(\sigma)$，$\tau_2$ 是奇置换，τ 与 τ_1 都是偶置换，故 $\tau_2^{-1}\tau\tau_1$ 是奇置换，即 $C_{S_n}(\sigma)$ 中有奇置换，与已知条件矛盾. 其次再证 K'_σ 与 K''_σ 每一个都是 A_n 中的一个共轭类：显然 K'_σ 是 A_n 中的一个共轭类. 对于 K''_σ，任取两个元素：$\alpha = \tau_1\sigma\tau_1^{-1}$，$\beta = \tau_2\sigma\tau_2^{-1}$，$\tau_1, \tau_2$ 都是奇置换，则 $(\tau_2\tau_1^{-1})\alpha(\tau_2\tau_1^{-1})^{-1} = \beta$，而 $\tau_2\tau_1^{-1} \in A_n$，故 α 与 β 在 A_n 中共轭，即 K''_σ 在 A_n 中是一个共轭类.　　□

定理 2.7.6 给出了确定 A_n 中共轭类的方法：首先把 A_n 中的元素按类型分类，得到 K_σ. 然后判断 $C_{S_n}(\sigma)$ 中是否含有奇置换，由此决定 K_σ 是一个共轭类还是分裂成两个共轭类 K'_σ 和 K''_σ.

例 2.7.5 决定 A_5 的共轭类.

解 按元素的类型分别讨论如下：

1^5 型元素只有一个单位元，自成一个共轭类：$K_e = \{(1)\}$.

$1^2 3^1$ 型置换共 20 个元素，因 $C_{S_5}((123)) = \{(1), (45), \cdots\}$ 中有奇置换 (45)，故由定理 2.7.6 知 $K_{(123)} = \{(123), (132), \cdots\}$ 是一个共轭类.

$1^1 2^2$ 型置换共 15 个元素，因 $C_{S_5}((12)(34)) = \{(1), (12), \cdots\}$ 中含有奇置换 (12)，所以 $K_{(12)(34)}$ 也是 A_5 中一个共轭类.

5^1 型置换共 24 个元素，由于 $C_{S_5}((12345)) = \langle(12345)\rangle$，不含奇置换，故 $K_{(12345)}$ 在 A_5 中分裂为以下两个共轭类：
$$K_{(12345)} = \{(12345), (12534), (12453),$$
$$(13425), (13542), (14235), (14352),$$
$$(14523), (15243), (15324), (15432)\}.$$

$$K_{(21345)} = \{(21345),(12354),(12543),(12435),$$
$$(13245),(13524),(14253),(14325),$$
$$(14532),(15234),(15342),(15423)\}.$$

综上，A_5 中共有 5 个共轭类：$K_e, K_{(123)}, K_{(12)(34)}, K_{(12345)}, K_{(21345)}$.

下面利用共轭类的性质证明 A_5 是单群.

定理 2.7.7 $A_n(n \geqslant 5)$ 是单群.

证明 设 N 是 A_n 中的一个正规子群且 $1 < N \lhd A_n$，由于 $A_n = \langle (123),$ $(124),\cdots(12n) \rangle$（习题 2.4，5），取 $\sigma = (123)$，K_σ 为所有 3-轮换的集合，由于 $(45) \in C_{S_n}((123))$，由定理 2.7.6，K_σ 在 A_n 中是一个共轭类. 由正规子群的性质，若 N 包含一个 3-轮换，则 $K_\sigma \subset N$，从而 $N = A_n$.

下面我们来证明 N 包含一个 3-轮换.

考虑 N 中具有最多不动点数目的非单位元 σ，则必有 $1^s p^k$ 型的置换具有此性质，其中 p 为素数. 否则，可通过乘方将 σ 变为这种形式，或得到有更多不动点的元素，与 σ 的选取矛盾.

然后分以下几种情况讨论：

(1) 若 $p = 2, \sigma = (12)(34)\cdots$，取 $\tau = (345)$，则有 $\rho_1 = \tau\sigma\tau^{-1}\sigma^{-1} = (1)(2)(354)\cdots \in N$，$\rho_1$ 比 σ 有更多的不动点，与 σ 的选取矛盾.

(2) 若 $p \geqslant 5$，可设 $\sigma = (12345\cdots p)\cdots$，取 $\tau = (234)$，则 $\rho_2 = \tau\sigma\tau^{-1}\sigma^{-1} = (1)(4)(235)\cdots \in N$，$\rho_2$ 比 σ 有更多的不动点，与 σ 的选取矛盾.

(3) 若 $p = 3$ 且 $k \geqslant 2$，这时 $n \geqslant b$，可设 $\sigma = (123)(456)\cdots$，与(2)相同的方法可得矛盾.

故必有 $p = 3, k = 1, \sigma$ 为 3-轮换. 由正规子群的性质，N 包含所有的 3-轮换，因而 $N = A_n, A_n(n \geqslant 5)$ 是单群. □

习题 2.7

1. 设 $G = GL_2(\mathbb{C})$ 为复数域 $\mathbb{C}$ 上的 2 阶全线性群，N 为非异上三角 2 阶矩阵的集合，H 为对角元素为 1 的上三角 2 阶矩阵的集合，求 $C(G), C_G(N),$ $C_N(H), N_G(H)$.

2. 设 $H \leqslant G$，证明：

(1) $C_G(H) \lhd N_G(H)$，

(2) $C_G(C_G(C_G(H))) = C_G(H)$.

3. 设 G 是有限群，$H < G, G$ 中与 H 共轭的全部子群为 $H_1, H_2, \cdots, H_K$，则 $\bigcup\limits_{i=1}^{K} H_i$ 是 G 的真子集.

4. 证明阶数为 p^2（p 为素数）的群是可换群.

5. 设群 G 满足 $|G| = pq, p, q$ 为互异素数,且 $p < q$,则 G 中的 q 阶子群是正规子群.

6. 设 $|G| = p^n$（p 为素数）,试证 G 的非正规子群的个数是 p 的倍数.

7. 证明在 S_n 中 $1^{\lambda_1} 2^{\lambda_2} \cdots n^{\lambda_n}$-型置换的个数是

$$\frac{n!}{1^{\lambda_1} \lambda_1! 2^{\lambda_2} \lambda_2! \cdots n^{\lambda_n} \lambda_n!}.$$

8. 确定 A_4 中的共轭类与正规子群.

9. 确定二面体群 D_6 的共轭类与正规子群.

*10. 设

$$G = \left\{ \begin{bmatrix} 1 & 0 \\ a & \varepsilon \end{bmatrix} \middle| \varepsilon = \pm 1, a \in \mathbb{Z} \right\}$$

是对矩阵乘法构成的群,确定 G 的所有共轭类和正规子群.

2.8 群 的 同 态

前面介绍过两个群的同构的概念,下面给出两个群的同态的概念,它描写了两个群的某种相似性.群的同态是群论中又一个关键概念,必须熟练掌握.

1. 群的同态

定义 2.8.1 设 $(G, \cdot), (G', \circ)$ 是两个群,若存在映射 $f: G \to G'$ 满足

$$\forall a, b \in G,均有 f(a \cdot b) = f(a) \circ f(b),$$

则称 f 是 G 到 G' 的一个**同态映射**或简称**同态**（homomorphism）.

若 f 是单射,则称 f 是**单同态**（monomorphism）.若 f 是满射,则称 f 是**满同态**（epimorphism）,这时称 G 与 G' 同态,记作 $G \overset{f}{\sim} G'$.若 f 是双射,则 f 就是 G 到 G' 的同构.所以同态与同构只差一字,同构是一种特殊的同态.

$\mathrm{Im} f = f(G)$ 称为 G 在 f 作用下的**同态像**（homomorphic image）.$T \subseteq G'$,$f^{-1}(T)$ 表示子集 T 的全原像.

例 2.8.1 设 $G = (\mathbb{R}, +), G' = \{a \mid a \in \mathbb{C}, |a| = 1\}$,$G'$ 对复数乘法构成群.作映射:

$$f: x \mapsto e^{ix} \quad (G \to G').$$

因为

$$f(x_1 + x_2) = e^{i(x_1 + x_2)} = e^{ix_1} \cdot e^{ix_2}$$
$$= f(x_1) \cdot f(x_2),$$

所以 f 是 G 到 G' 的同态.显而易见,f 是满同态,但非单同态.

例 2.8.2 设 $G=(\mathbb{Z},+)$，$G'=(\mathbb{R},+)$，作映射

$$\varphi:x\mapsto -x \quad (G\to G').$$

因为 $\varphi(x_1+x_2)=-(x_1+x_2)=-x_1-x_2=\varphi(x_1)+\varphi(x_2)$，所以 φ 是 G 到 G' 的同态，显然这是单同态而非满同态.

例 2.8.3 设 $G=(\mathbb{Z},+)$，$G'=(Z_n,+)$，作映射

$$\sigma:k\mapsto \bar{k} \quad (\mathbb{Z}\to Z_n).$$

因为 $\sigma(k_1+k_2)=\overline{k_1+k_2}=\bar{k_1}+\bar{k_2}=\sigma(k_1)+\sigma(k_2)$，所以 σ 是 G 到 G' 的同态，且显然是满同态，因而有 $G\sim G'$.

例 2.8.4 设 G 是群，$H\lhd G$，$G'=G/H$，作映射

$$\varphi:a\mapsto aH \quad (G\to G/H).$$

因为 $\varphi(ab)=abH=aHbH=\varphi(a)\varphi(b)$，所以 φ 是同态，且是满同态，故 $G\sim G/H$. 此同态称为群 G 到它的商群 G/H 的**自然同态**(natural homomorphism).

不难证明同态的一些简单性质：设 f 是 G 到 G' 的同态，则 $f(e)=e'$，$f(a^{-1})=f(a)^{-1}$，$H\leqslant G\Rightarrow f(H)\leqslant G'$，$H\lhd G\Rightarrow f(H)\lhd f(G)$，$N\leqslant f(G)\Rightarrow f^{-1}(N)\leqslant G$，$N\lhd f(G)\Rightarrow f^{-1}(N)\lhd G$，$o(a)<\infty\Rightarrow o(f(a))\,\big|\,o(a)$. 请读者一一加以证明.

2. 同态基本定理

定义 2.8.2 设 f 是 G 到 G' 的同态，令

$$K=\{a\mid a\in G,f(a)=e'\}=f^{-1}(e'),$$

则称 K 是同态 f 的**核**(kernel)，记作 $\ker f$.

同态核就是单位元 e' 的全原像，由上面提到的同态的简单性质，它是 G 的一个子群，且有以下性质.

定理 2.8.1 设 f 是 G 到 G' 的同态，$K=\ker f$，则

(1) $K\lhd G$；

(2) $\forall a'\in \mathrm{Im} f$，若 $f(a)=a'$，则 $f^{-1}(a')=aK$；

(3) f 是单同态 $\Leftrightarrow K=\{e\}$.

证明 (1) 前面已经指出 K 是 G 的子群，因为 $\forall g\in G,k\in K$ 有 $f(gkg^{-1})=f(g)f(k)f(g^{-1})=f(g)f(g)^{-1}=e'$，所以 $gkg^{-1}\in K$，因而 $K\lhd G$.

(2) $\forall k\in K$ 有 $f(ak)=f(a)f(k)=a'$，所以 $ak\in f^{-1}(a')$，因而 $aK\subseteq f^{-1}(a')$.

反之，$\forall x\in f^{-1}(a')$ 有 $f(x)=a'$，即 $f(x)=f(a)$，$f(a)^{-1}\cdot f(x)=$

e',得 $a^{-1}x\in K$,因而 $x\in aK$,$f^{-1}(a')\subseteq aK$.

综上得 $$f^{-1}(a')=aK.$$

(3) f 是单射 $\Leftrightarrow \forall a'\in f(G)$ 有 $|f^{-1}(a')|=1 \Leftrightarrow |aK|=1 \Leftrightarrow |K|=1 \Leftrightarrow$ $K=\{e\}$.   □

下面的同态基本定理是群论中最重要的定理之一.

定理 2.8.2(同态基本定理) 设 f 是 G 到 G' 的满同态,$K=\ker f$,则

(1) $G/K\cong G'$.

(2) 设 φ 是 G 到 G/K 的自然同态,则存在 G/K 到 G' 的同构 σ 使 $f=\sigma\varphi$.

证明 (1) 设 $G/K=\{gK\mid g\in G\}$,作对应关系

$$\sigma:gK\mapsto f(g) \quad (G/K\to G').$$

因为 $g_1K=g_2K \Leftrightarrow g_1^{-1}g_2\in K \Leftrightarrow f(g_1^{-1}g_2)=e' \Leftrightarrow f(g_1)=f(g_2)$,所以 σ 是映射且是单射.

又 $\forall b\in G'$,由于 f 是满同态,$\exists a\in G$ 使 $f(a)=b$,故有 $aK\in G/K$ 使 $\sigma(aK)=f(a)=b$,所以 σ 是满射.

$$\sigma(g_1Kg_2K)=\sigma(g_1g_2K)=f(g_1g_2)=f(g_1)f(g_2)$$
$$=\sigma(g_1K)\sigma(g_2K),$$

所以 σ 是同构映射,$G/K\cong G'$.

(2) 取(1)证明中的 $\sigma:gK\mapsto f(g)$ $(G/K\to G')$,则 $\forall x\in G$,有

$$(\sigma\varphi)(x)=\sigma(\varphi(x))=\sigma(xK)=f(x),$$

所以 $$\sigma\varphi=f. \quad □$$

同态基本定理中几个群的关系可用图 2.4(a)表示.

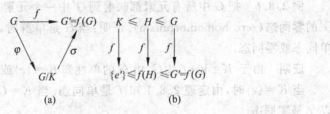

图   2.4

我们来看一下例 2.8.3 中的同态:

$$\sigma:k\mapsto \bar{k} \quad (\mathbb{Z}\to Z_n),$$

它的核是

$$\ker\sigma=\{k\mid \sigma(k)=\bar{0}\}=\{k\mid \bar{k}=\bar{0}\}$$
$$=\{ln\mid l=0,\pm1,\pm2,\cdots\}$$
$$=\langle n\rangle.$$

由同态基本定理得到
$$\mathbb{Z}/\langle n \rangle \cong Z_n,$$
这是早已知道的结果.

例 2.8.5 设 $G = GL_n(F)$ 是数域 F 上的全线性群，$H = \{A \in G \mid \det A = 1\}$，$G' = (F^*, \cdot)$，用同态基本定理证明
$$G/H \cong G'.$$

证明 作映射：
$$f: A \mapsto \det A \quad (G \to G'),$$
$\forall A, B \in G$，有
$$f(AB) = |AB| = |A||B| = f(A)f(B),$$
所以 f 是 G 到 G' 的同态.

又 $\forall a \in F^*$，可取
$$A = \begin{pmatrix} a & 0 & \cdots & \cdots & 0 \\ 0 & 1 & 0 & \cdots & 0 \\ 0 & 0 & 1 & \cdots & 0 \\ \cdots\cdots\cdots\cdots\cdots\cdots \\ 0 & 0 & \cdots & \cdots & 1 \end{pmatrix},$$
则 $f(A) = a$，所以 f 是 G 到 G' 的满射，因而 f 是满同态. 它的核为
$$\ker f = \{A \in G \mid f(A) = |A| = 1\} = H.$$
故由同态基本定理得
$$G/H \cong G'.$$

例 2.8.6 把 G 中所有元素都映射到 G' 中一个元素 e' 的映射，称为 G 到 G' 的**零同态**(zero homomorphism). 证明：当 G 是单群时，G 到 G' 的同态 f 是单同态或零同态.

证明 由于 $K = \ker f \trianglelefteq G$，由 G 的单性知 $K = \{e\}$ 或 $K = G$.

当 $K = \{e\}$ 时，由定理 2.8.1 知 f 是单同态. 当 $K = G$ 时，则 $f(G) = e'$，所以 f 是零同态.

3. 有关同态的定理

关于同态还有以下三个重要定理：

定理 2.8.3(子群对应定理) 设 f 是 G 到 G' 的满同态，$K = \ker f$，
$$S = \{H \mid H \leqslant G \text{ 且 } H \geqslant K\},$$
$$S' = \{N \mid N \leqslant G'\}.$$
则存在一个 S 到 S' 的双射.

证明 作映射

$$\sigma: H \mapsto f(H) \quad (S \to S').$$

首先可证 σ 是单射：$\forall H_1, H_2 \in S, \sigma(H_1) = \sigma(H_2) \Rightarrow f(H_1) = f(H_2)$，$\forall h_1 \in H_1$ 有 $h_2 \in H_2$ 使 $f(h_1) = f(h_2) \Rightarrow f(h_2^{-1}h_1) = e' \Rightarrow h_2^{-1}h_1 \in K \Rightarrow h_1 \in h_2 K \subseteq H_2 \Rightarrow H_1 \subseteq H_2$. 同理可证 $H_2 \subseteq H_1$, 所以 $H_1 = H_2, \sigma$ 是单射.

再证 σ 是满射：$\forall N \in S'$, 令 $H = f^{-1}(N)$, 由于 $K = f^{-1}(e') \subseteq f^{-1}(N)$, 故 $K \subseteq H$.

又 $\forall h_1, h_2 \in H$, 存在 $n_1, n_2 \in N$ 使 $n_1 = f(h_1), n_2 = f(h_2)$, 由于 N 是子群, $n_1 n_2^{-1} = f(h_1 h_2^{-1}) \in N$, 所以 $h_1 h_2^{-1} \in f^{-1}(N) = H$, 故 H 是 G 的子群, 且 $\sigma(H) = N$.

综上, σ 是 S 到 S' 的双射. □

我们亦可用一个图 (图 2.4(b)) 形象地表示 G 与 G' 中子群的对应关系. 需要注意的是, S 中的元素是 G 中包含 $\ker f$ 的子群.

两个群同态, 不仅子群之间有对应关系, 而且它们的商群之间也有确定的关系.

定理 2.8.4(第一同构定理, 或商群同构定理) 设 f 是群 G 到群 G' 的满同态, $K = \ker f, H \trianglelefteq G$ 且 $H \geqslant K$, 则

$$G/H \cong G'/f(H) \left(\cong \frac{G/K}{H/K} \right). \tag{2.8.1}$$

证明 由同态的简单性质, 知 $f(H) \trianglelefteq G'$.

下面用同态基本定理证明此定理. 令

$$H' = f(H), \quad G'/f(H) = \{ f(g)H' \mid f(g) \in G' \}.$$

作映射：

$$\sigma: g \mapsto f(g)H' \quad (G \to G'/H').$$

因为 $\sigma(g_1 g_2) = f(g_1 g_2)H' = f(g_1)f(g_2)H' = \sigma(g_1)\sigma(g_2)$, 所以 σ 是同态. 由于 f 是满同态, 所以 σ 也是满同态.

$$\ker\sigma = \{ g \mid g \in G, f(g)H' = H' \}$$
$$= \{ g \in G \mid f(g) \in H' \} = f^{-1}(H'),$$

由于 $f(H) = H'$, 且 $H \geqslant K = \ker f$, 由子群对应定理知 $H = f^{-1}(H')$, 因而 $\ker\sigma = H$, 于是由同态基本定理得

$$G/H \cong G'/H'.$$

分别再对 G' 与 H' 应用同态基本定理, 则得等式 (2.8.1) 括号内的式子. 且括号内的等式对任何 G 与 H 内的正规子群 K 都成立. □

定理 2.8.5(第二同构定理) 设 G 是群, $N \trianglelefteq G, H \leqslant G$, 则

$$HN/N \cong H/(H \cap N). \tag{2.8.2}$$

证明 首先分析等式(2.8.2)的意义,由正规子群的性质(2.6节)知,HN 是子群且 $N \lhd HN$,因而等式(2.8.2)两端有意义.

仍用同态基本定理来证明此定理.为简单起见,从等式(2.8.2)的右端往左端证明.

作映射 $\varphi: h \mapsto hN$ $(H \to HN/N)$,因为 $\varphi(h_1 h_2) = h_1 h_2 N = h_1 N \cdot h_2 N = \varphi(h_1)\varphi(h_2)$,所以 φ 是同态,显然是满同态.

$$
\begin{aligned}
\ker\varphi &= \{h \mid h \in H \text{ 且 } \varphi(h) = N\} \\
&= \{h \mid h \in H \text{ 且 } hN = N\} \\
&= \{h \mid h \in H \text{ 且 } h \in N\} \\
&= H \cap N.
\end{aligned}
$$

故由同态基本定理得式(2.8.2).   □

例 2.8.7 设 $K_4 = \{(1), (12)(34), (13)(24), (14)(23)\}$,证明

$$S_4/K_4 \cong S_3.$$

证明 这个问题虽然可用同态基本定理来证,但不易找到恰当的 S_4 到 S_3 的对应关系,下面利用第二同构定理来证.

首先利用置换群共轭类的性质,知 $K_4 \lhd S_4$,由此可得 $S_3 K_4 \leqslant S_4$,且因

$$|S_3 K_4| = \frac{|S_3||K_4|}{|S_3 \cap K_4|} = 24 = |S_4|,$$

所以 $S_4 = S_3 K_4$.

然后利用第二同构定理,得

$$S_4/K_4 = S_3 K_4/K_4 \cong S_3/(S_3 \cap K_4) = S_3.$$

设 N 为 G 的非平凡正规子群,若有正规子群 H 使 $N < H$,则必有 $H = G$. 这时,称 N 为 G 的一个**极大正规子群**(maximal normal subgroup). 单群内无极大正规子群.并有以下性质.

例 2.8.8 设 G 是群,$N \lhd G$,则

$$G/N \text{ 是单群} \Leftrightarrow N \text{ 是 } G \text{ 的极大正规子群}.$$

证明 $\Rightarrow$:设有子群 H 满足:$N < H \lhd G$,由第一同构定理得

$$G/H \cong (G/N)/(H/N).$$

由于 G/N 是单群且 $H/N > 1$,故必有 $H/N = G/N$,即 $H = G$. 所以 N 是 G 的极大正规子群.

$\Leftarrow$:设 $1 < H' \lhd G/N$,φ 是 G 到 G/N 的自然同态,$\varphi: a \mapsto aN$. 令 $H = \varphi^{-1}(H')$,则 $H = \varphi^{-1}(H') > \varphi^{-1}(1) = N$,且 $H \lhd G$,由 N 是极大正规子群,得 $H = G$,所以 $H' = \varphi(G) = G/N$,因而 G/N 是单群.

4. 自同态与自同构

设 f 是 G 到 G 本身的一个同态（或同构），则称 f 是 G 上的一个**自同态**（endomorphism）（或**自同构**（automorphism））. G 上的所有自同态的集合对变换的复合构成一个含幺半群，称为 G 上的**自同态半群**（endomorphism semigroup），记作 $\mathrm{End}G$. G 上的所有自同构的集合对变换的复合构成一个群，称为 G 上的**自同构群**（automorphism group），记作 $\mathrm{Aut}G$.

在群 G 中，取定一个元素 a，定义 G 上的一个变换 σ_a 为：对任何 $x \in G$ 有 $\sigma_a(x) = axa^{-1}$，则 σ_a 是 G 上的一个自同构，这个自同构称为一个**内自同构**（inner autmorphism）. G 上的全体内自同构构成一个群，称为**内自同构群**（inner automorphism group），记作 $\mathrm{Inn}G$，即

$$\mathrm{Inn}G = \{\sigma_a \mid a \in G, \text{对任何 } x \in G \text{ 有 } \sigma_a(x) = axa^{-1}\}.$$

内自同构群有以下性质.

定理 2.8.6 设 G 是群，则

(1) $\mathrm{Inn}G \lhd \mathrm{Aut}G$.

(2) $G/C \cong \mathrm{Inn}G$.

其中 C 为 G 的中心.

证明 （1）由定义有 $\mathrm{Inn}G \leqslant \mathrm{Aut}G$. $\forall f \in \mathrm{Aut}G$，$\forall \sigma_a \in \mathrm{Inn}G$，有 $(f\sigma_a f^{-1})(x) = f\sigma_a(f^{-1}(x)) = f(af^{-1}(x)a^{-1}) = f(a)xf(a)^{-1} = \sigma_{f(a)}(x)$，所以 $f\sigma_a f^{-1} = \sigma_{f(a)} \in \mathrm{Inn}G$，故 $\mathrm{Inn}G \lhd \mathrm{Aut}G$.

（2）作 G 到 $\mathrm{Inn}G$ 的映射 $\varphi: a \mapsto \sigma_a$，易见这是一个满射且有 $\varphi(ab) = \sigma_{ab}$，而 $\sigma_{ab}(x) = abx(ab)^{-1} = a(bxb^{-1})a^{-1} = \sigma_a\sigma_b(x)$，$x \in G$，所以 $\varphi(ab) = \sigma_{ab} = \sigma_a\sigma_b = \varphi(a)\varphi(b)$，故 $G \sim \mathrm{Inn}G$. 再求 φ 的核：$\ker\varphi = \{a \mid a \in G, \sigma_a = 1\} = \{a \mid a \in G, \text{对任何 } x \in G \text{ 有 } axa^{-1} = x\} = C$，由同态基本定理得 $G/C \cong \mathrm{Inn}G$. $\qquad\square$

下面通过一些例子来说明如何确定一个群的自同态半群或自同构群.

例 2.8.9 设 $\mathbb{Z}$ 是整数加群，试确定 $\mathrm{Aut}\mathbb{Z}$.

解 设 f 是 $\mathbb{Z}$ 的任一自同构，并设 $f(1) = k$，则对任意 $x \in \mathbb{Z}$ 有 $f(x) = kx$. 因为 f 是满射，故存在 $m \in \mathbb{Z}$ 使 $f(m) = km = 1$，由此得 $k = 1$ 或 $k = -1$. 也就是说，只有以下两个映射才有可能是同构映射：

$$f_1(x) = x, \quad x \in \mathbb{Z};$$
$$f_2(x) = -x, \quad x \in \mathbb{Z}.$$

不难验证 f_1 与 f_2 确是 $\mathbb{Z}$ 上的同构，所以 $\mathrm{Aut}\mathbb{Z} = \{f_1, f_2\} = S_2$.

通过这个简单的例子可以说明如何确定一个群 G 的全部自同构（或自同态）. 首先分析任意一个自同构（或自同态）f 的性质，主要是分析 G 的生成元在 f 下的像，从而决定 f 所具有的约束条件，根据这个约束条件写出全部自

同构(或自同态). 在表达方法上, 最后得到的不同的自同构(或自同态)应用不同的映射记号(例如 $f_i, i = 1, 2, \cdots$)表示, 对每一个映射 f_i 给出 $f_i(x)$ 的一般表达式.

例 2.8.10　证明 $\mathrm{Aut}S_3 \cong S_3$.

证明　首先可利用定理 2.8.6 确定 $\mathrm{Inn}S_3$: 因为 $C(S_3) = 1$, 所以由定理 2.8.6(2)得 $\mathrm{Inn}S_3 \cong S_3$, $|\mathrm{Inn}S_3| = 6$. 因而 $|\mathrm{Aut}S_3| \geqslant 6$.

令 $a = (12), b = (13), c = (23), A = \{a, b, c\}$, S_A 为 A 上的对称群. 作 $\mathrm{Aut}S_3$ 到 S_A 的映射 φ:

$$\sigma \mapsto f_\sigma = \begin{pmatrix} a & b & c \\ \sigma(a) & \sigma(b) & \sigma(c) \end{pmatrix} \quad (\mathrm{Aut}S_3 \to S_A),$$

利用 $\{a, b\}$ 是 S 的生成元集, 不难验证这是一个单射, 所以 $|\mathrm{Aut}S_3| \leqslant |S_A| = 6$, 故

$$\mathrm{Aut}S_3 = \mathrm{Inn}S_3 \cong S_3.$$

此结论可推广到所有 n 次对称群: $\mathrm{Aut}S_n \cong S_n$ $(n \geqslant 3)$.

在确定一个群的自同态半群和自同构群时利用以下途径是有帮助的: (1)利用 G 的生成元的像来确定可能的自同态. (2)一个自同构必然把 G 的生成元映成生成元. (3)利用 $\mathrm{Inn}G$ 与 $\mathrm{Aut}G$ 的关系.

习题 2.8

1. 设 f 是 G 到 G_1 的同态, φ 是 G_1 到 G_2 的同态, 则 φf 是 G 到 G_2 的同态.

2. 设 $G = \{(a, b) \mid a, b \in \mathbb{R}, a \neq 0\}$ 是对乘法: $(a, b)(c, d) = (ac, ad + b)$ 构成的群, $K = \{(1, b) \mid b \in \mathbb{R}\}$, 证明

$$G/K \cong \mathbb{R}^*,$$

其中 $\mathbb{R}^*$ 是非零实数的乘法群.

3. 设 G 是有限 Abel 群, 证明 $f: g \mapsto g^k$ 是 G 的自同构的充分必要条件是

$$(k, |G|) = 1.$$

4. 设 $G = (\mathbb{Z}, +)$, $G' = \langle a \rangle$ 是 6 阶循环群, $\varphi: n \mapsto a^n$, $\forall n \in \mathbb{Z}$, 则 φ 是 G 到 G' 的满同态. (1) 找出 G 的所有子群, 其在 φ 下的像为 $\langle a^2 \rangle$. (2)找出 G 的所有子群, 其在 φ 下的像为 $\langle a^3 \rangle$.

5. 用同态基本定理证明

$$(\mathbb{Q}, +)/(\mathbb{Z}, +) \cong U,$$

其中 U 是所有单位复数根的乘法群.

6. 确定 $\mathrm{End}(\mathbb{Z}, +)$ 并证明它与 $\mathbb{Z}$ 的乘法半群同构.

7. 求群 Z_n 上的所有自同态与自同构.

8. 设 K_4 是 Klein 四元群，求 $\mathrm{Aut}K_4$.

9. 设 $G=GL_n(\mathbb{R})$，求 $\mathrm{Inn}G$.

10. 设 G 是单群，且不是可换群，证明 $G\cong\mathrm{Inn}G$.

* 11. 设 G 是一个群，G 的子群仅有有限个，f 是 G 的满自同态，证明 f 是 G 的自同构.

2.9　群对集合的作用，Burnside 引理

这一节介绍群对集合的作用的概念和理论，它是群的某些应用的桥梁，也是分析有限群结构的有力工具（见 2.10 节和 2.12 节）.

1. 群对集合的作用

设 $X=\{1,2,\cdots,n\}$，G 是 X 上的一个置换群，任取 $g\in G$ 和 $x\in X$，称 $g(x)$ 为群元素 g 对 x 的作用. 并称群 G 作用于集合 X 上，X 称为目标集. 这里，记号 $g(x)$ 表示群元素 g 所对应的 X 上的可逆变换. 可以把置换群对目标集的作用这一概念推广到一般的群上.

设 G 是一个一般的群，Ω 是一个集合，如果 G 与 Ω 上的一个变换群 G' 同态，则 G 可通过 G' 作用于 Ω 上. 如果 G' 是一个置换群，则称它是 G 的一个**置换表示**（permutation representation）；如果 G' 是一个矩阵群，则称它是 G 的一个**线性表示**（linear representation）. 下面具体给出群对集合的作用的定义.

定义 2.9.1　设 G 是一个群，Ω 是一个集合（称为目标集），若 $\forall g\in G$ 对应 Ω 上的一个变换 $g(x)$ 满足

(i) $e(x)=x,\forall x\in\Omega$；

(ii) $g_1g_2(x)=g_1(g_2(x)),\forall x\in\Omega$.

则称 G 作用于 Ω 上，$g(x)$ 称为 g 对 x 的作用.

由条件(i),(ii)不难证明 $g(x)$ 是 Ω 上的一个可逆变换. 由条件(ii)不难证明定义 2.9.1 中所说的对应关系是 G 到 Ω 上的变换群的一个同态. 留作习题（习题 2.9,5）.

下面我们举例来说明群对集合的作用这一概念.

例 2.9.1　设 G 是一个群，$\Omega=G$，定义 G 对 Ω 的作用为

$$g(x)=gx.$$

很易验证满足定义 2.9.1 中的(i)$e(x)=ex=x,\forall x\in\Omega$，(ii)$g_1g_2(x)=g_1g_2x=g_1(g_2x)=g_1(g_2(x)),\forall x\in\Omega$.

这种作用称为 G 对其本身的左平移或左正则作用.

类似可定义 G 对其本身的右平移作用:

$$g(x) = xg^{-1},$$

与左平移作用不完全类似.

例 2.9.2 设 G 是一个群, $\Omega = G$, 定义 G 对 Ω 的作用为

$$g(x) = gxg^{-1}.$$

容易验证满足定义 2.9.1 中的 (i) 和 (ii), 请读者自己完成. 这种作用称为群 G 对其本身的共轭作用.

以上两个例子中的集合 Ω 都是群 G 本身, 下面一个例子中的集合 Ω 不同于 G.

例 2.9.3 设 G 是一个群, Ω 是 G 的所有子群的集合, 即

$$\Omega = \{H \mid H \leqslant G\}.$$

定义 G 对 Ω 的作用为

$$g(H) = gHg^{-1},$$

它满足 (i) $e(H) = eHe^{-1} = H$, $\forall H \in \Omega$, (ii) $g_1g_2(H) = g_1g_2H(g_1g_2)^{-1}$ $= g_1(g_2Hg_2^{-1})g_1^{-1} = g_1(g_2(H))$, $\forall H \in \Omega$. 此作用称为 G 对其子群集的共轭作用.

但如果对例 2.9.3 中的 Ω 定义 G 对 Ω 的运算关系为 $g(H) = gH$, 这就有问题了, 因为 gH 不一定是子群, 所以 $g(H)$ 不是 Ω 上的变换, 不满足定义 2.9.1, 因而不是 G 对 Ω 的作用. 但我们可以取定 G 的一个非平凡子群 H, 并设目标集为

$$\Gamma = \{aH \mid a \in G\},$$

即 H 的所有左陪集的集合. 然后定义 G 对 Γ 的运算关系为

$$g(aH) = gaH,$$

则 $g(H) \in \Gamma$, 且满足 (i) $e(aH) = aH$, $\forall aH \in \Gamma$, (ii) $g_1g_2(aH) = g_1g_2aH = g_1(g_2(aH))$. 所以这是 G 对 Γ 的一个作用.

以后我们还会遇到更加复杂的群对集合的作用的情况.

有了群对集合的作用这一概念, 可以进一步利用群分析集合的性质, 下面引进轨道与稳定子群的概念.

2. 轨道与稳定子群

定义 2.9.2 设 Ω 为目标集, 群 G 作用于 Ω 上, $a \in \Omega$, 则集合

$$\Omega_a = \{g(a) \mid_{g \in G}\},$$

称为 Ω 在 G 作用下的一个**轨道** (orbit), a 称为此轨道的代表元.

由轨道的定义易得以下性质：

(1) 若在 Ω 中定义二元关系 $\sim$ 为

$$a \sim b \Leftrightarrow \exists g \in G \text{ 使 } g(a) = b,$$

则 $\sim$ 是 Ω 中的一个等价关系，且每一个等价类 $\bar{a}$ 就是一个轨道 Ω_a.

(2) $b \in \Omega_a \Leftrightarrow \Omega_a = \Omega_b$，即轨道中任一元素都有资格作为代表元.

(3) $\{\Omega_a \mid a \in \Omega\}$ 构成 Ω 的一个划分，因而有

$$|\Omega| = \sum_{a \in \Omega} |\Omega_a|,$$

其中和式是对轨道的代表元求和.

上面可以看到目标集 Ω 在群 G 的作用下被划分为轨道的并，反过来，可用轨道来研究群 G 的结构，并解决轨道长度与轨道数的问题.

设 $g \in G, a \in \Omega$，若 $g(a) = a$，则称 a 是 g 的一个**不动点**(fix point). 以 a 为不动点的所有群元素的集合记作

$$G_a = \{g \mid g \in G, g(a) = a\}.$$

$\forall g_1, g_2 \in G_a$，有 $g_1(a) = a, g_2(a) = a$，及 $g_2^{-1}(a) = a$，因而 $g_1 g_2^{-1}(a) = g_1(a) = a$ 及 $g_1 g_2^{-1} \in G_a$，所以 $G_a \leqslant G$.

定义 2.9.3 设群 G 作用于集合 Ω 上，$a \in \Omega$，则子群

$$G_a = \{g \mid g \in G, g(a) = a\},$$

称为 a 的**稳定子群**(stabilizer)，又记作 $\text{Stab}_G a$.

例如，在例 2.9.1 中，群 G 对其本身 $\Omega = G$ 的左正则作用：$g(x) = gx$，若取 $a \in \Omega$，则轨道 $\Omega_a = \{g(a) \mid g \in G\} = \{ga \mid g \in G\}$，由于 $\forall b \in \Omega$ 只要取 $g = ba^{-1}$，则 $g(a) = ba^{-1}a = b, b \in \Omega_a$. 故得 $\Omega_a = \Omega$，因而，Ω 在 G 作用下只有一个轨道. 这时称 G 在 Ω 上**传递**或**可迁**(transitive). 稳定子群 $\text{Stab}_G a = \{g \mid g \in G, g(a) = a\} = \{g \mid g \in G, ga = a\} = \{e\}$.

在例 2.9.2 中，G 对 $\Omega = G$ 本身的共轭作用：$g(x) = gxg^{-1}$，取 $a \in \Omega$，$\Omega_a = \{g(a) \mid g \in G\} = \{gag^{-1} \mid g \in G\} = K_a$ 是 Ω 中的一个共轭类. $\text{Stab}_G a = \{g \mid g \in G, g(a) = a\} = \{g \mid g \in G, gag^{-1} = a\} = C_G(a)$ 是 a 在 G 中的中心化子.

在例 2.9.3 中，G 对 $\Omega = \{H \mid H \leqslant G\}$ 的共轭作用：$g(H) = gHg^{-1}$，取定 $H \in \Omega, \Omega_H = \{g(H) \mid g \in G\} = \{gHg^{-1} \mid g \in G\} = K_H$，是 H 的共轭子群类. $\text{Stab}_G H = \{g \mid g \in G, g(H) = H\} = \{g \mid g \in G, gHg^{-1} = H\} = N_G(H)$ 是 H 在 G 中的正规化子.

从以上例子可以看到，为写出轨道与稳定子群的表达式，先写出定义，再将具体的作用代入，即可得到轨道与稳定子群的具体表达式.

关于稳定子群及其和轨道的关系有以下性质：

(1) **轨道公式**：$|\Omega_a| = [G : G_a]$.

证明 设 $S = \{gG_a \mid g \in G\}$，$\Omega_a$ 可表示为 $\Omega_a = \{g(a) \mid g \in G\}$，作对应关系 φ：

$$\varphi : g(a) \mapsto gG_a \quad (\Omega_a \to S),$$

由于 $g_1(a) = g_2(a) \Leftrightarrow g_1^{-1}g_2(a) = a \Leftrightarrow g_1^{-1}g_2 \in G_a \Leftrightarrow g_1 G_a = g_2 G_a$，所以 φ 是映射且是单射，显然也是满射.

所以 $|\Omega_a| = |S| = [G : G_a]$.   □

(2) 由轨道公式和 Lagrange 定理可得

$$|G| = |\Omega_a||G_a|, \tag{2.9.1}$$

$$|\Omega| = \sum_{a \in \Omega}[G : G_a],$$

其中和式是对轨道的代表元求和.

(3) 同一轨道上的元素的稳定子群是互相共轭的：

$$G_{g(a)} = gG_a g^{-1}.$$

读者不难自己详细证明(3).

公式(2.9.1)可用来确定某个置换群 G 的元素个数，由于 G_a 是 G 的子群，阶数比 G 的阶数小，容易确定，例如在确定某个几何体的旋转群时，当几何体比较复杂时，不易找全旋转群的所有元素，这时可利用式(2.9.1)先确定 G 的元素个数，然后再逐个找出所有元素. 在式(2.9.1)中，由于 G_a 是 G 的子群，往往容易确定，从而可求出 $|G|$.

例 2.9.4 确定正四面体的旋转群的元素个数.

解 取任一顶点 a，保持 a 不动的旋转很容易看出有 3 个元素，即 $|G_a| = 3$，又由于 a 可转到任何一个其他的顶点，G 在 Ω 上是可迁的，故 $|\Omega_a| = |\Omega| = 4$，因而有 $|G| = |\Omega_a||G_a| = 12$.

共有 12 个旋转. 一般情况下，很容易找出绕过顶点的轴的 9 个旋转. 另 3 个是绕过对边中点的轴转 $180°$ 的旋转.

例 2.9.5 设 $X = \{1, 2, 3, 4, 5\}$，$G = \{(1), (12), (345), (354),$ $(12)(345), (12)(354)\}$，确定 X 在 G 作用下的所有轨道与稳定子群.

解
$$\Omega_{a=1} = \Omega_{a=2} = \{1, 2\},$$
$$\Omega_{a=3} = \Omega_{a=4} = \Omega_{a=5} = \{3, 4, 5\},$$
$$G_{a=1} = G_{a=2} = \{(1), (345), (354)\},$$
$$G_{a=3} = G_{a=4} = G_{a=5} = \{(1), (12)\},$$

显然满足 $|G| = |\Omega_a||G_a|$.

3. Burnside 引理

下面解决如何计算集合在群作用下的轨道数目问题.

定理 2.9.1(Burnside 引理) 设有限群 G 作用于有限集 X 上,则 X 在 G 作用下的轨道数目为

$$N = \frac{1}{|G|} \sum_{g \in G} \chi(g), \tag{2.9.2}$$

其中 $\chi(g)$ 为元素 g 在 X 上的不动点数目,和式是对每一个群元素求和.

证明 设 $X = \{a_1, a_2, \cdots, a_n\}$,$G = \{g_1, g_2, \cdots, g_m\}$,将 G 作用于 X 上的不动点的情况用一个表(表 2.4)表示出来,表的上表头为 X 的元素:$a_1 \cdots a_j \cdots a_n$,表的左表头为 G 的元素:$g_1 \cdots g_i \cdots g_m$,表中第 i 行第 j 列的元素记作 E_{ij},并令

$$E_{ij} = \begin{cases} 1, & \text{当 } g_i(a_j) = a_j, \\ 0, & \text{否则}, \end{cases}$$

$$(i = 1, 2, \cdots, m, \quad j = 1, 2 \cdots, n).$$

表 2.4

E_{ij} \\ a_j g_i	a_1 $\cdots$ a_j $\cdots$ a_n	$\sum$
g_1 $\vdots$ g_i $\vdots$ g_m	$E_{ij} = \begin{cases} 1, & \text{当 } g_i(a_j) = a_j, \\ 0, & \text{否则} \end{cases}$	$\chi(g_1)$ $\vdots$ $\chi(g_i)$ $\vdots$ $\chi(g_m)$
$\sum$	$\lvert G_{a_1} \rvert \cdots \lvert G_{a_j} \rvert \cdots \lvert G_{a_n} \rvert$	$\displaystyle\sum_{a \in X} \lvert G_a \rvert = \sum_{g \in G} \chi(g)$

然后再把每一行上的元素加起来,其和正好是 g_i 的不动点数目 $\chi(g_i)$;把每一列的元素相加,其和正好是 $|G_{a_j}|$. 于是得到

$$\sum_{a \in X} |G_a| = \sum_{g \in G} \chi(g).$$

由于 X 是有限集,在 G 作用下形成的轨道数是有限的,故可设 X 在 G 作用下的轨道为 $\Omega_1, \Omega_2, \cdots, \Omega_N$. 可把上式左边的和式先对同一轨道上的元素 a 所对应的 $|G_a|$ 相加,然后再对不同的轨道相加,即

$$\sum_{a \in X} |G_a| = \sum_{k=1}^{N} \sum_{a \in \Omega_k} |G_a|,$$

由于 $G_{g(a)} = g G_a g^{-1}$,$|G_{g(a)}| = |G_a|$,即同一轨道上的稳定子群的阶数相同,故

$$\sum_{a \in \Omega_k} |G_a| = |\Omega_k| \, |G_a| = |G|,$$

所以

$$\sum_{a \in X} |G_a| = \sum_{k=1}^{N} |G| = N|G| = \sum_{g \in G} \chi(g),$$

即得公式(2.9.2).　　　　　　　　　　　　　　　　　　　　　　　　□

用例 2.9.5 很易验证 Burnside 引理:

分别计算 G 的每一个元素在 X 上的不动点数: $\chi(e)=5, \chi((12))=3$, $\chi((345))=\chi((354))=2, \chi((12)(345))=\chi((12)(354))=0$. 所以

$$N = \frac{1}{6}(5+3+2+2) = 2.$$

群对集合的作用是群论中一个较为深入的概念,是许多应用的基础,将在下一节具体介绍一些应用.

习题 2.9

1. 设群 G 作用于集合 X 上, $a \in X, \Omega_a$ 是 a 所在的轨道,证明

$$b \in \Omega_a \Leftrightarrow \Omega_a = \Omega_b.$$

2. 设群 G 作用于 X 上, $a \in X, G_a$ 为 a 的稳定子群,证明

$$G_{g(a)} = gG_a g^{-1}.$$

3. 设 G 是群, $H \leqslant G, \Omega = \{aH \mid a \in G\}$ 为 H 的左陪集集合,定义 $g \in G$ 对 $aH \in \Omega$ 的作用为

$$g(aH) = gaH,$$

证明其满足定义 2.9.1,并确定轨道与稳定子群.

4. 设 G 是群, Ω 是 G 的所有 k 元子集的集合, $k < |G|$,定义 $g \in G$ 对 $K \in \Omega$ 的作用为

$$g(K) = gK,$$

证明其满足定义 2.9.1, G 在 Ω 上是否可迁.

5. 设 G 是群, Ω 是一个有限集合, G 作用于 Ω 上: $g(x)$ 表示 $g \in G$ 对 $x \in \Omega$ 的作用. 证明:

(1) $g(x)$ 是 Ω 上的一个置换.

(2) 令 S_Ω 是 Ω 上的对称群,则

$$\varphi: g \mapsto g(x) \quad (G \rightarrow S_\Omega)$$

是 G 到 S_Ω 上的一个同态,当 φ 是单同态时,称 G 对 Ω 的作用是**忠实的**.

2.10　应　用　举　例

群论在计数问题、数字通信及近代物理等方面有广泛的应用,下面仅就在计数方面的应用介绍若干例子.

1. 项链问题

在第 1 章中已经介绍过项链问题,它的一般提法为:设有 n 种颜色的珠子,要做成有 m 颗珠子的项链,问可做成多少种不同种类的项链?

这里所说的不同种类的项链,指两个项链无论怎样旋转与翻转都不能重合.在数学上可以描述如下.

设 $X = \{1, 2, \cdots, m\}$,代表 m 颗珠子的集合,它们顺序排列组成一个项链,由于每颗珠子标有号码,我们称这样的项链为有标号的项链.$A = \{a_1, a_2, \cdots, a_n\}$ 为 n 种颜色的集合.则每一个映射

$$f: X \to A,$$

代表一个有标号的项链.令

$$\Omega = \{f \mid f : X \to A\} = A^X,$$

它是全部有标号项链的集合,显然有

$$|\Omega| = |A|^{|X|} = n^m,$$

是全部有标号项链的数目.

现在考虑二面体群 D_m 对集合 Ω 的作用.

设

$$g = \begin{pmatrix} 1 & 2 & \cdots & k & \cdots & m \\ i_1 & i_2 & \cdots & i_k & \cdots & i_m \end{pmatrix} \in D_m,$$

$$f = \begin{pmatrix} 1 & 2 & \cdots & k & \cdots & m \\ c_1 & c_2 & \cdots & c_k & \cdots & c_m \end{pmatrix} \in \Omega, \text{其中 } c_k \in A.$$

定义 g 对 f 的作用为

$$g[f] = \begin{pmatrix} g(1) & g(2) & \cdots & g(m) \\ c_1 & c_2 & \cdots & c_m \end{pmatrix}$$

$$= \begin{pmatrix} i_1 & i_2 & \cdots & i_m \\ c_1 & c_2 & \cdots & c_m \end{pmatrix} = fg^{-1},$$

则 $e(f) = f$,$g_1 g_2(f) = f(g_1 g_2)^{-1} = fg_2^{-1}g_1^{-1}$,$g_1(g_2(f)) = g_1(fg_2^{-1}) = fg_2^{-1}g_1^{-1}$,所以 $g_1 g_2(f) = g_1(g_2(f))$,因此满足定义 2.9.1,其直观意义是,$g \in D_m$ 对 f 的作用就是对项链的点号作一个旋转变换或翻转变换,因而有

$g \in D_m$ 使 $g(f_1) = f_2 \Leftrightarrow f_1$ 与 f_2 是同一类型的 $\Leftrightarrow f_1$ 与 f_2 属于同一轨道.

因此,每一类型的项链对应一个轨道,不同类型项链数目就是 Ω 在 D_m 作用下的轨道数目,可用 Burnside 引理求解.

下一个关键问题是:$\forall g \in D_m$ 如何求 g 在 Ω 上的不动点数 $\chi(g)$,这与 g 的置换类型有关.设 g 是一个 $1^{\lambda_1} 2^{\lambda_2} \cdots m^{\lambda_m}$ 型置换.g 的轮换分解式可表示为

$$g = \underbrace{(*)\cdots(*)}_{\lambda_1 \text{个}} \quad \underbrace{(**)\cdots(**)}_{\lambda_2 \text{个}} \quad \cdots, \qquad (2.10.1)$$

可以证明

$g(f) = f \Leftrightarrow$ 对应式(2.10.1)中同一轮换中的珠子有相同的颜色.

$$(2.10.2)$$

例如,设

$$g = (12)(36)(45) \in D_6,$$

$$f_1 = \begin{pmatrix} 1 & 2 & 3 & 4 & 5 & 6 \\ a_1 & a_1 & a_2 & a_3 & a_3 & a_2 \end{pmatrix},$$

则

$$g(f_1) = \begin{pmatrix} g(1) & g(2) & g(3) & g(4) & g(5) & g(6) \\ a_1 & a_1 & a_2 & a_3 & a_3 & a_2 \end{pmatrix}$$

$$= \begin{pmatrix} 2 & 1 & 6 & 5 & 4 & 3 \\ a_1 & a_1 & a_2 & a_3 & a_3 & a_2 \end{pmatrix} = f_1,$$

故 f_1 是 g 的一个不动点. 反之,若对应 g 的轮换分解式中某个轮换中号码的珠子有不同的颜色,例如

$$f_2 = \begin{pmatrix} 1 & 2 & 3 & 4 & 5 & 6 \\ a_1 & a_2 & a_2 & a_3 & a_3 & a_2 \end{pmatrix},$$

则

$$g(f_2) = \begin{pmatrix} g(1) & g(2) & g(3) & g(4) & g(5) & g(6) \\ a_1 & a_2 & a_2 & a_3 & a_3 & a_2 \end{pmatrix}$$

$$= \begin{pmatrix} 1 & 2 & 3 & 4 & 5 & 6 \\ a_2 & a_1 & a_2 & a_3 & a_3 & a_2 \end{pmatrix} \neq f_2,$$

所以 f_2 不是 g 的不动点. 不难对论断(2.10.2)作一般的证明. 此处不再赘述了.

下面我们来进一步计算 $\chi(g)$.

$$\chi(g) = |\{f \mid f \in \Omega, g(f) = f\}|,$$

而满足 $g(f) = f$ 的 f,对应于 g 的同一轮换中的珠子的颜色必须相同,因而每一个轮换中的珠子颜色共有 n 种选择. 而 g 所含的轮换个数为 $\lambda_1 + \lambda_2 + \cdots + \lambda_m$,所以满足条件 $g(f) = f$ 的项链颜色有 $n^{\lambda_1 + \lambda_2 + \cdots + \lambda_m}$ 种选择,故

$$\chi(g) = n^{\lambda_1 + \lambda_2 + \cdots + \lambda_m}.$$

将它代入 Burnside 公式,就得项链的种类数为

$$N = \frac{1}{|D_m|} \sum_{g \in D_m} n^{\lambda_1 + \lambda_2 + \cdots + \lambda_m} \quad (g \text{ 为 } 1^{\lambda_1} 2^{\lambda_2} \cdots m^{\lambda_m} \text{ 型}) \qquad (2.10.3)$$

其中和式是对 D_m 中每一个置换求和.

式(2.10.3)可进一步表为

$$N = \frac{1}{|D_m|} \sum_{[1^{\lambda_1} 2^{\lambda_2} \cdots m^{\lambda_m}]} c(\lambda_1, \lambda_2, \cdots, \lambda_m) n^{\lambda_1 + \lambda_2 + \cdots + \lambda_m} \qquad (2.10.4)$$

其中 $c(\lambda_1, \lambda_2, \cdots, \lambda_m)$ 为同一类型的群元素个数,和式是对所有可能的不同置换类型求和.

例 2.10.1　用 3 种颜色做成有 6 颗珠子的项链,可做多少种?

解　由上面的分析,只需按类型计算每一个群元素的不动点数. $m = 6$,群为 D_6,$|\Omega| = 3^6$.

1^6 型置换有 1 个,每一个元素的不动点数为 $\chi(g) = 3^6$.

$1^2 2^2$ 型置换有 3 个,每一个元素的不动点数为 $\chi(g) = 3^4$.

2^3 型置换有 4 个,每一个元素的不动点数为 $\chi(g) = 3^3$.

3^2 型置换有 2 个,每一个元素的不动点数为 $\chi(g) = 3^2$.

6^1 型置换有 2 个,每一个元素的不动点数为 $\chi(g) = 3$.

所以

$$N = \frac{1}{12}(3^6 + 3 \times 3^4 + 4 \times 3^3 + 2 \times 3^2 + 2 \times 3)$$

$$= 92$$

也可直接代入公式(2.10.4)求得.

例 2.10.2　用 3 颗红珠和 6 颗白珠做成一个项链,问可以做成多少种不同的项链?

解　这个问题与项链问题的一般提法稍有不同,但可用同样方法来分析.

设 Y 是所有带标号的由 3 颗红珠和 6 颗白珠做成的项链的集合,不难计算出 $|Y| = \binom{9}{3} = 84$.

群 D_9 作用于集合 Y 上,不同的轨道数目就是所要求的项链的种类数.

为计算 D_9 中每一个元素在集合 Y 中的不动点数,可列表 2.5 如下:

表　2.5

群元素类型	同一类群元素个数	$\chi(g)$	$\sum \chi(g)$
1^9 型	1	84	84
$1^1 2^4$ 型	9	4	36
3^3 型	2	3	6
9^1 型	6	0	0
$\sum$	18		126

所以　　　$N = \dfrac{126}{18} = 7.$

这 7 种不同的项链如图 2.5.

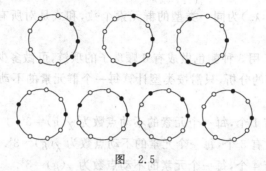

图　2.5

在上面的计算过程中,关键是计算每一个群元素的不动点数,例如对于 3^3 型元素,它的不动点共有 3 个(图 2.6).

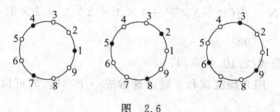

图　2.6

2. 分子结构的计数问题

设在苯环上结合 H,或 CH_3,或 NO_2,问可形成多少种不同的化合物?

这个问题可分两种情况来考虑.第一种情况,如果把苯环中各连接键看作是等同的,则分子结构问题就是三种颜色的 6 颗珠子的项链问题.第二种情况,如果把苯环中的连接键看作不同,单键与双键交替时(图 2.7),则需另外考虑.

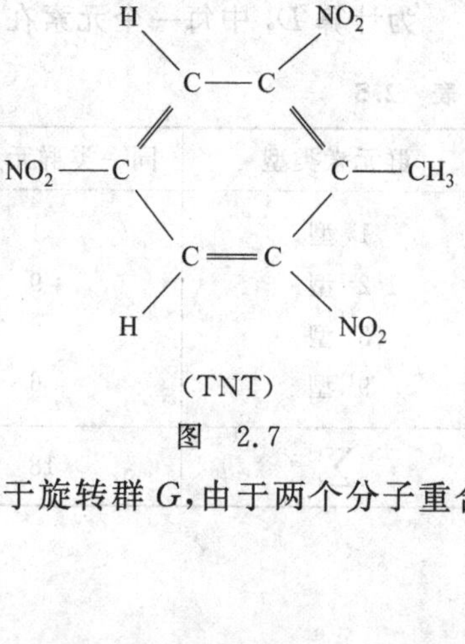

例 2.10.3　设苯环上碳原子之间是由单键与双键交替连接的,在每一个碳原子上结合 H,或 CH_3,或 NO_2,问可形成多少种不同的物质(其中有一种化合物为图 2.7所示的 TNT 的分子结构)?

(TNT)

图　2.7

解　这个问题与项链问题的不同之处在于旋转群 G,由于两个分子重合

时,必须经过旋转后单键与单键重合,双键与双键重合,故

$$G = \{(1),(135)(246),(153)(264),$$
$$(12)(36)(45),(14)(23)(56),(16)(25)(34)\}$$
$$\cong D_3,$$

全部有标号的分子数为 3^6. G 作用于有标号的分子结构上的不动点数计算如表 2.6.

表 2.6

群元素类型	同一类型群元素个数	$\chi(g)$	$\sum \chi(g)$
1^6 型	1	3^6	3^6
3^2 型	2	3^2	2×3^2
2^3 型	3	3^3	3^4
$\sum$	6		$3^2 \times 92$

所以
$$N = \frac{1}{6} \times 3^2 \times 92 = 138.$$

即共可形成 138 种不同的物质,此数比把各键看作等同时要大,因为不对称性增加了.

3. 正多面体着色问题

用 n 种颜色对一个正多面体的顶点着色,如果两种着色法经过对正多面体进行一个旋转能互相重合,则认为这两种着色法本质上是相同的.问本质上不同的着色法有多少种?

例 2.10.4 用 n 种颜色对正六面体的顶点着色,问有多少种不同的着色方法?

解 首先这个问题与项链问题是类似的,因为项链问题可以看作是正多边形的顶点着色问题,因而我们用类似于项链问题的方法先建立正六面体着色问题的数学模型.

设 $X = \{1,2,\cdots,8\}$ 为正六面体的顶点集合,$A = \{a_1, a_2, \cdots, a_n\}$ 为 n 种颜色的集合.则每一个映射 $f: X \to A$ 对应顶点的一个着色方法,令

$$Y = \{f \mid f: X \to A\} = A^X$$

为全体着色方法的集合,则得

$$|Y| = |A|^{|X|} = n^8$$

为正六面体顶点的全部着色法数目.

但是在这些着色法中,有些着色法可通过正六面体的一个旋转使它们完

全重合,即这些着色法本质是相同的,那么,本质上不同的着色法的数目是多少呢? 这就涉及正立方体的旋转群 G 对集合 Y 的作用问题.

在 2.4 节中已经求出正立方体的旋转群,其中 1^8 型置换 1 个,4^2 型置换 6 个,2^4 型置换 9 个,$1^2 3^2$ 型置换 8 个,对每一个类型置换计算不动点数,或直接代入公式(2.10.4)可得

$$N = \frac{1}{24}(n^8 + 6n^2 + 9n^4 + 8n^4)$$

$$= \frac{1}{24}(n^8 + 17n^4 + 6n^2).$$

4. 开关线路的计数问题

一个具有两种状态的电子元件称为一个开关. 它可由普通的一个开关或联动开关组成. 每一个开关的状态由一个开关变量来表示,例如用 A 表示一个开关变量,用 $0,1$ 表示一个开关的两个状态,则开关变量 A 的取值是 0 或 1.

由若干个开关 $A_1, A_2, \cdots, A_k$ 组成的一个线路称为开关线路,一个开关线路也有两个状态,接通用 1 表示,断开用 0 表示,它的状态由各个开关 $A_i (i = 1, 2, \cdots, k)$ 的状态决定,因而可用一个函数 $f(A_1, A_2, \cdots, A_k)$ 来表示,f 的取值是 0 或 1,称 f 为开关函数,每一个开关线路对应一个开关函数.

设 $S = \{0, 1\}$,则开关函数 $f(A_1, A_2, \cdots, A_k)$ 是 $S \times S \times \cdots \times S$ 到 S 的一个映射. 不难得出,k 个开关变量的开关函数共有 2^{2^k} 个. 例如当 $k = 2$ 时共有 16 个开关函数,列于表 2.7 中.

表 2.7　$k = 2$ 的开关函数

AB	$f(A,B)$															
	f_1	f_2	f_3	f_4	f_5	f_6	f_7	f_8	f_9	f_{10}	f_{11}	f_{12}	f_{13}	f_{14}	f_{15}	f_{16}
0 0	0	0	0	0	0	0	0	0	1	1	1	1	1	1	1	1
0 1	0	0	0	0	1	1	1	1	0	0	0	0	1	1	1	1
1 0	0	0	1	1	0	0	1	1	0	0	1	1	0	0	1	1
1 1	0	1	0	1	0	1	0	1	0	1	0	1	0	1	0	1

但是不同的开关函数可能对应于相同的开关线路,例如图2.8中的两个开关线路对应两个开关函数,但这两个开关线路本质上是相同的. 因此,我们的问题是由 n 个开关可组成多少种本质上不同的开关线路?

设 $X = \{A_1, A_2, \cdots, A_n\}$,$G = S_n$ 是 X 上的对称群. 令 $\Omega = \{f_1, f_2, \cdots,$

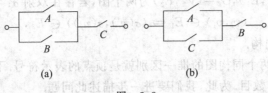

(a)   (b)

图 2.8

$f_m\}$, $m=2^{2^n}$ 是 X 上的所有开关函数的集合. 定义 $\sigma \in G$ 对 $f \in \Omega$ 的作用为 $\sigma(f)=f\sigma$, 对任何 $A_i \in X$ 有 $\sigma(f)(A_i)=f(\sigma(A_i))$, 则由 $\sigma(f_1)=\sigma(f_2)$ 可得 $f_1=f_2$, 故 G 是作用 Ω 上的置换群. f_1 和 f_2 对应于本质上相同的开关线路的充要条件是它们在 G 的作用下在同一轨道上, 因而有

本质上不同的开关线路的数目 $=\Omega$ 在 G 作用下的轨道数.

可用 Burnside 引理解决此问题.

例 2.10.5 求 $k=3$ 的开关线路的数目.

解 $G=S_3$. 首先, 我们来看如何计算 G 中元素 g 的不动点数 $\chi(g)$.

例如, 要求 $g_1=(12)$ 的不动点数 $\chi(g_1)$, 即满足 $g_1(f)=f$ 的开关函数数目, 这时要对 f 附加以下条件:

$$f(0,1,A_3)=f(1,0,A_3)$$

有 6 个函数值 $f(0,0,0), f(0,0,1), f(0,1,0), f(0,1,1), f(1,1,0), f(1,1,1)$ 可任意取值, 因而共有 2^6 个函数在 g_1 的作用下不动, 所以 $\chi(g_1)=2^6$, 类似可求得其他元素的不动点数, 计算如表 2.8.

表 2.8 S_3 作用在 Ω 上不动点数

群元素类型	$\chi(g)$	此类群元素个数	每类群元素的不动点数之和
1^3 型	$2^{2^3}=256$	1	256
$1^1 2^1$ 型	2^6	3	192
3^1 型	2^4	2	32
		$\vert G \vert=6$	$\sum \chi(g)=480$

所以
$$N=\frac{1}{\vert G \vert}\sum_{k \in G}\chi(g)=\frac{480}{6}=80.$$

即共有 80 种开关线路.

5. 图的计数问题

首先给出两个图的同构的概念:

设 $G_1 = (V_1, E_1)$，$G_2 = (V_2, E_2)$ 为两个图，若存在双射 $\sigma: V_1 \to V_2$ 满足

$$(v_i, v_j) \in E_1 \Leftrightarrow (\sigma(v_i), \sigma(v_j)) \in E_2,$$

则称 G_1 与 G_2 同构.

直观上看，两个同构图的惟一区别就是顶点的表示符号. 下面讨论如何计算不同构的图的数目. 为此，我们要进一步描述此问题.

设　$V = \{1, 2, \cdots, n\}$ 为 n 个点的集合，$Y = \{\{i, j\} \mid i, j \in V, i \neq j\}$ 是 V 的二元子集的集合，$A = \{0, 1\}$，则每一个映射

$$g: Y \to A,$$

对应一个图 $G = (V, E)$，其中

$$E = \{\{v_i, v_j\} \mid \{v_i, v_j\} \in Y \text{ 且 } g(\{v_i, v_j\}) = 1\},$$

全部 Y 到 A 的映射的集合

$$\Omega = \{g \mid g: Y \to A\} = A^Y.$$

我们用 Ω 同时表示 n 个点上的全部图的集合，则

$$|\Omega| = |A|^{|Y|} = 2^{\binom{n}{2}},$$

Ω 中的图的点都是有标号的.

下面考虑不同构的图的数目. 设 S_n 是 n 次对称群，定义 S_n 对 Ω 的作用为：$\forall \sigma \in S_n, \forall G = (V, E) \in \Omega, \sigma$ 对 G 的作用为

$$\sigma(G) = (V, \sigma(E)),$$

其中

$$\sigma(E) = \{\{\sigma(i), \sigma(j)\} \mid \{i, j\} \in E\},$$

显然 $\sigma(G)$ 与 G 是同构的，它们在同一轨道上. 因而不同构的图的数目，就是 S_n 作用于 Ω 上的轨道数，可用 Burnside 引理求得. 下面的关键问题是求每一个元素 $\sigma \in S_n$ 在 Ω 上的不动点数，我们用一个具体例子来说明计算方法.

例 2.10.6　求 4 个点的不同构的图的个数.

解　设

$$\Omega = \{(V, E) \mid |V| = 4\},$$

考虑 S_4 对 Ω 的作用，计算 S_n 中每一个元素的不动点数：

对元素 e，$\chi(e) = |\Omega| = 2^{\binom{4}{2}} = 2^6 = 64$.

对 $1^2 2^1$ 型元素，例如 $\sigma = (12)(3)(4)$，若 G 是 σ 的不动点：$\sigma(G) = G$，则 G 所对应的映射 $g: Y \to A$ 应有以下限制：

$$g(\{1, 3\}) = g(\{2, 3\}),$$
$$g(\{1, 4\}) = g(\{2, 4\}),$$

因而 Y 中的元素可自由选择函数值的个数为 4,即为 $\{1,2\},\{1,3\},\{1,4\},\{3,4\}$. 所以 $\chi(\sigma)=2^4$.

对 $1^1 3^1$ 型元素,例如 $\tau=(123)(4)$,若 G 满足 $\tau(G)=G$,则 G 所对应的映射 $g:Y\to A$ 必须满足

$$g(\{1,2\})=g(\{2,3\})=g(\{3,1\}),$$
$$g(\{1,4\})=g(\{2,4\})=g(\{3,4\}),$$

故 Y 中的元素的像可自由选择的元素个数只有 2 个,所以 $\chi(\tau)=2^2$.

对 2^2 型元素,例如 $\alpha=(12)(34)$,类似的分析可得 $\chi(\alpha)=2^4$.

对 4^1 型元素,例如 $\beta=(1234)$,类似的分析可得 $\chi(\beta)=2^2$.

由 Burnside 引理得

$$N=\frac{1}{24}(2^6+6\times 2^4+8\times 2^2+3\times 2^4+6\times 2^2)$$
$$=\frac{2^3}{24}(2^3+6\times 2+4+3\times 2+3)$$
$$=11,$$

这 11 个图如图 2.9 所示.

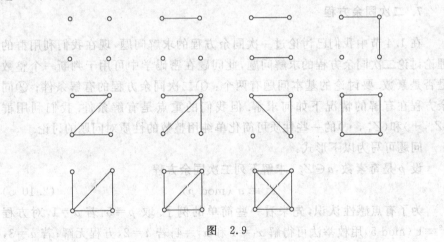

图 2.9

6. RSA 密码系统的加密与解密变换

有一种密码系统叫做 RSA 公钥密码系统,它所用的运算主要是 Z_n 中的指数运算,它的解密的正确性是利用整数模 n 的 Euler 定理(2.5 节).

设 $n=pq,p,q$ 为素数. 明文码、密文码与密钥码均取自 Z_n. 取 $a,b\in Z^+$ 满足 $ab\equiv 1\ (\bmod\ \varphi(n))$,定义加密变换为:$e_K(x)=x^b\bmod n$. 则解密变换为:

$d_K(y)=y^a \bmod n$,其中 $x,y\in Z_n$.

证明 $d(e(x))\equiv x \pmod{n}$：

首先将变换代入得

$$d(e(x)) \equiv (x^b)^a \pmod{n} \equiv x^{ab} \pmod{n}.$$

由 $ab\equiv 1 \pmod{\varphi(n)}$,得 $ab=t\varphi(n)+1,t\in \mathbb{Z}$,代入上式得

$$d(e(x)) \equiv x^{t\varphi(n)+1} \pmod{n}.$$

分两种情况讨论：

(1) 若 $x\in Z_n^*$,由 Euler 定理 $a^{\varphi(n)}\equiv 1 \pmod{n}$ 易见 $d(e(x))\equiv x \pmod{n}$.

(2) 若 $x\in Z_n\backslash Z_n^*$,则 $(x,n)>1$,不失一般性,可设 $(x,n)=p$,令 $x=sp$, $1\leqslant s<q$. 由 $\varphi(n)=(p-1)(q-1)$,先考虑 $x^{q-1}=(sp)^{q-1}$,由 Fermat 公式,得 $x^{q-1}=(sp)^{q-1}\equiv 1 \pmod{q}$,进一步可得 $x^{t(p-1)(q-1)}=x^{t\varphi(n)}\equiv 1 \pmod{q}$.因而有 $x^{t\varphi(n)}=rq+1,r\in \mathbb{Z}$.两边乘 sp,得 $x^{t\varphi(n)+1}=rspq+x$,即 $x^{t\varphi(n)+1}\equiv x \pmod{n}$.

综上,所以 $d(e(x))\equiv x \pmod{n}$.证毕.

第(2)步的证明技巧性较高,也许这是该密码系统的奥妙所在.

7. 二次同余方程

在 1.4 节中我们已讨论过一次同余方程的求解问题,现在我们利用群的理论讨论二次同余方程的求解问题,此问题在密码学中可用于判断一个整数是否是素数.要讨论的基本问题有两个：① 二次同余方程的有解条件；② 同余方程在有解的情况下如何求解.但我们的重点是有解条件.我们利用群 $(Z_n,+)$ 和 $(Z_p^*,\cdot)$ 的一些性质可简化单纯用整数的性质对问题的讨论.

问题可写为以下形式：

设 p 是奇素数,$a\in Z_p^*$,求解下列二次同余方程

$$x^2 \equiv a \pmod{p}. \tag{2.10.5}$$

为了有点感性认识,先来看一些简单的例子.取 $p=5$：若 $a=1$,对方程 $x^2\equiv 1 \pmod{5}$ 用枚举法可得解 $x_1=1$ 和 $x_2=4$；若 $a=2$,方程无解；若 $a=3$,方程无解；若 $a=4$,有解 $x_1=2$ 和 $x_2=3$.从这个例子可见,方程(2.10.5)并非总有解.对有些 a,方程有解,且有解时有两个解(这与实数开平方时有正负两个根的概念是类似的)；但对有些 a,方程无解；并且有解与无解的情况各占一半.其规律性见以下定理.

定理 2.10.1　设 p 是奇素数,$a\in Z_p^*$,二次同余方程为

$$x^2 \equiv a \pmod{p}.$$

(1) 若方程在 Z_p^* 中有解 x,则 $-x \bmod p$ 也是解,且 $x\neq -x \bmod p$. 如

果 $x^2 \equiv a \pmod{p}$ 有解,我们称 a 是**模 p 的平方剩余**.

(2) 在 Z_p^* 中恰有 $(p-1)/2$ 个元素是模 p 的平方剩余,而另 $(p-1)/2$ 个元素为**模 p 的非平方剩余**.

证明 我们在群 $(Z_p^*, \cdot)$ 中考虑问题,为了书写简单,我们省略同余类记号中的上横线,$Z_p^* = \{1, 2, \cdots, p-1\}$.

(1) 若方程有解 x,则 $-x \bmod p$ 也是解是显然的. 下面证明 $x \not\equiv -x \pmod{p}$,而且对 Z_p^* 中任何元素 x 都成立:用反证法. 假设 $x \equiv -x \pmod{p}$,得 $2x \equiv 0 \pmod{p}$,由于 p 是奇素数,2 是群 $(Z_p^*, \cdot)$ 中的元素,可消去,因而可得 $x \equiv 0 \pmod{p}$,与 $x \in Z_p^*$ 矛盾.

(2) 我们对 Z_p^* 中的每一个元素计算平方:$x^2 \bmod p$,每一对元素 x 和 $-x$(已证明 $x \not\equiv -x \pmod{p}$)平方后得到同一个 a,所以总共可得到 $(p-1)/2$ 个不同的 a,即 Z_p^* 中有 $(p-1)/2$ 个元素是模 p 的平方剩余.其余 $(p-1)/2$ 个元素不是模 p 的平方剩余. □

由上面的定理我们知道二次同余方程 $x^2 \equiv a \pmod{p}$ 不一定有解,这要看 a 的取值. 而且 a 在 Z_p^* 中取值有一半的情况无解,另一半的情况有解. 有解时有两个解. 但是 a 取哪些值有解呢? 有以下定理.

定理 2.10.2(Euler 准则) 设 p 是奇素数,$a \in Z_p^*$,则 a 是模 p 的平方剩余的充分必要条件是

$$a^{(p-1)/2} \equiv 1 \pmod{p}. \tag{2.10.6}$$

证明 先证必要性.设 a 是模 p 的平方剩余,即方程 $x^2 \equiv a \pmod{p}$ 有解,设其解为 b,即 $b^2 \equiv a \pmod{p}$,所以 $a^{(p-1)/2} \equiv b^{p-1} \equiv 1 \pmod{p}$(此处应用了 Fermat 公式).

再证充分性.设 a 满足 $a^{(p-1)/2} \equiv 1 \pmod{p}$,要证方程 $x^2 \equiv a \pmod{p}$ 有解.需利用 Z_p^* 中的本原元,在第 4 章 4.3 节中我们将证明 $(Z_p^*, \cdot)$ 是循环群,所谓本原元就是 $(Z_p^*, \cdot)$ 的生成元. 设 c 是 Z_p^* 中的一个本原元,令 $a = c^i$. 得 $c^{i(p-1)/2} \equiv 1 \pmod{p}$,由于 $o(c) = p-1$,故 $(p-1) \big| [i(p-1)/2]$,因而 $i/2$ 是整数. 可令 $i = 2m$ 和 $d = c^m$. 得到 $d^2 = c^{2m} \equiv a \pmod{p}$,所以 d 是方程 $x^2 \equiv a \pmod{p}$ 的解. □

以上证明过程给出了求解方程 $x^2 \equiv a \pmod{p}$ 的一个方法:在 Z_p^* 中找一个本原元 c,设 $a = c^i$,则方程的一个解为 $d = c^{i/2}$,另一个解为 $(-d) \bmod p$.

例如,$p = 7$,求解方程 $x^2 \equiv 2 \pmod{7}$. 由于 $a^{(p-1)/2} \equiv 2^3 \equiv 1 \pmod{7}$,所以有解. 在 Z_7^* 中找一个本原元 $c = 3$,$a = 2 = c^2$,所以 $d = c^{i/2} = 3$ 是一个解,另一个解为 $(-d) \bmod 7 = 4$.

虽然前面提供了一个二次同余方程的求解方法,但必须在 Z_p^* 中找一个本原元,这仍然不是一件容易的事. 对一些特殊情况,当 $p \equiv 3 \pmod{4}$ 时,如

果 a 是模 p 的平方剩余,则不难证明它的两个平方根是 $\pm a^{(p+1)/4} \pmod{p}$. 另外,如果有某个整数 k 使 $a+kp$ 是平方数,则方程的解是 $\pm\sqrt{a+kp} \bmod p$. 关于二次同余方程的求解方法目前还未完全解决.

习题 2.10

1. 用 3 种颜色做成有 5 颗珠子的项链,问可做成多少种类的项链?

2. 在苯环上结合 3 个 H 与 3 个 CH_3,可形成多少种同分异构体(将苯环上的键看作相同)?

3. 对正六面体的面用 n 种颜色着色有多少种本质上不同的着色法?

4. 5 个点的不同构的图有多少个?

2.11 群的直积和有限可换群

本节讨论由两个已知的群构造一个新的群,即两个群的直积,然后利用直积继续研究群的内部结构.

1. 群的直积

定理 2.11.1 设 G_1,G_2 是两个群,$G_1\times G_2=\{(a,b)\mid a\in G_1,b\in G_2\}$ 在 $G_1\times G_2$ 中定义乘法:$(a_1,b_1)(a_2,b_2)=(a_1a_2,b_1b_2)$,则 $G_1\times G_2$ 关于这种乘法构成群,并称 $G_1\times G_2$ 是 G_1 和 G_2 的**直积**(direct product).

此定理的证明很简单,请读者自己证明.

在 $G_1\times G_2$ 中,单位元是 (e_1,e_2). 任何一个元素 (a,b) 的逆元为 (a^{-1},b^{-1}). 当 G_1,G_2 都是可换群时,$G_1\times G_2$ 也是可换群. 当 G_1 和 G_2 都是有限群时,$G_1\times G_2$ 也是有限群,且 $|G_1\times G_2|=|G_1||G_2|$. 任一元素的阶为 $o[(a,b)]=[o(a),o(b)]$——$o(a)$ 和 $o(b)$ 的最小公倍数.

例 2.11.1 $G_1=C_2=\{e,a\}$,$G_2=C_2=\{e_2,b\}$,则 $G_1\times G_2=C_2\times C_2=\{(e_1,e_2),(e_1,b),(a,e_2),(a,b)\}\cong K_4$(Klein 四元群).

例 2.11.2 r,s 是两个整数,$(r,s)=1$,则有 $C_r\times C_s=C_{rs}$.

证明 因为 $C_r\times C_s=\{(a^i,b^j)\mid i=0,1,\cdots,r-1,j=0,1,\cdots,s-1\}$,$o(a)=r,o(b)=s,o[(a,b)]=rs$,且因 $|C_r\times C_s|=rs$.

所以 $C_r\times C_s=\langle(a,b)\rangle=C_{rs}$. □

一般情况下,一个群能否表为两个群的直积呢?

定理 2.11.2 设 G 是群,A,B 是 G 的两个子群,并满足

(i) $A,B\triangleleft G$,

(ii) $G=AB$,

(iii) $A \cap B = \{e\}$,

则 $G \cong A \times B$.

证明 由条件(ii)可将 G 表为 $G = \{ab \mid a \in A, b \in B\}$. 而 $A \times B = \{(a,b) \mid a \in A, b \in B\}$.

作 G 到 $A \times B$ 的对应关系 $f: ab \mapsto (a,b)$

因为 $a_1 b_1 = a_2 b_2 \Leftrightarrow a_1^{-1} a_2 = b_1 b_2^{-1} \in A \cap B \Leftrightarrow a_1^{-1} a_2 = b_1 b_2^{-1} = e \Leftrightarrow a_1 = a_2$ 和 $b_1 = b_2$, 所以 f 是映射且是单射, f 也是满射.

对任何 $x_1 = a_1 b_1, x_2 = a_2 b_2 \in G$ 有 $f(x_1 x_2) = f(a_1 b_1 a_2 b_2)$, 由条件(i)和 (iii)及 2.6 节中关于正规子群的性质, A 和 B 的元素可交换, 故有 $f(x_1 x_2) = f(a_1 b_1 a_2 b_2) = f(a_1 a_2 b_1 b_2) = (a_1 a_2, b_1 b_2) = (a_1, b_1)(a_2, b_2) = f(x_1) f(x_2)$.

所以 $G \cong A \times B$. $\qquad\qquad\square$

例 2.11.3 设 G 是有限可换群, $|G| = pq$ (p, q 为互异素数), 则 $G \cong C_p \times C_q = C_{pq}$.

证明 分以下几种情况讨论：

(1) 若 G 中存在 pq 阶元 a, 则 $G = \langle a \rangle = C_{pq} \cong C_p \times C_q$.

(2) 若 G 中存在 p 阶元 a 和 q 阶元 b, 则元素 ab 是 pq 阶元, 即为情况 (1).

(3) 若对任何 $x \in G \backslash \{e\}$ 有 $o(x) = p$, 取 $a_1 \neq e, H_1 = \langle a_1 \rangle, a_2 \notin H_1, H_2 = \langle a_2 \rangle$, 则 $H_1 \cap H_2 = \{e\}, H_1 H_2 \leqslant G, |H_1 H_2| = p^2 \nmid |G|$, 矛盾.

对一般的有限可换群, 也可将其表为一些循环群的直积, 从而揭示它的结构.

2. 有限可换群的结构

为讨论有限可换群的结构, 我们需引进关于整数 n 的初等因子组与不变因子组的概念.

定义 2.11.1 设 n 是一个正整数,

(1) 若 n 可表示为

$$n = p_1^{\alpha_1} p_2^{\alpha_2} \cdots p_s^{\alpha_s},$$

其中 $p_i (i = 1, 2, \cdots, s)$ 为素数, 不要求互异, $\alpha_i \geqslant 1$, 则称 $\{p_1^{\alpha_1}, p_2^{\alpha_2}, \cdots, p_s^{\alpha_s}\}$ 为 n 的一个**初等因子组**(elementary factors).

(2) 若 n 可表示为

$$n = h_1 h_2 \cdots h_r,$$

且 $h_i \mid h_{i+1} (i = 1, 2, \cdots, r-1)$, 则称 $\{h_1, h_2, \cdots, h_r\}$ 是 n 的一个**不变因子组** (invariant factors).

注意, 初等因子组中的素数可以有相同的, 不变因子组中的整数也可以有的相同. 例如 2^5 的初等因子组有 $\{2^5\}$, $\{2^1, 2^4\}$, $\{2^2, 2^3\}$, $\{2, 2, 2^3\}$, $\{2, 2^2, 2^2\}$, $\{2, 2, 2, 2^4\}$ 和 $\{2, 2, 2, 2, 2\}$, 2^5 的不变因子组与初等因子组相同, 但是一般情况下两者不同. 例如, 12 的初等因子组有 $\{2^2, 3\}$, $\{2, 2, 3\}$, 而它的不变因子组为 $\{12\}$ 和 $\{2, 6\}$.

整数的初等因子组与不变因子组的概念与线性代数中 λ 矩阵的初等因子与不变因子的概念类似. 给定一个 n, 怎样写出它的初等因子组与不变因子组呢? 由定义 2.11.1, 先写出 n 的标准分解式, 然后再写出所有可能的非标准分解式. 对应每一个分解式得到一个初等因子组. 由初等因子组可通过以下方法将每一个初等因子组变为不变因子组: 在一个初等因子组中取不同素数的最高乘幂作乘积, 然后将这些乘幂去掉, 在剩下的乘幂中重复以上过程, 直至所有乘幂都已去掉, 就得到了一个不变因子组. 对每一个初等因子组重复以上过程. 例如 $n = 72$ 可表示为 $n = 2^3 \cdot 3^2 = 2^2 \cdot 2 \cdot 3^2 = 2 \cdot 2 \cdot 2 \cdot 3^2 = 2^3 \cdot 3 \cdot 3 = 2^2 \cdot 2 \cdot 3 \cdot 3 = 2 \cdot 2 \cdot 2 \cdot 3 \cdot 3$, 所以 n 的全部初等因子组为 $\{2^3, 3^2\}$, $\{2^2, 2, 3^2\}$, $\{2, 2, 2, 3^2\}$, $\{2^3, 3, 3\}$, $\{2^2, 2, 3, 3\}$, $\{2, 2, 2, 3, 3\}$. 对每一个初等因子组用以上方法可得到相应的不变因子组为: $\{72\}$, $\{36, 2\}$, $\{18, 2, 2\}$, $\{24, 3\}$, $\{12, 6\}$, $\{6, 6, 2\}$.

对于有限可换群, 可把它表成一些简单的循环群之直积. 以下两个定理将给出其表示方法, 由于其证明过程要用到群的 (Sylow) 理论, 此处不予证明, 只要求读者会用.

定理 2.11.3 设 G 是有限可换群, $|G| = n$, 则 G 可表示为
$$G = C_{p_1^{a_1}} \times C_{p_2^{a_2}} \times \cdots \times C_{p_s^{a_s}},$$
其中 $\{p_1^{a_1}, p_2^{a_2}, \cdots, p_s^{a_s}\}$ 是 n 的某一个初等因子组, 也称为群 G 的初等因子组. 两个有限可换群同构的充分必要条件是它们有相同的初等因子组.

定理 2.11.3 说明了有限可换群的结构是完全确定了的, 它只可能是一些循环群的直积, 并与 n 的初等因子组相对应, 因而我们只要求出 n 的所有初等因子组就确定了所有 n 阶可换群的类型.

例 2.11.4 设 G 是有限可换群, 且 $|G| = p^a$ (p 为素数), 决定 G 的所有可能的类型.

首先求出整数 a 的所有分拆, 对应于每一个分拆 $\{a_1, a_2, \cdots, a_s\}$, $a_1 + a_2 + \cdots + a_s = a$, $a_1 \leqslant a_2 \leqslant \cdots \leqslant a_s$, 有一个初等因子组 $\{p^{a_1}, \cdots, p^{a_s}\}$, 对应了一个 p^a 阶可换群 $C_{p^{a_1}} \times \cdots \times C_{p^{a_s}}$, 这样, p^a 阶可换群共有 $P(a)$ 个. $P(a)$ 为整数 a 的分拆数 (参看文献 [6]).

例 2.11.5 决定所有 36 阶可换群.

解 $36 = 2^2 3^2$, 它的初等因子组有 $\{2^2, 3^2\}$, $\{2, 2, 3^2\}$, $\{2^2, 3, 3\}$, $\{2, 2, 3, 3\}$, 因而 36 阶可换群共有 4 个:

$$C_{36}, C_2 \times C_2 \times C_9, C_4 \times C_3 \times C_3, C_2 \times C_2 \times C_3 \times C_3.$$

这 4 个群又可简化表示为

$$C_{36}, C_2 \times C_{18}, C_3 \times C_{12}, C_6 \times C_6.$$

因而,用初等因子定理得到的有限可换群的直积表示不是最简单的,用以下定理可得最简单的直积表示方法.

定理 2.11.4(不变因子定理) 设 G 是有限可换群,$|G|=n$,则 G 可表示为

$$G = C_{h_1} \times C_{h_2} \times \cdots \times C_{h_r},$$

其中 $\{h_1, h_2, \cdots, h_r\}$ 为 n 的某一个不变因子组,也称为 G 的一个不变因子组. 两个有限可换群同构的充分必要条件是它们有相同的不变因子组.

由此定理可知,通过 n 的所有不变因子组可得到相应的 n 阶可换群可能的结构,并且由此得到的表示形式比初等因子组所对应的表示形式简单. n 的不变因子组可用分解因子的方法得到,也可从初等因子组得到.

上述决定 n 的不变因子组的步骤如下:

(1) 将 n 表为标准分解式:例如,$n = 36 = 2^2 3^2$.

(2) 由指数的分拆求出所有初等因子组:$\{2^2, 3^2\}, \{2, 2, 3^2\}, \{2^2, 3, 3\}, \{2, 2, 3, 3\}$.

(3) 对应于每个初等因子组,通过逐次提取最高次幂,求出相应的不变因子组:$\{36\}, \{2, 18\}, \{3, 12\}, \{6, 6\}$.

例 2.11.6 决定 48 阶可换群的所有类型.

解 $48 = 3 \times 2^4$,它的不变因子组有 $\{48\}, \{2, 24\}, \{4, 12\}, \{2, 2, 12\}, \{2, 2, 2, 6\}$,所以 48 阶可换群共有 5 个:$C_{48}, C_2 \times C_{24}, C_4 \times C_{12}, C_2 \times C_2 \times C_{12}, C_2 \times C_2 \times C_2 \times C_6$.

例 2.11.7 决定所有 8 阶群.

解 若 G 是可换群,则由定理 2.11.2,G 可能有以下三个:

$$C_8, C_2 \times C_4, C_2 \times C_2 \times C_2.$$

若 G 是非可换群,则 G 中无 8 阶元,且必有 4 阶元(否则 G 中除单位元外只可能有 2 阶元,因而 G 是可换群). 设 $a \in G, o(a) = 4$,则 $H = \langle a \rangle \lhd G$,可分以下两种情况讨论:

(1) 若在 $G \backslash H$ 中有一 2 阶元 b,则 $G = \{e, a, a^2, a^3, b, ab, a^2b, a^3b\}$,我们来看元素 ba,由 $ba \neq ab$(否则 G 是可换群),$ba \neq a^2b$(否则可得 $a = b^{-1}a^2b$, $a^2 = (b^{-1}a^2b)^2 = e$,与 $o(a) = 4$ 矛盾),故有 $ba = a^3b = a^{-1}b$.

所以 $G = \{a^i b^j \mid o(a) = 4, o(b) = 2, ba = a^{-1}b\} \cong D_4$.

(2) 若在 $G \backslash H$ 中全部是 4 阶元,设 $b \in G \backslash H, o(b) = 4$,则 $G = \{e, a, a^2,$

$a^3, b, ab, a^2b, a^3b\}$，不难验证它与四元数群 Q_8（习题 2.1,2)同构.

我们可把 10 阶以下的所有群的类型列于表 2.9 中.

表 2.9

$\lvert G\rvert$	1	2	3	4	5	6	7	8	9	10
可换群	$\{e\}$	C_2	C_3	C_4	C_5	C_6	C_7	C_8	C_9	C_{10}
				$C_2\times C_2$				$C_2\times C_4$	$C_3\times C_3$	
								$C_2\times C_2\times C_2$		
不可换群						S_3		D_4		D_5
								Q_8		

11～15 阶群的所有类型如表 2.10.

表 2.10

$\lvert G\rvert$	11	12	13	14	15
可换群	C_{11}	C_{12}	C_{13}	C_{14}	C_{15}
		$C_6\times C_2$			
不可换群		A_4		D_7	
		D_6			
		T(见 2.12 节)			

习题 2.11

1. 设 G 是群，G_1, G_2 是 G 的两个正规子群，且 $G=\langle G_1, G_2\rangle$，$G_1\bigcap G_2=\{e\}$，证明：

$$G\cong G_1\times G_2.$$

2. 证明：$\mathbb{Z}/\langle 6\rangle\cong\mathbb{Z}/\langle 2\rangle\times\mathbb{Z}/\langle 3\rangle$.

3. 设 $G=G_1\times G_2$，证明：$G/G_1\cong G_2$，$G/G_2\cong G_1$.

4. 设 $A,B\leqslant G,G=A\times B,N\lhd A$，证明：$G/N\cong(A/N)\times B$.

5. 写出 45 阶交换群的一切可能类型.

6. 写出 144 阶交换群的一切可能类型.

7. 试求 n 阶交换群的可能类型数.

2.12   有限群的结构，Sylow 定理

上节我们讨论了有限可换群的结构，任一个有限可换群可表示为循环群的直积，其可能的类型是完全确定的. 那么对于非可换的有限群，是否有类似

的结构呢？Sylow 定理就是回答这个问题.下面先给出几个概念.

1. p-子群与 Sylow p-子群

设群 G 的阶为 $|G| = p^\alpha n_1$,这里 p 为素数,$\alpha \geqslant 1$,$(p, n_1) = 1$.则 G 中一个 $p^k (1 \leqslant k \leqslant \alpha)$ 元子群称为 p-子群,而 p^α 元子群称为 G 的 **Sylow p-子群**.也就是说,Sylow p-子群是 G 中阶数为 p 的最高次幂的子群.当 $|G| = p^\alpha$ 时,Sylow p-子群就是 G 本身,它的所有非单位子群都是 p-子群.对于一般的有限群是否存在 Sylow p-子群呢？下面的 Sylow 定理将回答这个问题.

2. Sylow 定理

Sylow 定理实际上是一系列定理,包括存在定理、包含定理、共轭定理和计数定理.由于它们互相之间关系紧密,证明过程互有联系,我们把它们写成一个定理,既便于记忆,又便于证明.

定理 2.12.1(Sylow 定理) 设 G 是有限群,$|G| = p^\alpha n_1$,p 为素数,$\alpha \geqslant 1$,$(p, n_1) = 1$,则

(i)(存在定理) G 中有 Sylow p-子群,且 $\forall k \in [1, \alpha]$(这里的闭区间记号表示整数范围)有 p^k 阶子群.

(ii)(包含定理) 每个 p-子群被包含在一个 Sylow p-子群之中.

(iii)(共轭定理) G 中任何两个 Sylow p-子群互相共轭.

(iv)(计数定理) G 中 Sylow p-子群的个数记作 $N(p^\alpha)$,则 $N(p^\alpha) \equiv 1 \pmod{p}$,且有 $N(p^\alpha) = [G : N_G(P)]$ 和 $N(p^\alpha) \mid |G|$,其中 P 为任一 Sylow p-子群,$N_G(P)$ 为 P 的正规化子.

下面我们逐一证明定理中的四个部分,在证明过程中主要用到的一个工具是 2.10 节中介绍的群对集合的作用.

证明 (i)的证明的主要思路是对 $|G|$ 作归纳法,分析 G 中的非平凡子群 S,若 $p^\alpha \nmid |S|$,则考虑群方程,得出 G 的中心 C 有 p 阶元 a,并对 $G/\langle a \rangle$ 使用归纳假设.下面是详细证明过程:

首先我们只需证明 $\forall k \in [1, \alpha]$ 存在 p^k 阶子群.对 $|G|$ 作归纳法.当 $|G| = p$ 时结论显然成立.下设 $|G| = p^\alpha n_1 > p$,易见 G 中必有非平凡子群 S.若有非平凡子群 S 使 $p^\alpha \mid |S|$,则由 $|S| < |G|$ 及归纳假设,知 S 中有 p^k 阶子群,结论成立.

否则,对 G 中任何非平凡子群 S 均有 $p^\alpha \nmid |S|$,因而由 Lagrange 定理,得对任何非平凡子群 S 均有 $p \mid [G : S]$.考虑群方程

$$|G| = |C| + \sum_{a \notin C} [G : C_G(a)],$$

由于和式中每一项均有 $p \mid [G : C_G(a)]$,因而 $p \mid |C|$.由可换群性质(定理 2.6.3),C 中有 p 阶元 a.对商群 $G' = G/\langle a \rangle$ 使用归纳假设,知 G' 中有 $p^k (k \in [0, \alpha-1])$ 阶子群 N.

设 φ 是 G 到 G' 的自然同态,则 $\varphi^{-1}(N)$ 是 G 中 $p^k (k \in [1, \alpha])$ 阶子群,得证.

(ii)的证明的主要思路是任取一个 p-子群 H 并将它作用于 Sylow p-子群 P 的共轭类上,可证明有长度为 1 的轨道,从而得到 H 被包含在某个 gPg^{-1} 中.详细过程如下:

设 H 是任一 p-子群,P 是任一 Sylow p-子群,$\Omega = \{gPg^{-1} \mid g \in G\}$,定义 H 对 Ω 的共轭作用:$h[gPg^{-1}] = hgPg^{-1}h^{-1}$,得到轨道 $\Omega_i, i = 1, 2, \cdots, m$ 和

$$|\Omega| = \sum_{i=1}^{m} |\Omega_i|.$$

由定理 2.7.3 知 $|\Omega| = [G : N_G(P)]$,易见 $p \nmid |\Omega|$.故有 $j \in [1, m]$ 使 $p \nmid |\Omega_j|$.又由轨道公式(2.9 节),$|\Omega_i| = [H : \mathrm{Stab}_H P_i]$,得 $|\Omega_i| = p^{\varepsilon_i}, \varepsilon_i \geqslant 0$,因而有 $|\Omega_j| = 1$.

设 Ω_j 的代表元为 P_j,则 $\forall h \in H$ 有 $hP_jh^{-1} = P_j$,从而可得 $HP_j = P_jH$,由子群乘积的性质知 HP_j 是子群且有 $|HP_j| = p^\alpha$,所以 $H \leqslant P_j$,得证.

(iii)的证明只要在(ii)中取 H 为另一 Sylow p-子群即可完成:

设 H 与 P 为 G 中任意两个 Sylow p-子群,重复(ii)的过程,可得 $H \leqslant P_j$,从而得到 $H = P_j = g_jPg_j^{-1}$,所以 H 与 P 共轭.

(iv)的证明的主要思路是利用(ii)中得到的结果:$N(p^\alpha) = |\Omega| = \sum_{i=1}^{m} |\Omega_i|$ 和 $|\Omega_i| = p^{\varepsilon_i}, \varepsilon_i \geqslant 0$.只需证明长度为 1 的轨道只有一个.下面具体给出证明.

设 P 为某个 Sylow p-子群,$\Omega = \{gPg^{-1} \mid g \in G\}$.由(iii)知 Ω 包含全部 Sylow p-子群,$N(p^\alpha) = |\Omega| = [G : N_G(P)]$.因而剩下只需证明 $N(p^\alpha) \equiv 1 \pmod p$.

在(ii)的证明过程中,取 H 也是一个 Sylow p-子群,由 H 对 Ω 的共轭作用,得到 $|\Omega| = \sum_{i=1}^{m} |\Omega_i|$,$|\Omega_i| = p^{\varepsilon_i}, \varepsilon_i \geqslant 0$,且存在长度为 1 的轨道 $\Omega_j : |\Omega_j| = 1, \Omega_j = \{P_j\}$.并有 $H \leqslant P_j$.由于 $|H| = |P_j| = p^\alpha$,所以 $H = P_j$.如果另外还有一个长度为 1 的轨道 $\Omega_l : |\Omega_l| = 1, \Omega_l = \{P_l\}$.则也有 $H \leqslant$

P_l 和 $H = P_l$. 因而 $\Omega_l = \Omega_j$. 故长度为 1 的轨道是惟一的,所以 $N(p^a) = \sum\limits_{i=1}^{m}$ $|\Omega_i| \equiv 1 \pmod{p}$.

利用 Sylow 定理可以分析有限群的子群结构,从而进一步得到整个群的构造与性质.对于有限可换群的定理 2.11.3 可用 Sylow 定理来证明.对非可换的有限群,可用 Sylow 定理来确定某些群的结构和讨论某些群的单性等问题.在举例之前,让我们注意以下几个事实,其中有些可从 Sylow 定理直接推得.

(1) 若 G 中有惟一的 m 阶子群 H,则 $H \lhd G$.

(2) $N(p^a) \big| |G|$.

(3) 设 $H \lhd G$,若 H 包含 G 的一个 Sylow p-子群,则 H 包含 G 的所有 Sylow p-子群.

(4) 若 p 为素数,$p \big| |G|$,则 G 中有 p 阶元.这就把定理 2.6.3 对可换群的结论推广到一般有限群.

例 2.12.1 证明 35 阶群是循环群.

证明 设 $|G| = 35 = 5 \times 7$,由 Sylow 定理,知 G 中有 5-子群 P_1 和 7-子群 P_2,且 $P_1 \cong (Z_5, +)$,$P_2 \cong (Z_7, +)$,又由 $N(5') \equiv 1 \pmod{5}$,$N(7') \equiv 1 \pmod{7}$,可推出 $N(5') = 1$ 和 $N(7') = 1$.从而得 $P_1 \lhd G$ 和 $P_2 \lhd G$,又由 $G = P_1 P_2$,$P_1 \cap P_2 = \{e\}$,由定理 2.11.2 得到 $G \cong P_1 \times P_2 \cong C_5 \times C_7 = C_{35}$.

例 2.12.2 证明 56 阶群不是单群.

证明 设 $|G| = 56 = 2^3 \times 7$,G 中有 7 阶子群和 8 阶子群.由 $N(7^1) \equiv 1 \pmod{7}$ 及 $N(7^1) 56$.得 $N(7^1) = 1$ 或 8.

(1) 若 $N(7^1) = 1$,则此惟一的 Sylow 7-子群是正规子群,G 非单群.

(2) 若 $N(7^1) = 8$,设这 8 个 7-子群为 $P_1, P_2, \cdots, P_8$,则 $\big| \bigcup\limits_{i=1}^{8} P_i \big| = 49$,必有 $N(2^3) = 1$,故 8 阶群是惟一的,因而是正规子群,G 非单群.

下面的例子比较复杂,所用的工具比较多.

例 2.12.3 证明 12 阶非 Abel 群有三个:A_4,D_6 和 $T = \langle a, b \mid 0(a) = 6, 0(b) = 4, ba = a^{-1}b \rangle$.

证明 $|G| = 12 = 2^2 \times 3$,我们从考虑 G 中的 3-子群入手.由计数定理 $N(3) = 3k + 1$ 及 $N(3) \mid 12$,得 $N(3) = 4$ 或 $N(3) = 1$,故可分以下两种情况讨论:

(1) $N(3) = 4$.设 Sylow 3-子群的集合为
$$\Omega = \{P_1, P_2, P_3, P_4\}.$$

考虑 G 对 Ω 的共轭作用 $\varphi: g \mapsto f_g; f_g(P_i) = g P_i g^{-1}$，因而有 $\varphi(G) \leqslant S_\Omega = S_4$.

可以证明 φ 是单同态：$\ker\varphi = \bigcap_{i=1}^{4} N(P_i)$，由于 $|\Omega| = [G : N_G(P_i)]$，$|N_G(P_i)| = |G|/|\Omega| = 3$，所以 $N_G(P_i) = P_i$，故 $\ker\varphi = \{e\}$.

由此得 $G \cong \varphi(G) \leqslant S_4$，而 S_4 中 12 阶子群只有 A_4，所以 $G \cong A_4$.

(2) $N(3) = 1$. 这时 Sylow 3-子群 P 是正规子群.

首先证明 G 中必有 6 阶元 a：令 $P = \langle c \rangle$，由于 $P \lhd G$，c 的共轭类 $K_c \subseteq P$，所以 $|K_c| = 2$，$[G : C_G(c)] = 2$，得到 $|C_G(c)| = 6$. 因为 G 中只有两个 3 阶元：c 与 c^2，故 $C_G(c)$ 中必有 2 阶元 d，由 d 与 c 可交换得 $O(cd) = 6$. 得 $a = cd$.

取 $b \in G \backslash \langle a \rangle$，则 G 可表示为
$$G = \{a^i, a^i b \mid i = 0, 1, \cdots, 5\},$$
易见 $a^{-1}b \neq a^i, b, ba^2, ba^3, ba^4, ba^5$，得 $a^{-1}b = ba$. 因此

当 $0(b) = 2$ 时，$G = \langle a, b \mid 0(a) = 6, 0(b) = 2, ba = a^{-1}b \rangle \cong D_6$.

当 $0(b) = 4$ 时，$G = \langle a, b \mid 0(a) = 6, 0(b) = 4, ba = a^{-1}b \rangle \cong T$.

当 $0(b) = 6$ 时，因为 $\langle a \rangle \lhd G$，$bab^{-1} \in \langle a \rangle$，可得 $bab^{-1} = a^{-1}$. 又由 $b^2 \in \langle a \rangle$，$b^2 = a^2$ 或 a^4，通过计算可得 $a^4 = e$，与 $0(a) = 6$ 矛盾.

综上，12 阶非 Abel 群只有三个：A_4, D_6 和 T.

Sylow 定理是群论中难度比较大的内容之一，对于群论要求不高的专业来讲，这部分内容可作为选学内容. 特别是如果课时比较少，2.11 节和 2.12 节都可略去.

习题 2.12

1. 证明 145 阶群是循环群.

2. 确定 S_4 的不同的 Sylow 子群的个数.

3. 证明 40 阶群不是单群.

4. p, q 是素数，证明 pq 阶群不是单群.

5. 设 p 为素数，$p \mid |G|$，$N \lhd G$ 且 $(p, |G/N|) = 1$，则 N 包含所有的 Sylow p-子群.

第 2 章小结

我们按本章开头指出的四个方面来总结本章的主要内容.

1. 群的概念和几类重要的群

半群：代数系 $(G, \cdot)$ 满足结合律.

群：半群$(G,\cdot)$有单位元和每个元素有逆元$\Leftrightarrow$半群$(G,\cdot)$有左单位元和每个元素有左逆元$\Leftrightarrow$半群$(G,\cdot)$中方程$ax=b$和$xa=b$可解.

有限群：有限半群$(G,\cdot)$是群$\Leftrightarrow$有限半群$(G,\cdot)$中左右消去律成立.但是左右消去律在任何群中都是成立的.

熟记下列七类群：

(1) **数群**：$(Z,+),(Q,+),(\mathbb{R},+),(\mathbb{C},+),(Q^*,\cdot),(\mathbb{R}^*,\cdot),(\mathbb{C}^*,\cdot)$等.

(2) **整数模 n 的同余类群**：$(Z_n,+),(Z_n^*,\cdot)$.

(3) **变换群与置换群**：对称群$S_A=\{A$上的全体可逆变换$\}$和n次对称群$S_n($当$|A|=n)$，以及它们的子群；交错群$A_n=\{S_n$中全体偶置换$\}$.且有

$$S_n=\langle(12\cdots n),(12)\rangle=\langle(12),(13),\cdots,(1n)\rangle,A_n=\langle(123),(124),\cdots,(12n)\rangle.$$

(4) **循环群**：无限循环群$\{a^i\mid o(a)=\infty\}\cong(Z,+)$，有限循环群$C_n=\{a^i\mid o(a)=n\}\cong(Z_n,+)$.

(5) **二面体群和几何体旋转群**：二面体群$D_n=\langle a,b\mid o(a)=n,o(b)=2,ba=a^{-1}b\rangle$，几何意义为正$n$边形空间旋转群.正多面体的旋转群见后面的表 2.11.

(6) **几个特殊的群**：**Klein 四元群** $K_4=\langle a,b\mid o(a)=o(b)=2,ab=ba\rangle$，**四元数群** Q_8.

(7) **矩阵群（又称线性群）**：$GL_n(\mathbb{R}),SL_n^{\pm}(\mathbb{R}),SL_n(\mathbb{R}),SO_3$ 等.

2. 群中的元素与子群

(1) **元素的阶**　$a^m=e\Leftrightarrow o(a)\mid m.\ \forall a\in G$ 有 $o(a)\big|\,|G|$.

(2) **子群的阶**　Lagrange 定理：$H\leqslant G\Rightarrow|G|=|H|\cdot[G:H]$，$|H|\big|\,|G|$.

几个重要的结果：① $o(a)=m,o(b)=m,(m,n)=1$ 且 $ab=ba\Rightarrow o(ab)=mn$. ② $\forall a\in G$ 有 $o(a)=2\Rightarrow G$ 是 Abel 群.

(3) **子群条件**　$H\leqslant G\Leftrightarrow\forall a,b\in H$ 有 $a^{-1}b\in H$.

(4) **正规子群与商群**　正规子群：$H\leqslant G$ 则 $H\lhd G\Leftrightarrow\forall a\in G$ 有 $aH=Ha\Leftrightarrow\forall a\in G$ 有 $aHa^{-1}=H\Leftrightarrow\forall a\in G$ 和 $\forall h\in H$ 有 $aha^{-1}\in H$.

商群：$H\lhd G\Rightarrow G/H=\{aH\mid a\in G\}$ 是群，称为 G 模 H 的商群.

子群乘积：①$A,B\leqslant G$ 且 $AB=BA\Leftrightarrow AB\leqslant H$. ②$H\leqslant G$ 且 $N\lhd G\Rightarrow HN\leqslant G,N\lhd HN$ 和 $H\cap N\lhd H$ 并有 $HN/N\cong H/H\cap N$. ③$A\lhd G$ 且 $B\lhd G\Rightarrow$

$AB \lhd H$.

单群：不含非平凡正规子群的群.

（5）**共轭元与共轭子群**

共轭类方程：$|G| = |C| + \sum_{a \notin C} |K_a|$，其中 $K_a = \{gag^{-1} | g \in G\}$ 是 a 的共轭类，且 $|K_a| = [G : C(a)]$.

共轭子群个数：$K_H = \{gHg^{-1} | g \in G\}$，则 $|K_H| = [G : N(H)]$，其中 $N(H) = \{g | g \in G \text{ and } gHg^{-1} = H\}$ 是 H 的正规化子.

S_n **的共轭类**：类型相同 $\Leftrightarrow$ 同一共轭类.

A_n **的共轭类**：设 $\sigma \in A_n$，$L_\sigma = \{$与 σ 类型相同的全体置换$\}$. 则当 $C_{S_n}(\sigma)$ 含有奇置换时，L_σ 为 A_n 的一个共轭类；当 $C_{S_n}(\sigma)$ 不含奇置换时，L_σ 在 A_n 中分裂为两个共轭类：$K'_\sigma = \{\tau\sigma\tau^{-1} | \tau \in S_n$ 且 τ 是偶置换$\}$，$K''_\sigma = \{\tau\sigma\tau^{-1} | \tau \in S_n$ 且 τ 是奇置换$\}$.

（6）**Sylow 子群**　Sylow 定理：设 $|G| = p^\alpha n_1, (p, n_1) = 1$，则 ①**存在定理**：$G$ 中存在 $p^k (1 \leq k \leq \alpha)$ 阶子群. ②**包含定理**：任何一个 p^k 阶子群被包含在一个 Sylow p-子群之中. ③**共轭定理**：任何两个 Sylow p-子群互相共轭. ④**计数定理**：G 中 Sylow p-子群的个数 $N(p^\alpha)$ 满足：$N(p^\alpha) \equiv 1 \pmod{p}$ 和 $N(p^\alpha) = [G : N_G(P)]$. 其中 P 为任一 Sylow p-子群，$N_G(P)$ 为 P 在 G 中的正规化子.

3. 同态与同构

同态与同构的概念：$f : G \to G'$ 满足 $f(ab) = f(a)f(b)$（保持运算）的映（双）射，则称 f 是同态（构）.

同态三定理：包括同态基本定理：$G/\ker f \cong f(G)$；子群对应定理；商群对应定理（同态中的第二同构定理我们把它归入正规子群的性质）.

内自同构群的性质：$\text{Inn} G \lhd \text{Aut} G$；$G/C \cong \text{Inn} G$.

4. 与群有关的一些问题

（1）**群对集合的作用**

轨道公式：$|\Omega_a| = [G : G_a]$ 或 $|G| = |\Omega_a| \cdot |G_a|$；

Burnside 公式：轨道数 $N = \dfrac{1}{|G|} \sum_{g \in G} \chi(g)$，其中 $\chi(g) = |\{a | a \in \Omega$ 且 $g(a) = a\}|$.

（2）**有限可换群的结构**

设 G 是可换群，$|G| = n$，则有两种方法把 G 表示为循环群的直积：①初

等因子表示法. ②不变因子表示法.

（3）**应用**

① 利用 Burnside 引理解决一些计数问题. 例如表 2.11 为正多面体旋转群及其顶点着色数.

表 2.11　正多面体旋转群及其顶点着色数

正多面体	顶点数	旋转群	顶点着色数
正四面体	4	A_4	$\dfrac{1}{12}(n^4+11n^2)$
正六面体	8	S_4	$\dfrac{1}{24}(n^8+17n^4+6n^2)$
正八面体	6	S_4	$\dfrac{1}{24}(n^6+3n^4+12n^3+8n^2)$
正十二面体	20	A_5	$\dfrac{1}{60}(n^{20}+15n^{10}+20n^8+24n^4)$
正二十面体	12	A_5	$\dfrac{1}{60}(n^{12}+15n^6+44n^4)$

② 利用群 $(Z_n^*,\cdot)$ 中元素的阶与群的阶的关系证明以下公式：

（a）**Euler 定理**　设 n 为大于 1 的整数，$a\in Z$ 且 $(a,n)=1$，则

$$a^{\varphi(n)}\equiv 1\ (\mathrm{mod}\ n).$$

（b）设 p 为素数，$(a,p)=1$，则 $a^{p-1}\equiv 1(\mathrm{mod}\ p)$.

（c）设 p 为素数，$\forall a\in Z$，则 $a^p\equiv a\ (\mathrm{mod}\ p)$.

（d）**Welson 定理**　设 p 为素数，则

$$(p-1)!\equiv -1\ (\mathrm{mod}\ p).$$

③ 研究二次同余方程：p 为素数，求 $x^2\equiv a\ (\mathrm{mod}\ p)$ 的解.

（a）**有解条件**：二次同余方程 $x^2\equiv a\ (\mathrm{mod}\ p)$ 有解的充要条件是 $a^{(p-1)/2}\equiv 1\ (\mathrm{mod}\ p)$.

（b）**二次同余方程的解**：

(i) 当 $p\equiv 3\ (\mathrm{mod}\ 4)$ 时，$x=\pm a^{(p+1)/4}\ (\mathrm{mod}\ p)$.

(ii) 当有某个整数 k 使 $a+kp$ 是平方数时，$x=\pm\sqrt{a+kp}\ \mathrm{mod}\ p$.

第3章 环 论

环是有两个二元运算并建立在群的基础上的一个代数系统,因此它的许多基本概念与理论是群的相应内容的推广.同时环也有一些特殊的问题,例如因子分解问题等.因此,读者在学习这一章时,应随时与群的相应概念与理论进行比较,这样既能复习前面的内容,又可以学习新的知识.

与研究群的方法类似,环的内容大致也可分为以下几部分:第一是环的基本概念和一些典型的例子;第二是研究环内的元素与子环的性质,并由此得到商环的概念;第三是研究两个环之间的同构与同态的关系;第四是与环的应用有关的一些问题,如环内的因子分解问题等.这四部分内容将按逻辑顺序互相穿插进行.下面首先介绍环的基本概念.

3.1 环的定义和基本性质

1. 环的定义

定义 3.1.1 设 A 是一个非空集合,在 A 中定义两种二元运算,一种叫做加法,记作 $+$,另一种叫做乘法,记作 $\cdot$.且满足

(1) $(A,+)$ 是一个可换群;

(2) $(A,\cdot)$ 是一个半群;

(3) 左、右分配律成立,即对任何 $a,b,c \in A$ 有
$$a(b+c) = ab+ac, \quad (a+b)c = ac+bc.$$
则称代数系 $(A,+,\cdot)$ 是一个**环**(ring).

如果环 $(A,+,\cdot)$ 对乘法也是可交换的,则称 A 是**可换环**(Commutative ring).

环的定义看起来较长,但其实质可用一句话来表达:环是有两种运算、对加法是可换群、对乘法是半群,并适合分配律的代数系统.

例 3.1.1 整数集合 $\mathbf{Z}$ 对普通加法是群且可交换,对普通乘法是半群,也可交换,并且对加法和乘法适合分配律,所以 $(\mathbf{Z},+,\cdot)$ 是环,且是可换环.

同样,$\mathbf{Q},\mathbf{R},\mathbf{C}$ 对 $+$ 和 $\cdot$ 也构成环.

例 3.1.2 设

$$\mathbb{Z}[i]=\{a+bi\,|\,a,b\in\mathbb{Z},i=\sqrt{-1}\},$$

$\mathbb{Z}[i]$对复数加法和复数乘法构成环,称为 **Gauss 整数环**.

例 3.1.3 设

$$Z_n=\{\bar{0},\bar{1},\bar{2},\cdots,\overline{n-1}\}$$

是整数模 n 的同余类集合,在 Z_n 中定义加法和乘法分别为模 n 的加法和乘法:

$$\bar{a}+\bar{b}=\overline{a+b},\quad \bar{a}\cdot\bar{b}=\overline{ab}.$$

在群论中我们已经熟知$(Z_n,+)$是群,$(Z_n,\cdot)$是半群,下面证明分配律成立:

$$\bar{a}(\bar{b}+\bar{c})=\bar{a}\,\overline{(b+c)}=\overline{a(b+c)}=\overline{ab+ac}=\overline{ab}+\overline{ac}.$$

类似有$(\bar{a}+\bar{b})\bar{c}=\overline{ac}+\overline{bc}$,所以$(Z_n,+,\cdot)$是环,称为**整数模 n 的同余类(或剩余类)环**.

例 3.1.4 设

$$M_n(\mathbb{Z})=\{(a_{ij})_{n\times n}\,|\,a_{ij}\in\mathbb{Z}\}$$

是整数环$\mathbb{Z}$上的所有 n 阶方阵的集合,我们也熟知 $M_n(\mathbb{Z})$对矩阵加法是一个可换群,对矩阵乘法是一个半群,且适合分配律,所以$(M_n(\mathbb{Z}),+,\cdot)$是一个环,称为**整数环上的全矩阵环**.

一般地,如果 A 是一个数环,则 $M_n(A)$对矩阵的加法和乘法构成环,称为**数环 A 上的全矩阵环**.

例 3.1.5 设

$$\mathbb{Z}[x]=\{a_0+a_1x+a_2x^2+\cdots+a_nx^n\,|\,a_i\in\mathbb{Z},n\geqslant 0\ \text{整数}\}$$

是整数环上的全体多项式集合,$\mathbb{Z}[x]$对多项式加法和多项式乘法构成环,此环称为**整数环上的多项式环**.

类似地,$(\mathbb{Q}[x],+,\cdot)$是有理数域上的多项式环,$\mathbb{R}[x]$,$\mathbb{C}[x]$等也是多项式环.

例 3.1.6 设$(G,+)$是一个加群,$E(G)$是 G 上的全体自同态的集合,在$E(G)$中定义加法$\oplus$和乘法 $\cdot$ 如下:$\forall f,g\in E(G)$有

$$(f\oplus g)(x)=f(x)+g(x),\quad \forall x\in G,$$
$$(f\cdot g)(x)=f(g(x)),\quad \forall x\in G.$$

显而易见$(E(G),\oplus)$是可换群,$(E(G),\cdot)$是半群.下面验证分配律:对任何$f,g,h\in E(G)$有

$$f\cdot(g\oplus h)=f\cdot g\oplus f\cdot h,$$

类似可证右分配律也适合.

所以$(E(G),\oplus,\cdot)$是环,此环称为加群 G 上的**自同态环**.

例 3.1.7 用加法表和乘法表定义一个环.

设
$$A=\{0,a,b,c\}.$$

在 A 中定义加法如下表：

+	0	a	b	c
0	0	a	b	c
a	a	0	c	b
b	b	c	0	a
c	c	b	a	0

$(A,+)$ 就是 Klein 四元群.

定义乘法表如下：

·	0	a	b	c
0	0	0	0	0
a	0	a	0	a
b	0	b	0	b
c	0	c	0	c

不难验证 $(A,·)$ 是一个半群. 下面我们来看对任何 $x,y,z\in A$, 式子
$$x(y+z) = xy+xz \tag{3.1.1}$$
是否成立, 可分以下三种情况讨论:

(1) 当 y 和 z 中有一个为 0 时, 式(3.1.1)显然成立.

(2) 当 $y=z$ 时, 由于 $y+z=0$, 所以式(3.1.1)也成立.

(3) 当 $y,z\neq 0$ 且 $y\neq z$ 时, 若 $y+z=a$ 或 c 时, 式(3.1.1)两边都等于 x; 若 $y+z=b$, 式(3.1.1)左边为 0, 式(3.1.1)右边为 $xa+xc=x+x=0$, 所以式(3.1.1)也成立.

类似可验证右分配律也成立, 故 $(A,+,·)$ 是一个环.

2. 环内一些特殊元素和性质

设 $(A,+,·)$ 是一个环, 加群 $(A,+)$ 中的单位元通常记作 0, 称为**零元**. 元素 a 在加群中的逆元记作 $-a$, 称为 a 的负元. 环中的**单位元**指乘法半群 $(A,·)$ 中的单位元, 记作 1. 环中一个元素 a 的**逆元**指的是它在乘法半群中的逆元, 记作 a^{-1}.

由负元可在 A 中定义减法：

$$a-b=a+(-b);$$

对零元有性质：

$$0 \cdot a = a \cdot 0 = 0, \quad a \in A;$$

对负元有性质：

$$(-a)b = a(-b) = -ab, \quad (-a)(-b) = ab, \quad a,b \in A.$$

减法分配律也成立：

$$a(b-c) = ab - ac, \quad (a-b)c = ac - bc.$$

元素的倍数和幂定义为

$$na = \underbrace{a+a+\cdots+a}_{n\uparrow a},$$

$$a^n = \underbrace{a \cdot a \cdot \cdots \cdot a}_{n\uparrow a},$$

且有

$$(na)b = a(nb) = nab,$$
$$a^n a^m = a^{n+m},$$
$$(a^n)^m = a^{nm},$$

等等.

环中的乘法可逆元又叫做正则元或单位,特别是"单位"这个名词不要与"单位元"混淆.

在环中有一类特别重要的元素称为"零因子".

定义 3.1.2 设 A 是一个环, $a,b \in A$, 若 $ab=0$ 且 $a \neq 0$ 和 $b \neq 0$, 则称 a 为**左零因子**(left zero divisor), b 为**右零因子**(right zero divisor). 若一个元素既是左零因子又是右零因子, 则称它为**零因子**(zero divisor).

例如, 在 $M_2(\mathbb{Z})$ 中, $A = \begin{pmatrix} 1 & 0 \\ 0 & 0 \end{pmatrix} \neq 0, B = \begin{pmatrix} 0 & 0 \\ 1 & 1 \end{pmatrix} \neq 0, AB = 0$, 所以 A 是左零因子, B 是右零因子.

设

$$B_a = \begin{pmatrix} 0 & 1 \\ 0 & 1 \end{pmatrix},$$

则 $B_a A = 0$, 所以 A 也是右零因子, 因而 A 是 $M_2(\mathbb{Z})$ 中的一个零因子. 对可换环, 这三个概念合而为一. 那么, 在什么情况下, 一个环内有零因子呢? 零因子与环的什么性质有关? 定理 1.3.1 说明了这个问题.

又如在 $(\mathbb{Z}_6, +, \cdot)$ 中, $\bar{2} \cdot \bar{3} = \bar{0}$, 所以 $\bar{2}$ 和 $\bar{3}$ 都是零因子.

环中是否有零因子与乘法消去律是否成立有关.

定理 3.1.1 环中无左(右)零因子的充分必要条件是乘法消去律成立:
$$a \neq 0, \ ab = ac \Rightarrow b = c,$$
$$a \neq 0, \ ba = ca \Rightarrow b = c.$$

证明 必要性:设 $a \neq 0$, $ab = ac$,则有 $a(b-c) = 0$,因 $a \neq 0$ 且环中无左零因子,故必有 $b-c = 0$,即 $b = c$.类似可证右消去律也成立.

充分性:设 $ab = 0$,若 $a \neq 0$,则对 $ab = a0$ 施行消去律,得 $b = 0$.因而不存在 $a \neq 0$ 和 $b \neq 0$ 使 $ab = 0$,即环中无左(右)零因子.   □

由定理 3.1.1 可见,环中是否有零因子体现了环内的一种运算上的性质:消去律是否可进行.这对方程求解问题影响很大.

3. 环的分类

环除了按乘法的可交换性分为可换环与非可换环两类外,还有以下几种类型.

定义 3.1.3 设 $(A, +, \cdot)$ 是环.

若 $A \neq \{0\}$,可交换,且无零因子,则称 A 是**整环**(domain).

若 A 满足:(1)A 中至少有两个元 0 和 1,(2)$A^* = A \setminus \{0\}$ 构成乘法群,则称 A 是一个**除环**(division ring).

若 A 是一个可换的除环,则称 A 是**域**(field).

例 3.1.1 中的数环都是可换环,也是整环,并且 $\mathbb{Q}$, $\mathbb{R}$, $\mathbb{C}$ 都是域,例 3.1.4 中的全矩阵环是不可换环,且有零因子.例 3.1.5 中的多项式环 $\mathbb{Z}[x]$, $\mathbb{Q}[x]$, $\mathbb{R}[x]$, $\mathbb{C}[x]$ 都是整环.例 3.1.2 中的 Z_n,当 n 不是素数时,Z_n 中有零因子,因而不是整环,但当 n 是素数时,Z_n 是域.

定理 3.1.2 $(Z_n, +, \cdot)$ 是域的充要条件是 n 为素数.

证明 必要性:反证法,若 $n \neq$ 素数,设 $n = n_1 n_2$, $n_1 > 1$, $n_2 > 1$,则有 $\overline{n_1} \cdot \overline{n_2} = \overline{0}$ 且 $\overline{n_1} \neq \overline{0}$, $\overline{n_2} \neq \overline{0}$.所以 $\overline{n_1}$, $\overline{n_2}$ 是零因子,与 Z_n 是域矛盾.

充分性:设 $n = p$ 为素数,则 $Z_n \neq \{0\}$,对任意 $\overline{k} \in Z_p^*$,由于 $(k, p) = 1$,存在 $a, b \in \mathbb{Z}$ 使 $ak + bp = 1$,得 $\overline{ak} = \overline{1}$,所以 $\overline{k}^{-1} = \overline{a}$,即对任何 $\overline{k} \in Z_p^*$, $\overline{k}$ 都有逆元,故 Z_n^* 是群,因而 Z_n 是域.   □

具有有限个元素的域,称为**有限域**(finite field),Z_p 是最简单的有限域.

在一个除环中,由于非零元素成群,消去律成立,因而除环中无零因子.同样,域中也无零因子,因而域必须是整环.下面举一个非可换除环的例子.

例 3.1.8 设

$$e = \begin{pmatrix} 1 & 0 \\ 0 & 1 \end{pmatrix}, \quad i = \begin{pmatrix} \sqrt{-1} & 0 \\ 0 & -\sqrt{-1} \end{pmatrix},$$

$$j = \begin{pmatrix} 0 & 1 \\ -1 & 0 \end{pmatrix}, \quad k = \begin{pmatrix} 0 & \sqrt{-1} \\ \sqrt{-1} & 0 \end{pmatrix},$$

$$H = \{\alpha_0 e + \alpha_1 i + \alpha_2 j + \alpha_3 k \mid \alpha_0, \alpha_1, \alpha_2, \alpha_3 \in \mathbb{R}\}.$$

不难看出 e, i, j, k 有以下关系：

$$i^2 = j^2 = k^2 = -e,$$

$$ij = -ji = k, \ jk = -kj = i, \ ki = -ik = j.$$

由此不难验证 H 对矩阵的加法与乘法构成环，并有单位元 e. 下面看每一个非零元是否有逆元.

对任何 $q \in H^*$，可表示为

$$q = \begin{pmatrix} u & v \\ -\bar{v} & \bar{u} \end{pmatrix},$$

其中
$$u = \alpha_0 + \alpha_1 \sqrt{-1}, \quad v = \alpha_2 + \alpha_3 \sqrt{-1}.$$

q 的行列式为

$$A = \det q = |u|^2 + |v|^2 = \alpha_0^2 + \alpha_1^2 + \alpha_2^2 + \alpha_3^2 \neq 0,$$

故 q 有逆

$$q^{-1} = \frac{1}{A} \begin{pmatrix} \bar{u} & -v \\ \bar{v} & u \end{pmatrix},$$

因而 H^* 对矩阵乘法是群.

所以 H 是一个除环，此环称为**实四元数除环**(division ring of real quaternions).

对于一般的有限环还有以下定理.

定理 3.1.3 一个非零的有限的无左(右)零因子环是除环.

证明 设环 $A \neq \{0\}$，$|A| < \infty$，则 $A^* \neq \varnothing$，$(A^*, \cdot)$ 是有限半群，由于 A 中无左零因子，由定理 3.1.1 知 A 中消去律成立，$(A^*, \cdot)$ 中消去律也成立. 由定理 2.1.5 知 $(A^*, \cdot)$ 是群. 所以 $(A, +, \cdot)$ 是除环. □

由定理 3.1.3 立即可得以下推论.

推论 有限整环是域.

需要指出的是，关于环与整环的定义在不同的书中可能稍有不同，因而涉及它们的性质的叙述略有不同，读者在看其他参考书时要注意这一点. 但是关于除环与域的定义几乎是一致的.

习题 3.1

1. 设 $(A, +, \cdot)$ 是一个环，A^A 是 A 上的所有变换的集合，在 A^A 中定义

加法 $\oplus$ 和乘法 $\cdot$ 如下：对任何 $f,g\in A^A$ 有

$$(f\oplus g)(x)=f(x)+g(x),\quad \forall x\in A,$$
$$(f\cdot g)(x)=f(x)g(x),\quad \forall x\in A,$$

证明 $(A^A,\oplus,\cdot)$ 是环.

如果在 A^A 中定义 $\oplus$ 和 $\circ$ 如下：对任何 $f,g\in A^A$ 有

$$(f\oplus g)(x)=f(x)+g(x),\quad \forall x\in A,$$
$$(f\circ g)(x)=f(g(x)),\quad \forall x\in A,$$

问 $(A^A,\oplus,\circ)$ 是否是环？

2. 求 Klein 四元群的自同态环的所有元素.

3. 证明在 $M_n(\mathbb{Z})$ 中每一个左零因子也是右零因子.

4. 满足 $a^2=a$ 的元素称为**幂等元**(idempotent element). 满足 $a^n=0,n\in \mathbb{Z}^+$ 的元素称为**幂零元**(nilpotent element). 证明在一个整环中，除零元外无其他的幂零元，除零元与单位元外无其他的幂等元.

5. 设

$$\Gamma=\{f(x)\,|\,[0,1]\text{上的实连续函数}\},$$

定义运算 $+$ 和 $\cdot$ 如下：对任何 $f,g\in\Gamma$ 有

$$(f+g)(x)=f(x)+g(x),\quad x\in[0,1],$$
$$(f\cdot g)(x)=f(x)g(x),\quad x\in[0,1].$$

证明：(1) $(\Gamma,+,\cdot)$ 是环；(2) 设 $f\in\Gamma$，则 f 是 Γ 的一个零因子的充分必要条件是 $f(x)$ 的零点集包含一个开区间，并求 Γ 中的幂零元、幂等元和可逆元.

6. 确定 $M_n(\mathbb{Z})$ 中的幂零元.

7. 证明环中元素 u 可逆的充要条件是以下两个条件之一成立：
(1) $uvu=u$，$vu^2v=1$；(2) $uvu=u$ 且 v 是惟一满足此条件的元素.

8. (华罗庚) 设 a 和 b 是环中元素，$a,b,ab-1$ 可逆，证明 $a-b^{-1}$ 和 $(a-b^{-1})^{-1}-a^{-1}$ 可逆，且有等式 $[(a-b^{-1})^{-1}-a^{-1}]^{-1}=aba-a$.

* 9. 证明 $a,b\in A$，若 $1-ab$ 可逆，则 $1-ba$ 可逆.

10. 设 u 有右逆，证明以下条件等价：

(1) u 有多于 1 个右逆.

(2) u 不是可逆元.

(3) u 是左零因子.

* 11. (Kaplansky) 如果环中一个元素有多于 1 个右逆，则有无穷多个右逆元.

12. D 是整环，则 $D[x]$ 也是整环.

3.2 子环、理想和商环

和群中的子群、正规子群和商群等概念类似,在环中也有相应的概念.因此,学习这一节时,关键是抓住这些概念在环中对应的是什么,并牢记环中有两种运算.

1. 子环

定义 3.2.1 设 $(A,+,\cdot)$ 是一个环,S 是 A 的一个非空子集,若 S 对 $+$ 和 $\cdot$ 也构成一个环,则称 S 是 A 的一个**子环**(subring),A 是 S 的一个**扩环**(extension ring).

由定义可知,$\{0\}$ 和 A 本身也是 A 的子环,这两个子环称为平凡子环.对于一般的一个子集,如何检验它是否是子环?可利用以下子环的性质:

(1) 设 S 是环 A 的一个非空子集,则 S 是 A 的子环的充要条件是对任何 $a,b\in S$ 有 $a-b\in S$ 和 $ab\in S$.

(2) S_1,S_2 都是 A 的子环,则 $S_1\bigcap S_2$ 也是 A 的子环.

请读者自己证明.

环内子集的运算定义如下:

设 S,T 是环 A 的两个非空子集,规定

$$S+T=\{x+y \mid x\in S,y\in T\}, \tag{3.2.1}$$

$$ST=\Big\{\sum_{i=1}^{n}x_iy_i \mid x_i\in S,y_i\in T, i=1,2,\cdots,n; n\in \mathbf{N}\Big\}. \tag{3.2.2}$$

当 $S=\{a\}$ 时,记

$$ST=aT=\{ax \mid x\in T\}.$$

式(3.2.2)中的和式表示所有可能的有限和,而不是所有乘积的和.

例 3.2.1 在环 $(\mathbb{Z},+,\cdot)$ 中,设

$$S=\{0,1,2\}, \quad T=\{3,4\},$$

则

$$S+T=\{3,4,5,6\},$$

$$ST=\{0,3,4,6,7,8,9,10,11,12,\cdots\}.$$

对一些子环的和与积需要根据式(3.2.1)和式(3.2.2)找出规律性.例如,设

$$H=\{4k \mid k\in \mathbb{Z}\}, \quad N=\{6l \mid l\in \mathbb{Z}\},$$

很容易根据性质(1)判断 H 与 N 都是子环,并可得

$$H+N=\{4k+6l \mid k,l\in \mathbb{Z}\}=\{2m \mid m\in \mathbb{Z}\},$$

$$HN = \left\{ \sum 24kl \mid k,l \in \mathbb{Z} \right\} = \{24q \mid q \in \mathbb{Z}\}.$$

另外,可以求出

$$H \cup N = \{n \mid 4 \mid n \text{ 或 } 6 \mid n\},$$
$$H \cap N = \{12s \mid s \in \mathbb{Z}\}.$$

不难验证,$H+N$,HN,$H \cap N$ 都是子环,而 $H \cup N$ 不是子环.一般来说,两个子环的和与积不一定是子环,但对下面要介绍的特殊的子环——理想来说,结论是成立的.

环中一类特殊子环称为理想,其定义如下:

定义 3.2.2 设 A 是一个环,I 是它的一个子环,对任意的 $a \in I$ 和任意 $x \in A$,若满足(1) $xa \in I$,则称 I 是 A 的一个**左理想**(left ideal);若满足(2) $ax \in I$,则称 I 是 A 的一个**右理想**(right ideal);若同时满足性质(1)和(2),则称 I 是 A 的一个**理想**(ideal).

我们把条件"$\forall x \in A$ 有 xa,$ax \in I$"称为 I 对 A 是**吸收的**.理想就是对环吸收的子环.顺便回忆一下正规子群的概念:正规子群是对群元素可交换的子群.环中的理想和群中的正规子群是两个对应的概念,有类似的作用.

不难验证,例 3.2.1 中的 H 和 N 都是理想,而且对于任何取定的非负整数 m,$H_m = \{mk \mid k \in \mathbb{Z}\}$ 是 $(\mathbb{Z}, +, \cdot)$ 中的理想.当 $S = \{a\}$ 时,$S+T$ 与 ST 可简记为 $\{a\}+T = a+T$,$\{a\}T = aT$,因而 H_m 可记为 $H_m = \{mk \mid k \in \mathbb{Z}\} = m\mathbb{Z}$.

关于理想可以得到以下性质:

(1) $\{0\}$ 和 A 本身也是 A 的理想,称为**平凡理想**(trivicel ideal).

(2) 如果 A 是可换环,则左理想也是右理想,因而也是理想.

检验一个非空子集是否是理想可用以下性质:

(3) 环 A 中非空子集 H 是理想的充分必要条件是满足① $\forall a, b \in H$ 有 $a-b \in H$;② $\forall a \in H$ 和 $\forall x \in A$ 有 $ax, xa \in H$.

很容易利用子环的性质和理想的定义证明此充要条件.条件②又可表示为 $HA \subseteq H$ 和 $AH \subseteq H$.当 A 是可换环时,条件②可简化为 $ax \in H$.对性质(3)作适当修改可用于判断 H 是否是左理想或右理想.

(4) 若环 A 有单位元,H 是理想,则 $1 \in H \Leftrightarrow H = A$.

直接利用定义 3.2.2 就可证明此性质.

(5) 若 I, J 都是环 A 的理想,则 $I+J$,$I \cap J$,IJ 都是 A 的理想.

该结论的证明留作习题.

通过逐一搞清以上的性质(1)~(5),可以对理想这个概念有初步的了解.下面再看一些例子.

例 3.2.2 设 $F[x]$ 是数域 F 上的多项式环,

$$S = \{a_1 x + a_2 x^2 + \cdots + a_n x^n \mid a_i \in F, n \in \mathbb{Z}^+\},$$

设 $f(x) = a_1 x + a_2 x^2 + \cdots + a_r x^r, g(x) = b_1 x + b_2 x^2 + \cdots + b_t x^t$ 是 S 中任意两个多项式,则

$$f(x) - g(x) = (a_1 - b_1)x + (a_2 - b_2)x^2 + \cdots \in S.$$

显然对任意 $u(x) \in F[x]$,有 $u(x)f(x) \in S$,故由性质(3)得 S 是 $F[x]$ 的一个理想.

例 3.2.3 设 $A = M_n(F)$ (F 为数域),

$$S = \left\{ \begin{pmatrix} a_{11} & a_{12} & \cdots & a_{1n} \\ 0 & a_{22} & \cdots & a_{2n} \\ \vdots & \vdots & & \vdots \\ 0 & 0 & 0 & a_{nn} \end{pmatrix} \middle| a_{ij} \in F \right\},$$

$$L = \left\{ \begin{pmatrix} a_{11} & 0 & \cdots & 0 \\ a_{12} & 0 & \cdots & 0 \\ \vdots & \vdots & & \vdots \\ a_{1n} & 0 & \cdots & 0 \end{pmatrix} \middle| a_{ij} \in F \right\},$$

$$H = \left\{ \begin{pmatrix} a_{11} & a_{12} & \cdots & a_{1n} \\ 0 & 0 & \cdots & 0 \\ \vdots & \vdots & & \vdots \\ 0 & 0 & \cdots & 0 \end{pmatrix} \middle| a_{ij} \in F \right\}.$$

这是一个非可换环,不难验证,S, L, H 都是子环,L 是左理想,H 是右理想. 但 S 不是任何理想.

如果一个环内无非平凡理想,则称这个环为**单环**(simple ring). 下面证明数域 F 上的全矩阵环 $M_n(F)$ 是单环.

设 I 是 $M_n(F)$ 中任一个理想,且 $I \neq 0$,只需证明单位元 $e \in I$(为什么?).

设 E_{ij} 为第 (i, j) 个元素为 1 而其余元素全为 0 的 n 阶矩阵. 因为 $I \neq 0$,则有矩阵 $A(\neq 0) \in I$,设 $A = (a_{ij})_{n \times n}$,则有元素 $a_{kl} \neq 0$,由理想的性质得

$$(a_{kl}^{-1} E_{ik}) A E_{li} \in I,$$

但

$$(a_{kl}^{-1} E_{ik}) A E_{li} = a_{kl}^{-1}(E_{ik} A E_{li}) = E_{ii},$$

i 可取 1 到 n 的任何整数,所以有

$$e = E = \sum_{i=1}^{n} E_{ii} \in I$$

及

$$I = M_n(F).$$

因而 $M_n(F)$ 中无非平凡理想，$M_n(F)$ 是单环.

但是，整数环上的全矩阵环 $M_n(\mathbb{Z})$ 就不是单环了.

2. 生成子环和生成理想

设 A 是环，S 是 A 的一个非空子集，则 A 的包含 S 的最小子环称为**由 S 生成的子环**或称为 **S 的生成子环**，记作 $[S]$，它是 A 的包含 S 的所有子环的交.

包含 S 的最小理想称为**由 S 生成的理想**或称为 **S 的生成理想**，记作 (S)，它是包含 S 的所有理想的交.

当 $S = \{a\}$ 时，由 a 生成的子环可表示为

$$[a] = \{ \sum n_k a^k \mid n_k \in \mathbb{Z}, k \in \mathbb{Z}^+ \}.$$

由元素 a 生成的理想可表示为

$$(a) = \{ \sum xay + sa + at + na \mid x, y, s, t \in A, n \in \mathbb{Z} \}.$$

这里的和式的意义同式 (3.2.2).

当 A 是有单位元的可换环时，(a) 可简化为

$$(a) = \{ xa \mid x \in A \} = aA.$$

显然，由单位元生成的理想就是 A：

$$(1) = A.$$

在 $(\mathbb{Z}, +, \cdot)$ 中整数 m 的生成理想为

$$(m) = \{ km \mid k \in \mathbb{Z} \} = m\mathbb{Z}.$$

且由循环群 $(\mathbb{Z}, +)$ 的性质知 $(\mathbb{Z}, +, \cdot)$ 中全部理想为 $(m), m = 0, 1, 2, \cdots$.

在 $(F[x], +, \cdot)$ 中元素 x 的生成理想为

$$(x) = \{ xf(x) \mid f(x) \in F[x] \}$$
$$= \{ a_1 x + a_2 x^2 + \cdots + a_n x^n \mid a_i \in F, n \in \mathbb{Z}^+ \}.$$

3. 商环

设 A 是环，I 是 A 的一个理想，则 I 是加群 $(A, +)$ 的正规子群，A 对 I 的加法商群为

$$A/I = \{ a + I \mid a \in A \},$$

记 $\bar{a} = a + I$，在 A/I 中前面已定义过"模 I 的加法"为

$$\bar{a} + \bar{b} = \overline{a + b},$$

再定义"模 I 的乘法"为

$$\bar{a} \cdot \bar{b} = \overline{ab},$$

可以证明它是 A/I 中的一个二元运算,只需证明惟一性:

$$\bar{a}_1 = \bar{a}_2, \bar{b}_1 = \bar{b}_2 \Rightarrow a_1 - a_2 \in I, b_1 - b_2 \in I$$
$$\Rightarrow 存在 \ x_1, x_2 \in I \ 使 \ a_1 = a_2 + x_1, b_1 = b_2 + x_2$$
$$\Rightarrow a_1 b_1 = a_2 b_2 + x_1 b_2 + a_2 x_2 + x_1 x_2$$
$$\Rightarrow a_1 b_1 - a_2 b_2 \in I \Rightarrow \overline{a_1 b_1} = \overline{a_2 b_2}.$$

很易验证 A/I 中结合律、分配律都成立,所以 A/I 是环,此环称为 A 关于 I 的**商环**.

定义 3.2.3 设 A 是环,I 是 A 的一个理想,A 作为加群关于 I 的商群 A/I 对模 I 的加法与乘法所做成的环,称为 A 关于 I 的**商环**(quotient ring)或称为 A 模 I 的**同余类环**,仍记作 A/I.

例 3.2.4 设 $F[x]$ 是数域 F 上的多项式环,

$$p(x) = a_0 + a_1 x + a_2 x^2 + \cdots + a_n x^n, \quad a_n \neq 0,$$
$$H = (p(x)) = \{f(x)p(x) \mid f(x) \in F[x]\},$$

则 $F[x]$ 模 H 的商环为

$$F[x]/(p(x)) = \{r(x) + (p(x)) \mid r(x) \in F[x], \deg(r(x)) < n\}$$
$$= \{\overline{r(x)} \mid r(x) \in F[x], \deg(r(x)) < n\}$$
$$= \{b_0 + b_1 x + b_2 x^2 + \cdots + b_{n-1} x^{n-1} \mid b_i \in F\}.$$

例 3.2.5 设 $A = (\mathbb{Z}, +, \cdot), H = (n)$ 是由正整数 n 生成的理想,则

$$A/(n) = \{k + (n) \mid 0 \leqslant k \leqslant n-1\} = \{\bar{0}, \bar{1}, \bar{2}, \cdots, \overline{n-1}\} = Z_n.$$

需要注意的是同一个集合 Z_n 可形成不同的代数系,对加法是群,且有 $(Z_n, +) \cong (\mathbb{Z}, +)/\langle n \rangle$;对加法和乘法两种运算是环,且有 $(Z_n, +, \cdot) \cong (\mathbb{Z}, +, \cdot)/(n)$. 因此当我们提到 Z_n 时,必须明确它的身份. 当 Z_n 看作是整数模 n 的商群时,Z_n 中只有加法一种运算,而看作商环时,有加法和乘法两种运算.

一般地,一个环中的所有可逆元的集合记作 $U(A)$,$U(A)$ 对环中的乘法构成群,此群称为可逆元群.

对环 Z_n 其可逆元群为

$$U(Z_n) = \{\bar{k} \mid (k, n) = 1, 1 \leqslant k \leqslant n\},$$

故有 $|U(Z_n)| = \varphi(n)$(Euler 函数). 由于对任何素数 p 且 $p \nmid n$,$\bar{p}$ 在 Z_n 中都是可逆元,因而有 $\bar{p}^{\varphi(n)} = \bar{1}$,即

$$p^{\varphi(n)} \equiv 1 \pmod{n} \quad (p \nmid n).$$

商环的性质与理想的性质之间有一定的关系.

定义 3.2.4 设 M 是环 A 的非平凡理想,若有理想 H 且 $H \supset M$,则 $H =$

A,就称 M 是 A 的一个**极大理想**(maximal ideal).

例如 $(\mathbb{Z},+,\cdot)$ 中素数 p 生成的理想 (p) 就是一个极大理想.

定理 3.2.1　设 A 是有单位元的可换环,M 是 A 的一个极大理想,则 A/M 是域.

证明　A/M 可表示为

$$A/M=\{a+m\mid a\in A\}=\{\bar{a}\mid a\in A\}.$$

要证 A/M 是域,只需证明两点:(1) $\bar{0},\bar{1}\in A/M$ 且 $\bar{0}\neq\bar{1}$;(2) $\forall\,\bar{a}\in(A/M)^{*}$,$\bar{a}$ 有逆元.

(1) 由于 $1\in A$,所以 $\bar{1}=1+M\in A/M$. 又因为 $M\neq A$,故 $1\notin M$(见理想性质(4)),从而 $\bar{0}\neq\bar{1}$.

(2) 任取 $\bar{a}=a+M\in(A/M)^{*}$,令 $H=(a+M)A=aA+M$.

可以看出 H 是理想,因为 aA 与 M 都是理想,两理想之和仍为理想.

又可证 H 真包含 M:显然 $H=aA+M\supseteq M$,又因为 $\bar{a}\in(A/M)^{*}$,$\bar{a}\neq\bar{0}$,所以 $a\notin M$,$H\supset M$.

由 M 的极大性,得到 $H=A$,即 $aA+M=A$,因而必有 $b\in A$,$m\in M$,使 $ab+m=1$,于是有 $\bar{a}\cdot\bar{b}=\bar{1}$,所以 $\bar{a}$ 在 $(A/M)^{*}$ 中可逆. □

例 3.2.6　证明 $(2+i)$ 是 $\mathbb{Z}[i]$ 的一个极大理想,从而 $\mathbb{Z}[i]/(2+i)$ 是域.

证明　设 $M=(2+i)=\{(2+i)(a+bi)\mid a,b\in\mathbb{Z}\}$

$$=\{(2a-b)+(a+2b)i\mid a,b\in\mathbb{Z}\},$$

不难证明,$M=\{x+yi\mid x,y\in\mathbb{Z}\}$;$2x+y\equiv0\ (\mathrm{mod}\ 5)$,设理想 H 真包含 M,则 $\exists\,a+bi\in H\backslash M$,必有 $2a+b\not\equiv0\ (\mathrm{mod}\ 5)$,因而 $(2a+b,5)=1$,于是有 $p,q\in\mathbb{Z}$ 使 $(2a+b)p+5q=1$. 由于 $(2a+b)p\in H$,$5q\in M\subset H$,所以 $1\in H$. 故 $H=\mathbb{Z}[i]$,所以 $M=(2+i)$ 是 $\mathbb{Z}[i]$ 中的极大理想,从而 $\mathbb{Z}[i]/(2+i)$ 是域.

环中子环与理想的地位相当于群中子群与正规子群的地位. 我们要特别强调的是,环中许多概念和定理与群既有紧密联系,又有所不同,因此在学习时必须随时联系,一方面既可复习群的内容,另一方面又可搞清环的特殊性,以加深印象. 另外,我们在介绍环的许多内容时,凡是与群的内容比较类似的部分,例如环的同构与同态等,都比较简明,但读者在学习时,应逐一推导,以求甚解.

习题 3.2

1. 设 S 是环 A 的非空子集,证明 S 是 A 的子环的充要条件是对任何 $a,b\in S$ 有 $a-b,ab\in S$.

2. 设 S_1,S_2 是环 A 的子环,则 $S_1\bigcap S_2$ 也是 A 的子环. 问 S_1+S_2 是否是

子环?

3. 设 H 是环 A 的非空子集,证明 H 是 A 的理想的充要条件是:(1)对任何 $a,b\in H$ 有 $a-b\in H$;(2)对任何 $a\in H$,$x\in A$ 有 $xa,ax\in H$.

4. 设 I,J 是 A 的理想,证明 $I+J$,$I\bigcap J$ 和 IJ 都是理想. 在 $\mathbb{Z}$ 中确定 $(m)+(n)$,$(m)\bigcap(n)$,$(m)(n)$.

5. 确定环 Z_n 中的所有理想.

6. 证明 $M_n(\mathbb{Z})$ 不是单环,并确定 $M_n(\mathbb{Z})$ 中的所有理想.

7. 设 L 是环 A 的一个左理想,证明 L 的**左零化子** $N=\{x\mid x\in A,xL=0\}$ 是 A 的一个理想.

8. 设 A 是环,H 是理想,决定 A/H:

(1) $A=\mathbb{Z}[x]$,$H=(x^2+1)$.

(2) $A=\mathbb{Z}[i]$,$H=(2+i)$.

(3) $A=\left\{\begin{pmatrix} a & b \\ 0 & c \end{pmatrix}\Big| a,b,c\in\mathbb{Z}\right\}$,$H=\left\{\begin{pmatrix} 0 & 2x \\ 0 & 0 \end{pmatrix}\Big| x\in\mathbb{Z}\right\}$.

9. 设 $F[x]$ 是数域 F 上的多项式环,证明 (x) 是 $F[x]$ 的极大理想,从而证明 $F[x]/(x)$ 是域.

10. 证明一个有单位元的环是除环的充要条件是环内无非零真左理想.

11. 设 R 是可换环,H 是一个非零理想,且 $H\neq R$,若由 $ab\in H$ 可得 $a\in H$ 或 $b\in H$,则称 H 是 R 的一个**素理想**(prime ideal).证明:H 是素理想 $\Leftrightarrow R/H$ 是一个整环.

3.3   环的同构与同态

我们已经知道,两个群之间的同态(构)就是一个保持运算的映(双)射.完全类似,两个环之间的同态(构)也是一个保持运算的映(双)射.不过对于环,保持运算指的是两种运算.其他的内容,例如同态核、同态定理等都与群有类似的形式,因此学习这一节时,几乎可以轻松愉快地一读到底,只是要对环的特殊性多加注意.

1. 同构与同态

定义 3.3.1   设 A 和 A' 是两个环,若有一个 A 到 A' 的映射 f 满足以下条件:对任何 $a,b\in A$ 有

$$f(a+b)=f(a)+f(b),\tag{3.3.1}$$

$$f(ab)=f(a)f(b),\tag{3.3.2}$$

则称 f 是一个 A 到 A' 的**同态**.

我们把式(3.3.1)与式(3.3.2)称为保持环中的运算.

如果 f 是单射,则称 f 是一个**单同态**.

如果 f 是满射,则称 f 是一个**满同态**.这时,记作 $A \overset{f}{\sim} A'$.

如果 f 是双射,则称 f 是 A 到 A' 的一个**同构**.这时记作 $A \cong A'$.

当 f 是单同态时,$A \cong f(A)$,称 f 将 A 同构嵌入到 A' 中。

一个 A 到 A 本身的同态,称为 A 上的**自同态**.一个 A 到 A 本身的同构,称为 A 上的**自同构**.环 A 上的全体自同构关于映射的复合构成群,称为环 A 上的**自同构群**,记作 $\mathrm{Aut}A$.

例 3.3.1　设 A,A' 是两个环,定义映射 $f: x \mapsto 0'$,对任何 $x \in A$,则 f 是 A 到 A' 的一个同态,且同态像为 $f(A) = \{0'\}$,此同态称为**零同态**,是任何两个环之间都存在的一个同态.

例 3.3.2　通过同构映射,可以把一个环"嵌入"到另一个环中去.

设 $M_2(\mathbb{R})$ 到 $M_3(\mathbb{R})$ 的一个映射 σ 为

$$\begin{pmatrix} a & b \\ c & d \end{pmatrix} \mapsto \begin{pmatrix} a & b & 0 \\ c & d & 0 \\ 0 & 0 & 0 \end{pmatrix},$$

不难验证 σ 满足式(3.3.1)和式(3.3.2),故 σ 是一个同态.且有

$$\sigma(M_2(\mathbb{R})) \cong M_2(\mathbb{R}).$$

通常称为 σ 把 $M_2(\mathbb{R})$ 同构嵌入到 $M_3(\mathbb{R})$ 中.因而在同构的意义下,$M_3(\mathbb{R})$ 是 $M_2(\mathbb{R})$ 的扩环.

定义 3.3.2　设 f 是环 A 到环 A' 的一个同态,则 A' 的零元 $0'$ 的全原象 $f^{-1}(0')$ 称为 f 的**同态核**,记作 $\ker f$,即

$$\ker f = f^{-1}(0') = \{x \in A \mid f(x) = 0'\}.$$

同态核是 A 的一个理想.f 是单同态的充分必要条件是 $\ker f = \{0\}$.

以下一系列定理与群的相应定理类似,只作叙述,不作证明.

2. 有关同态的一些定理

定理 3.3.1(同态基本定理)　设 f 是环 A 到环 A' 的一个满同态,$K = \ker f$,则

(1) $A/K \cong A'$.

(2) $\sigma: a+K \mapsto f(a)$ 是 A/K 到 A' 的同构,设 φ 是 A 到 A/K 的自然同态:$\varphi(a) = a+K, \forall a \in A$,则有

$$f = \sigma\varphi.$$

如果 f 不是 A 到 A' 的满同态,则映射 $\sigma:a+K \mapsto f(a)$ 将 A/K 同构嵌入 A' 中.

定理 3.3.2(子环对应定理) 设 f 是环 A 到 A' 的满同态,$K=\ker f$,S 是 A 中的所有包含 K 的子环的集合.S' 是 A' 中所有子环的集合,则映射 $\varphi:(K\subseteq)H\mapsto f(H)$,是 S 到 S' 的双射,且对理想也有类似的性质,请读者自己叙述.

定理 3.3.3(商环同构定理) 设 f 是环 A 到环 A' 的满同态,I 是 A 的一个理想且 $I\supseteq\ker f(=K)$,则

$$A/I \cong A'/f(I)(\cong (A/K)/(I/K)).$$

定理 3.3.4(第二同构定理) 设 A 是环,S 是子环,I 是理想,则

$$(S+I)/I \cong S/(S\cap I).$$

以上定理的证明类似于群论中相应定理的证明,请读者自己完成.

例 3.3.3 找出 Z_{12} 到 Z_6 的所有同态.

解 设

$$Z_{12} = \{0,1,2,\cdots,11\},$$
$$Z_6 = \{\bar{0},\bar{1},\bar{2},\cdots,\bar{5}\},$$

设 f 是 Z_{12} 到 Z_6 的一个映射,下面讨论 f 应有什么形式才是同态映射.因为 Z_{12} 的生成元是 1,可设 $f(1)=\bar{k}$,则 $f(x)=\overline{kx}$.

由于 x 的表达形式不惟一,首先需要核验 f 是否是映射. 因为

$$x_1 = x_2 \Rightarrow 12\,\big|\,(x_1-x_2) \Rightarrow 6\,\big|\,(x_1-x_2) \Rightarrow \bar{x}_1 = \bar{x}_2 \Rightarrow \overline{kx_1} = \overline{kx_2},$$

故 f 是 Z_{12} 到 Z_6 的映射.又由 $f(1)=f(1\cdot1)=\bar{k}\cdot\bar{k}=\bar{k}$ 得 $\bar{k}(\bar{k}-1)=0$.此方程在 Z_6 中有解 $k=\bar{0},\bar{1},\bar{3},\bar{4}$.

故共有以下四个同态:

$$f_0:x\to\bar{0},\text{即 } f_0 = \begin{pmatrix} 0 & 1 & 2 & \cdots & 11 \\ \bar{0} & \bar{0} & \bar{0} & \cdots & \bar{0} \end{pmatrix},$$

$$f_1:x\to\bar{x},\text{即 } f_1 = \begin{pmatrix} 0 & 1 & 2 & \cdots & 6 & \cdots & 11 \\ \bar{0} & \bar{1} & \bar{2} & \cdots & \bar{0} & \cdots & \bar{5} \end{pmatrix},$$

$$f_2:x\to\overline{3x},\text{即 } f_2 = \begin{pmatrix} 0 & 1 & 2 & 3 & \cdots & \cdots & 10 & 11 \\ \bar{0} & \bar{3} & \bar{0} & \bar{3} & \cdots & \cdots & \bar{0} & \bar{3} \end{pmatrix},$$

$$f_3: \quad x\to\overline{4x},\text{即 } f_3 = \begin{pmatrix} 0 & 1 & 2 & 3 & \cdots & 11 \\ \bar{0} & \bar{4} & \bar{2} & \bar{0} & \cdots & \bar{2} \end{pmatrix}.$$

对一般情况 Z_m 和 Z_n 之间所有同态映射的确定均可按例 3.3.2 的步骤来做.

例 3.3.4 确定$(\mathbb{Z}, +, \cdot)$中所有自同态与自同构.

解 类似于群$(\mathbb{Z}, +)$中确定自同态问题,可利用生成元素来确定.因为 1是$(\mathbb{Z}, +, \cdot)$的生成元,设 f 是$(\mathbb{Z}, +, \cdot)$上的任一自同态,可令 $f(1) = m$,则 $f(x) = mx$(保持加法运算),但还需要满足保持乘法运算:$f(1) = f(1 \cdot 1) = f(1) \cdot f(1)$,因而得 $m = m^2$,所以 $m = 0, 1$.因而全体自同态只有两个:

$$f_0(x) = 0, \quad \forall x \in \mathbb{Z},$$

$$f_1(x) = x, \quad \forall x \in \mathbb{Z},$$

即一个是零同态,另一个是单位同态.由此,自同构只有 f_1.

3. 分式域

一般来说,一个环内的非零元不一定有逆元,因此线性方程不一定有解. 例如,整数环中除 1 和 -1 外,其他元素均无逆元.但可将整数环同构嵌入到 有理数域中去,或者说将它扩大成域.下面讨论这一问题.

设 D 是一个整环,P 是包含 D 的最小的域,下面看 P 中的元素有什么性 质.对 D 中任何一个非零元 a,在 P 中有逆元 a^{-1}.因而任取 $b \in D$ 有 $a^{-1}b \in P$,记

$$\frac{b}{a} = a^{-1}b \quad (a \neq 0), \tag{3.3.3}$$

则形式为式(3.3.3)的元素均在 P 中.反之,下面的定理证明 P 中的元素均可 表示为式(3.3.3).

定理 3.3.5 设 D 是一个整环,则包含 D 的最小域可表示为

$$P = \left\{ \frac{b}{a} \,\middle|\, a, b \in D \text{ 且 } a \neq 0 \right\}, \tag{3.3.4}$$

其中$\frac{b}{a} = ba^{-1}$,称 P 为 D 的**分式域**(ring of fractions),记作 $P(D)$.

证明 首先证明 P 是域.由式(3.3.3)可得以下运算性质:

$$\frac{b_1}{a_1} = \frac{b_2}{a_2} \Leftrightarrow a_1 b_2 = a_2 b_1, \tag{3.3.5}$$

$$\frac{b_1}{a_1} + \frac{b_2}{a_2} = \frac{a_1 b_2 + a_2 b_1}{a_1 a_2} \in P, \tag{3.3.6}$$

$$\frac{b_1}{a_1} \cdot \frac{b_2}{a_2} = \frac{b_1 b_2}{a_1 a_2} \in P, \tag{3.3.7}$$

$$-\frac{b}{a} = \frac{-b}{a} \in P, \tag{3.3.8}$$

$$\frac{ab}{a} = b. \tag{3.3.9}$$

由于对任何 $a,b \in D^*$, $\dfrac{a}{a} = \dfrac{b}{b}$, 故可令 $e = \dfrac{a}{a} (a \neq 0)$ 则 $\forall \dfrac{y}{x} \in P$, 有 $e \cdot \dfrac{y}{x}$

$= \dfrac{ay}{ax} = \dfrac{y}{x}$, 所以 e 是单位元. 对任何 $a,b \in D^*$, $\dfrac{b}{a} \cdot \dfrac{a}{b} = \dfrac{ab}{ab} = e$, 所以 $\left(\dfrac{b}{a} \right)^{-1} =$

$\dfrac{a}{b}$, 即 D^* 对乘法构成群, 故 P 是域.

下面再证 P 包含 D.

对任意 $x \in D$, 由式(3.3.9), 可任取 $a \neq 0$, 有 $x = \dfrac{ax}{a} \in P$, 故 $D \subseteq P, P$ 的

最小性在式(3.3.3)的推导中已证. $P \supseteq \left\{ \dfrac{b}{a} \,\middle|\, a,b \in D, a \neq 0 \right\}$, 所以等式

(3.3.4)成立. □

例如 $(\mathbb{Z}, +, \cdot)$ 的分式域就是 $(\mathbb{Q}, +, \cdot)$.

例 3.3.5 设 F 是一个数域,

$$F[x] = \{ a_0 + a_1 x + a_2 x^2 + \cdots + a_n x^n \mid a_i \in F, n \geqslant 0 \text{ 整数} \},$$

求 $F[x]$ 的分式域.

解 由定理 3.3.5 可知 $F[x]$ 的分式域为

$$P(F[X]) = \left\{ \dfrac{f(x)}{g(x)} \,\middle|\, f(x), g(x) \in F[x], g(x) \neq 0 \right\}.$$

一般来说, 有以下结果: 对任何一个整环 D, 可构造一个形如式(3.3.4)的域 P, 然后可把 D 同构嵌入 P, 因此, 对任何整环都存在一个分式域.

习题 3.3

1. 设 f 是环 A 到 A' 的同态, 证明:

(1) f 将 A 中的 0 元映成 A' 中的 $0'$ 元.

(2) f 将 A 中的子环映成 A' 中的子环.

(3) f 将 A 中的理想映成 $f(A)$ 中的理想.

2. 设 f 是环 A 到环 A' 的同态, $b \in A'$, 证明 $f^{-1}(b) = a + \ker f$, 其中 a 满足 $f(a) = b$.

3. 证明定理 3.3.1 到定理 3.3.4.

4. 利用同态基本定理证明:

(1) $\mathbb{R}[x]/(x^2 + 1) \cong \mathbb{C}$.

(2) $F[x]/(x) \cong F, F$ 为数域.

5. 将复数域 $(\mathbb{C}, +, \cdot)$ 同构嵌入 $M_2(\mathbb{R})$ 中.

6. 找出环 Z_n 中一切自同态.

7. 设 $A=\{(a_1,a_2,\cdots,a_n)\,|\,a_i\in\mathbb{Z}\}$ 是 n 维向量集合对向量加法构成的群，$E(A)$ 是 A 上的自同态环，证明 $E(A)=M_n(\mathbb{Z})$.

8. 设 $m,r\in\mathbb{Z}^+,r\,|\,m,Z_m=\{\bar{k}\,|\,k=0,1,\cdots,m-1\},Z_r=\{h\,|\,h=0,1,\cdots,r-1\}$，令 $f\colon Z_m\to Z_r,\bar{a}\mapsto a$，证明 f 是 Z_m 到 Z_r 的同态映射，并求 $\ker f$，$Z_m/\ker f$.

* 9. 证明 $\operatorname{Aut}\mathbb{Z}[x]\cong\left\{\begin{pmatrix}1&a\\0&\varepsilon\end{pmatrix}\middle|\varepsilon=\pm1,a\in\mathbb{Z}\right\}$.

10. 求下列整环的分式域：$\mathbb{Z}[\mathrm{i}]$，$\mathbb{Z}[x]$，偶数环.

3.4　整环中的因子分解

解方程是代数中的主要课题之一，而解方程又与因子分解密切相关，本节主要讨论与因子分解有关的问题，把整数中因子分解的概念推广到一般的整环中.

1. 一些基本概念

首先我们要把初等代数中的因子或因式，倍数或倍式的概念推广到一般的整环上.

定义 3.4.1　设 D 是有单位元的整环，$a,b\in D$.

(1) 若有 $c=ab$，则称 a 是 c 的**因子**（factor 或 divisor），c 是 a 的**倍元**（multiple），并称 **a 可整除 c**. 记作 $a\,|\,c$.

(2) 若 $a\,|\,b$ 且 $b\,|\,a$，则称 a 与 b **相伴**（associate），记作 $a\sim b$.

(3) 若 $c=ab$ 且 a 和 b 都不是可逆元，则称 a 是 c 的**真因子**（properfactor）.

由定义 3.4.1 可得以下基本事实：

(1) 元 0 是任何元素的倍元.

(2) 单位元 1 是任何元素的因子.

(3) 可逆元是任何元素的因子. 因为若 $u\in U(D),a\in D$，则 $a=u(u^{-1}a)$.

(4) 整除关系满足传递性：$a\,|\,b,b\,|\,c\to a\,|\,c$.

(5) 两元素相伴，则它们差一可逆元因子.

设 $a\sim b$，则 $b=ua$，$a=vb$，得 $b=uvb$，由消去律得 $uv=1$，所以 u 和 v 都是可逆元.

(6) 相伴关系是等价关系.

(7) 可逆元无真因子，且所有可逆元都与 1 相伴.

设 $u \in U(D), u = ab$, 可得 $u^{-1}ab = a(u^{-1}b) = (u^{-1}a)b = 1$, 所以 a, b 都是可逆元.

2. 既约元和素元

定义 3.4.2 设 $a, b \in D, p \in D^* \setminus U(D)$.

(1) 若 p 无真因子, 则称 p 是**不可约元**或**既约元**(irreducible element).

(2) 若当 $p \mid ab$ 时必有 $p \mid a$ 或 $p \mid b$, 则称 p 是**素元**(prime).

确定一个环中的所有既约元与素元不是一件容易的事.

例如, 在整数环中, 全体素数是既约元也是素元. 但在 Gauss 整数环中, 素数就不一定是既约元了. 例如, 2 是素数, 但 $2 = (1+i) \cdot (1-i)$, 其中 $1+i$ 与 $1-i$ 均不可逆, 故 2 在 $\mathbb{Z}[i]$ 中不是既约元, 显然也不是素元. 关于既约元与素元的关系有以下定理.

定理 3.4.1 设 D 是有单位元的整环, 则 D 中的素元必是既约元.

证明 设 p 是素元. 若 $p = ab, p \mid ab$, 可得 $p \mid a$ 或 $p \mid b$. 若 $p \mid a$, 则 $p \sim a$, 因而 $b \in U(D)$. 若 $p \mid b$, 则 $p \sim b$, 因而 $a \in U(D)$, 即 a, b 中总有一个可逆元, 所以 p 是既约元. $\square$

但定理 3.4.1 的逆定理不成立. 请看下例.

例 3.4.1 设
$$D = \mathbb{Z}[\sqrt{-5}] = \{a + b\sqrt{-5} \mid a, b \in \mathbb{Z}\},$$
它是 $\mathbb{C}$ 的一个子环, 因而是一个整环. 在 D 中定义范数:
$$N(u) = u\bar{u} = a^2 + 5b^2, \quad \forall u = a + b\sqrt{-5} \in \mathbb{Z}[\sqrt{-5}],$$
则具有性质 $N(uv) = N(u)N(v)$.

首先可利用范数确定可逆元. 设 $uv = 1$, 则 $N(u)N(v) = 1$, $N(u) = a^2 + 5b^2 = 1$, 必有 $b = 0, a = 1$ 或 -1, 因而 $U = \{1, -1\}$.

下面再看元素 3 是否是既约元. 设 $3 = uv, N(3) = 9 = N(u) \cdot N(v)$, 若 u, v 非可逆元, 则 $N(u) = 3, N(v) = 3$. 但 $a^2 + 5b^2 = 3$ 无整数解, 故 3 是既约元.

再看 3 是否是素元. 由于 $(2 + \sqrt{-5})(2 - \sqrt{-5}) = 9$, 取 $a = 2 + \sqrt{-5}, b = 2 - \sqrt{-5}$, 则 $3 \mid ab$ 但 $3 \nmid a$ 和 $3 \nmid b$. 故 3 不是素元.

由此例可见, 一个既约元不一定是素元, 即定理 3.4.1 的逆定理不成立.

下面讨论最大公因子及两个元素互素的概念.

3. 最大公因子

定义 3.4.3 设 D 是有单位元的整环, $a, b \in D$, 若有 $d \in D$ 满足

(1) $d\,|\,a,d\,|\,b$;

(2) 若有 d' 满足 $d'\,|\,a$ 和 $d'\,|\,b$,则 $d'\,|\,d$.

则称 d 是 a 和 b 的**最大公因子**,并记作 $d\sim(a,b)$.

在假定最大公因子存在的情况下,由定义可得以下简单性质:

(1) a,b 的任意两个最大公因子是相伴的,即它们只差一个可逆元因子.

(2) 由定义可知,$(0,a)\sim a$,对任何 $u\in U(D)$,有 $(u,a)\sim1$.

(3) $(a,(b,c))\sim((a,b),c)$.

设 $d_1=(a,(b,c))$,$d_2=((a,b),c)$,则

$$d_1\,\big|\,a \text{ 和 } d_1\,\big|\,(b,c)\Rightarrow d_1\,\big|\,a,d_1\,\big|\,b,d_1\,\big|\,c\Rightarrow d_1\,\big|\,(a,b),d_1\,\big|\,c$$
$$\Rightarrow d_1\,\big|\,((a,b),c)=d_2,$$

类似有 $d_2\,\big|\,d_1$,所以 $d_1\sim d_2$.

(4) $c(a,b)\sim(ac,bc)$.

令 $d=(a,b)$,$d_1=c(a,b)=cd$,$d_2=(ca,cb)$,则 $d_1=cd\,\big|\,ca$ 和 $d_1\,\big|\,cb$ 得 $d_1\,\big|\,d_2$.

令 $d_2=ud_1$,$ca=xd_2$,则有 $ca=xud_1=xucd$,得 $a=xud$,类似地,若令 $cb=yd_2$,可得 $b=yud$,因而有 $ud\,|\,(a,b)=d$,得 $u\sim1$. 即 $d_1\sim d_2$.

定义 3.4.4 设 $a,b\in D$,若 $(a,b)\sim1$,则称 a 和 b **互素**(relative prime).

元素间的互素关系有以下性质:若 $(a,b)\sim1$,$(a,c)\sim1$,则 $(a,bc)\sim1$.

利用前面的性质(4)和(3),有 $(a,bc)\sim((a,ac),bc)\sim(a,(ac,bc))\sim(a,c)\sim1$.

一个环中,并非任何两个元素都有最大公因子. 例如,在 $\mathbb{Z}\left[\sqrt{-5}\right]$ 中,取 $a=3(2+\sqrt{-5})$,$b=9=(2+\sqrt{-5})(2-\sqrt{-5})$,则 $d_1=3$ 和 $d_2=2+\sqrt{-5}$ 都是 a 和 b 的公因子,且无其他非可逆元的公因子,但 $d_1\nmid d_2$ 且 $d_2\nmid d_1$,所以 a 和 b 无最大公因子. 一个环中是否任何两个元都有最大公因子,与环的性质有关,并影响到环内的既约元是否都是素元,有以下定理.

定理 3.4.2 设 D 是有单位元的整环,若对 D 中任何两个元素均有最大公因子存在,则 D 中的每个既约元也是素元.

证明 设 p 是既约元,用反证法证明 p 也是素元,如若不然,则存在 $a,b\in D$ 使 $p\,|\,ab$ 且 $p\nmid a$ 和 $p\nmid b$,因而有 $(p,a)\sim1$,$(p,b)\sim1$. 由此得 $(p,ab)\sim1$,这与 $p\,|\,ab$ 矛盾. □

用定义最大公因子的类似方法可定义两个元素的最小公倍元,同时可把概念推广到多个元素的情形.

由上可见,可以把整数的因子分解的许多概念与性质推广到一般的有单位元的整环,但有两点不同:一是有既约元与素元之分;二是并非任何两个元素都有最大公因子,从而最大公因子定理不一定成立.这些问题将在下一节中讨论.

另外还要指出的是,以上关于因子的讨论只有当 D 是整环且不是域的时候才有意义.

习题 3.4

1. 证明相伴关系是等价关系,并满足 $a_1 \sim b_1, a_2 \sim b_2 \Rightarrow a_1 a_2 \sim b_1 b_2$.

2. 叙述两个元素的最小公倍元的定义.并将最大公因子与最小公倍元的概念推广到多个元素的情形.

3. 设 D 是有单位元的整环,p 是既约元,则理想 (p) 是 D 的非平凡理想.

4. 在 $\mathbb{Z}[\sqrt{-5}]$ 中下列元素哪些是既约元:$2, 7, 29, 2-\sqrt{-5}, 6+\sqrt{-5}$.

5. 设 D 是有单位元的整环,$p \in D^* \backslash U(D)$.证明 p 是素元的充要条件是 $D/(p)$ 是整环.

6. 设 $\alpha = a+bi \in \mathbb{Z}[i]$ 且 $v(\alpha) = a^2+b^2$ 为素数,则 α 是 $\mathbb{Z}[i]$ 中的既约元.

3.5　惟一分解整环

本节主要讨论环中一个元素能否惟一地分解为既约元之积的问题.这与方程求解问题关系密切.

1. 惟一分解整环及其性质

定义 3.5.1　设 D 是一个有单位元的整环,若对任何一个 $a \in D^* \backslash U(D)$ 有

(1) a 可分解为有限个既约元之积:
$$a = p_1 p_2 \cdots p_s,$$
其中 $p_i (i=1,2,\cdots,s)$ 为既约元.

(2) 若 $a = p_1 p_2 \cdots p_s = q_1 q_2 \cdots q_t$,其中 $p_i (1 \leqslant i \leqslant s), q_j (1 \leqslant j \leqslant t)$ 均为既约元,则 $s=t$,且适当调换次序后可使 $p_i \sim q_i (i=1,2,\cdots,s)$,则称 D 是**惟一分解整环**(uniguely factorial domain).

惟一分解整环有以下重要性质.

定理 3.5.1　设 D 是惟一分解整环,则 D 中任何两个(不全为 0)元素均有最大公因子,因而 D 中每一个既约元也是素元.

证明　设 a,b 是 D 中任意两个非零元素,则 a 和 b 可惟一分解为不可约因子之积:

$$a = up_1^{k_1} p_2^{k_2} \cdots p_s^{k_s},$$
$$b = vp_1^{l_1} p_2^{l_2} \cdots p_s^{l_s},$$

其中 $p_1 p_2 \cdots p_s$ 为互不相伴的既约元, k_i, l_i 为不小于 0 的整数, $u, v \in U(D)$. 取

$$e_i = \min(k_i, l_i) \quad (i = 1, 2, \cdots, s),$$
$$d = p_1^{e_1} p_2^{e_2} \cdots p_s^{e_s},$$

显然有 $d \mid a, d \mid b$. 若有 d' 也满足 $d' \mid a, d' \mid b$, 则 $a = cd'$. 由 a 的分解式的惟一性可知

$$d' = wp_1^{\varepsilon_1} p_2^{\varepsilon_2} \cdots p_s^{\varepsilon_s}, \quad 且 \quad 0 \leqslant \varepsilon_i \leqslant k_i, w \in U.$$

同理可证 $\varepsilon_i \leqslant l_i$.

所以 $d' \mid d$, 故 d 是 a 和 b 的最大公因子. 由定理 3.4.2 可得 D 中任一既约元也是素元. □

那么, 一个环满足什么条件才是惟一分解整环呢? 有以下定理.

定理 3.5.2 设 D 是有单位元的整环, 则以下命题等价:

(1) D 是惟一分解整环.

(2) D 满足下列两个条件:

条件 I D 中的任何真因子序列 $a_1, a_2, \cdots, a_i, \cdots$ (其中 a_{i+1} 是 a_i 的真因子) 只能含有有限项.

条件 II D 中任何两元素均有最大公因子.

(3) D 满足下列两个条件:

条件 I   同 (2) 中的条件 I.

条件 II D 中每一既约元都是素元.

证明 (1)$\Rightarrow$(2): 由于 D 是惟一分解整环, a_1 只能分解为有限个既约元之积, 即 a_1 的真因子个数是有限的. 因而真因子序列只有有限项, 条件 I 满足, 由定理 3.5.1 可知条件 II 也满足.

(2)$\Rightarrow$(3) 由定理 3.5.1 可得.

(3)$\Rightarrow$(1): 设 a 是 $D^* \backslash U$ 中任一元素, 首先证明 a 可分解为有限个既约元之积. 若 a 是既约元, 则得证. 否则 a 可表示为 $a = p_1 a_1$, 其中 p_1 为既约元. 再对 a_1 作同样的分析, 可得 a_1 或是既约元, 或 $a_1 = p_2 a_2$, 其中 p_2 为既约元, 如此下去, 可得真因子序列 $a, a_1, a_2, \cdots$.

由条件 I 知真因子序列必终止于有限项, 设 $a_s = p_{s+1}$ 是既约元, 则

$$a = p_1 p_2 \cdots p_s p_{s+1}.$$

再证分解式的惟一性: 设 $a = p_1 p_2 \cdots p_s = q_1 q_2 \cdots q_t$.

对 s 作归纳法.

$s=1$ 时 $a=p_1$ 为既约元,不可能再分解为两个以上的既约元的乘积,故 $t=1,a=p_1=q_1$.

假设结论对 $s-1$ 成立.

当 $a=p_1p_2\cdots p_s=q_1q_2\cdots q_t$ 时,$p_1\mid q_1q_2\cdots q_t$,由于 p_1 是素元,故必有某个 q_k 使 $p_1\mid q_k$,由于 q_i 的次序可任意排列,不妨设 $p_1\mid q_1$,于是有 $q_1=up_1$,又由于 q_1 也是既约元,必有 $u\in U$,即 $p_1\sim q_1$,将 $q_1=up_1$ 代入 a 的两个分解式的第二个中,并消去 p_1 得 $a'=p_2p_3\cdots p_s=(uq_2)q_3\cdots q_t$,由归纳假设,得 $s=t$,并适当排列次序后可得 $p_i\sim q_i(i=2,3,\cdots,s)$.

故此结论对任何正整数 s 均成立. $\square$

例如,由高等代数知识知整数环 $\mathbf{Z}$ 和数域 F 上的多项式环均满足定理 3.5.2 中命题(2)的条件 Ⅰ,Ⅱ,因而都是惟一分解整环,而且满足:每一既约元都是素元.

环 $\mathbf{Z}[\sqrt{-5}]$ 不满足命题(2)条件 Ⅱ,因而它不是惟一分解整环.

利用域上的多项式环 $F[x]$ 是惟一分解整环,可证明以下定理.

定理 3.5.3 域的乘群的任何有限子群是循环群.

在证明之前先分析一下证明思路.由于研究的是域中的有限可换群,因而一是要利用有限可换群的性质,二是要利用域的性质.

证明 设 G 是域 F 的乘群的有限子群.

首先可利用有限可换群的不变因子定理(定理 2.11.4),有正整数 m 及 $c\in G$,使 $o(c)=m$,且 $\forall a\in G$ 有 $a^m=1$,该正整数 m 就是 $|G|$ 的不变因子组中的最大整数.该论断也可不用不变因子定理单独证明,这里留作习题.

其次利用 $F[x]$ 的惟一分解性,可知多项式 $f(x)=x^m-1$ 在 F 上最多有 m 个根.而 G 中元素都是 $f(x)$ 的根,故 $|G|\leqslant m$;又由 $\langle c\rangle\leqslant G$,得 $|G|\geqslant m$,所以 $|G|=m$ 及 $G=\langle c\rangle$. $\square$

此定理在第 4 章域论中要用到.

下面讨论两类最重要的惟一分解整环:主理想整环和欧氏整环.

2. 主理想整环

环中由一个元素生成的理想称为**主理想**(principal ideal).如果在一个有单位元的整环中每一个理想都是主理想,则此环称为**主理想整环**(principal ideal domain).

定理 3.5.4 主理想整环是惟一分解整环的.

证明 设 D 是主理想整环,$a\in D^*\backslash U(D)$.

首先证明 a 的任何真因子链是有限的.用反证法.设有一个无限的真因

子链
$$a(=a_0),a_1,a_2,\cdots,$$
其中 a_{i+1} 是 a_i 的真因子,则对应一个真理想序列
$$(a) \subset (a_1) \subset (a_2) \subset \cdots.$$

令
$$A = \bigcup_{i \geqslant 0}^{\infty} (a_i),$$
显然 A 也是 D 的一个理想,由于 D 是主理想整环,存在元素 $r \in D$ 使 $A = (r)$. 由 $r \in A$ 可设 $r \in (a_k)$,则 $a_k \mid r$. 又因 $a_k \in A = (r)$,得 $r \mid a_k$. 故 $r \sim a_k$. 类似可得 $a_{k+1} \sim r$. 于是有 $a_{k+1} \sim a_k$,这与 a_{k+1} 是 a_k 的真因子矛盾.

其次证明 D 中任何两个元 a,b 有最大公因子. 令
$$I = \{xa + yb \mid x,y \in D\},$$
I 是由 a 和 b 生成的理想,由 D 是主理想整环,可知存在元素 $d \in D$ 使 $I = (d)$,则存在 $r,s \in D$ 使 $d = ra + sb$. 因为 $(a) \subseteq (d)$,$(b) \subseteq (d)$,所以 $d \mid a, d \mid b$. 又若有 d' 满足 $d' \mid a$ 和 $d' \mid b$,则 $d' \mid (ra + sb) = d$,所以 d 是 a 和 b 的最大公因子.

综上所述,由定理 3.5.2 知 D 是惟一分解整环. □
由以上的证明过程可得以下推论.

推论 3.5.1 设 D 是主理想整环,$a,b \in D$,d 是 a,b 的最大公因子,则存在 $p,q \in D$ 使
$$pa + qb = d.$$
可见最大公因子定理在主理想整环中成立.

推论 3.5.2 设 D 是主理想整环,p 是既约元,则 $D/(p)$ 是域.

证明 因 p 是既约元,$p \nmid 1, 1 \notin (p)$,故 $D/(p) \neq 0$. 又对任何 $\bar{a}(\neq 0) \in D/(p)$,$(a,p) \sim 1$,由推论 3.5.1 知存在 $r,s \in D$ 使 $ra + sp = 1$,则得到 $\overline{ra} = \bar{1}$,所以 $\bar{a}$ 可逆,因而 $D/(p)^*$ 对乘法构成群. 所以 $D/(p)$ 是域. □
该推论的证明也可利用定理 3.2.1.

例 3.5.1 环 $(\mathbb{Z}, +, \cdot)$ 是否为主理想整环?

解 设 A 是 $\mathbb{Z}$ 的任一理想,由于 A 是 $\mathbb{Z}$ 的子加群,而 $\mathbb{Z}$ 中的子加群都是循环群,所以存在 $n \in \mathbb{Z}$ 使 $A = (n)$. 即 A 是主理想,所以 $\mathbb{Z}$ 是主理想整环.

例 3.5.2 设 F 是数域,$F[x]$ 是否为主理想整环?

解 设 H 是 $F[x]$ 的任一理想,$H \neq \{0\}$,令
$$A = \{\deg(f(x)) \mid f(x) \in H^*\},$$
其中 H^* 指 H 中的非零多项式集合. 因为 $\deg(f(x)) \geqslant 0$,A 是非负整数集的一个子集,由正整数集的良序性,A 有最小元. 设 m 是 A 的最小元,$q(x) \in H$ 且 $\deg(q(x)) = m$,由带余除法可得对任何 $g(x) \in H$ 有

$$g(x) = p(x)q(x) + r(x),$$

其中 $r(x)=0$ 或 $\deg(r(x)) < m$. 但因 $r(x)=g(x)-p(x)q(x) \in H$, 如若 $r(x) \neq 0$, 与 m 的最小性矛盾, 故有

$$g(x) = p(x)q(x),$$

所以 $H=(q(x))$, $F[x]$ 是主理想整环.

由例 3.5.2 可得, 任意域 F 上的多项式环 $F[x]$ 是主理想整环.

3. 欧氏整环

定义 3.5.2 设 D 是一个有单位元的整环, 若存在一个 D^* 到正整数集合的映射 v 满足对任何 $a \in D^*$, $b \in D$ 均有 $q, r \in D$ 使

$$b = qa + r,$$

其中 $r=0$ 或 $v(r) < v(a)$, 则称 D 是一个**欧氏整环** (Euclidean domain). $v(a)$ 称为 a 的范数.

欧氏整环就是能进行某种意义下的带余除法的环. 带余除法又称欧几里得除法. 整数环 $\mathbb{Z}$ 和域上的多项式环内都可进行带余除法, 下面证明它们都是欧氏整环.

在 $\mathbb{Z}$ 中只要定义 $v(a)=|a|$, $\forall a \in \mathbb{Z}$, 则对任何 $b \in \mathbb{Z}$, $a \in \mathbb{Z}^*$ 都有 $q, r \in \mathbb{Z}$ 使

$$b = qa + r,$$

其中 $r=0$ 或 $|r|<|a|$, 即 $v(r)<v(a)$, 所以 $\mathbb{Z}$ 是欧氏整环.

与 1.4 节中整数的带余除法略有不同, 在带余除法中 r 是非负整数, 是惟一确定的.

在数域 F 上的多项式环 $F[x]$ 中定义 $v(f(x))=\deg(f(x))+1$, 即可证明 $F[x]$ 是欧氏整环, 且可推广到任何域 F 上的多项式环 $F[x]$.

在 $F[x]$ 中也可定义 $v(f(x))=2^{\deg(f(x))}$, 除了满足欧氏整环的条件外, 还满足 $v(f(x)g(x))=v(f(x))v(g(x))$.

欧氏整环有以下性质.

定理 3.5.5 欧氏整环是主理想整环, 因而是惟一分解整环.

证明 设 D 是欧氏整环, A 是 D 中任一理想, 若 $A=0=(0)$, 是主理想, 若 $A \neq 0$, 令

$$I = \{v(x) \mid x \in A^*\},$$

其中 v 是欧氏整环的范数. I 非空且是自然数集的子集, 由自然数集的良序性知, I 有最小元, 设此最小元为 m 且 $v(a)=m$. 由欧氏整环的定义知, 对任何 $b \in D$ 都存在 $q, r \in D$ 使

$$b = aq + r,$$

其中 $r=0$ 或 $v(r)<v(a)$. 但因 $r=b-qa\in A$, 由 $v(a)$ 的最小性, 必有 $r=0$, 所以 $b=qa\in(a)$, 故 $A=(a)$ 是主理想, 因而是主理想整环, 由定理 3.5.3, D 是惟一分解整环.   □

例 3.5.3 证明 Gauss 整数环是欧氏整环.

证明 定义 $v(a+bi)=a^2+b^2$, $\forall a+bi\in\mathbb{Z}[i]^*$. 任取 $\alpha=a+bi\in\mathbb{Z}[i]^*$, $\beta=c+di\in\mathbb{Z}[i]$, 下面来找 $q,r\in\mathbb{Z}[i]$ 使

$$\beta = q\alpha + r,$$

其中 $r=0$ 或 $v(r)<v(\alpha)$.

令 $q=u+wi$, 则

$$r= \beta - q\alpha = c+di-(u+wi)(a+bi)$$

$$= (a+bi)\left[\left(\frac{ac+bd}{a^2+b^2}-u\right)+\left(\frac{ad-bc}{a^2+b^2}-w\right)i\right],$$

总可选择适当的整数 u 与 w, 使 $r=0$ 或

$$\left|\frac{ac+bd}{a^2+b^2}-u\right|\leqslant\frac{1}{2},$$

$$\left|\frac{ad-bc}{a^2+b^2}-w\right|\leqslant\frac{1}{2}.$$

利用复数性质可得 $v(\alpha_1\alpha_2)=v(\alpha_1)v(\alpha_2)$, 于是

$$v(r)\leqslant v(a+bi)\left[\left(\frac{1}{2}\right)^2+\left(\frac{1}{2}\right)^2\right]<v(a+bi),$$

即存在 $q,r\in\mathbb{Z}[i]$ 使

$$\beta = q\alpha + r,$$

其中 $r=0$ 或 $v(r)<v(\alpha)$, 所以 $\mathbb{Z}[i]$ 是欧氏整环.

例 3.5.3 的证明方法具有典型性.

习题 3.5

1. 利用定理 3.5.2 证明域 F 上的多项式环 $F[x]$ 是惟一分解整环.

2. 证明 $\mathbb{Z}[\sqrt{-5}]$ 满足定理 3.5.2 中的条件 I.

3. 证明 $\mathbb{Z}[\sqrt{10}]$ 不是惟一分解整环.

4. 证明在惟一分解整环中 $ab\sim(a,b)[a,b]$.

5. 下列环是否是欧氏整环, 并证明之:

(1) $\mathbb{Z}[\sqrt{2}]=\{a+b\sqrt{2}\,|\,a,b\in\mathbb{Z}\}$.

(2) $\mathbb{Z}[\sqrt{-2}]=\{a+b\sqrt{-2}\,|\,a,b\in\mathbb{Z}\}$.

(3) $\mathbb{Z}[\sqrt{-3}] = \{a+b\sqrt{-3} \mid a,b \in \mathbb{Z}\}$.

(4) $D = \left\{ a+b\sqrt{-3} \mid a,b \text{ 同时为整数或同时为奇数的} \dfrac{1}{2} \right\}$.

*6. p 是大于 2 的素数, $a \not\equiv 0 \pmod p$, 则 $x^2 \equiv a \pmod p$ 在 $\mathbb{Z}$ 中有解的充要条件是 $a^{\frac{p-1}{2}} \equiv 1 \pmod p$, 并由此证明当 p 是形如 $4n+1 (n \in \mathbb{Z}^+)$ 的素数时, p 不是 $\mathbb{Z}[i]$ 中的素元.

*7. 设 p 是素数, 则 p 是 $\mathbb{Z}[i]$ 中的既约元的充要条件是 $p \equiv 3 \pmod 4$.

3.6　多项式分解问题

虽然我们已经知道了不少类型的环是惟一分解整环, 但仍不能判断 $\mathbb{Z}[x]$ 是否是惟一分解整环. 因为 $\mathbb{Z}[x]$ 不是主理想整环, 不难找出一个理想不是主理想, 例如由 2 和 x 生成的理想 $(2,x)$ 就不是主理想, 留作习题请读者自己加以证明. 本节要解决像 $\mathbb{Z}[x]$ 这样一类环是否是惟一分解整环的问题, 并讨论如何判断一个多项式是否可约.

1. 本原多项式及其性质

设 D 是惟一分解整环, $D[x]$ 是 D 上的多项式环. 显然 $D \subset D[x]$, $U(D[x]) = U(D)$, $D[x]$ 也是整环.

定义 3.6.1 设 $\varphi(x) = a_0 + a_1 x + \cdots + a_n x^n \in D[x]$ 且 $\varphi(x) \neq 0$, 若 $(a_0, a_1, a_2, \cdots, a_n) \sim 1$, 则称 $\varphi(x)$ 是**本原多项式** (primitive polynomial).

本原多项式有以下性质:

(1) 与本原多项式相伴的多项式也是本原的.

设 $\varphi(x)$ 是本原多项式, $f(x) \in D[x]$, $f(x) \sim \varphi(x)$, 则 $f(x) = u\varphi(x)$, $u \in U$. 设 $f(x) = b_0 + b_1 x + \cdots + b_n x^n$, $\varphi(x) = a_0 + a_1 x + \cdots + a_n x^n$, 则 $b_i = ua_i (i = 0, 1, \cdots, n)$.

所以 $(b_0, b_1, \cdots, b_n) \sim (a_0, a_1, \cdots, a_n) \sim 1$.

(2) 任何一个非零多项式总可表示为一个本原多项式与 D 中一个元素之积, 且这种表示法除差一个可逆元因子外是惟一的.

设 $f(x) = a_0 + a_1 x + \cdots + a_n x^n \in D[x]^*$, 若 $(a_0, a_1, \cdots, a_n) \sim d$, 则可令 $a_i = db_i (i = 0, 1, \cdots, n)$, $\varphi(x) = b_0 + b_1 x + \cdots + b_n x^n$, 得 $f(x) = d\varphi(x)$, $\varphi(x)$ 是本原多项式.

若 $f(x) = d_1\varphi_1(x) = d_2\varphi_2(x)$, $\varphi_1(x), \varphi_2(x)$ 都是本原的, 因而有 $d_1 \sim (a_0, a_1, \cdots, a_n) \sim d_2$.

可令 $d_1 = ud_2, u \in U$, 于是得 $ud_2\varphi_1(x) = d_2\varphi_2(x)$, 即 $u\varphi_1(x) = \varphi_2(x)$.

(3) **Gauss 引理** 两个本原多项式之积仍为本原多项式.

证明 用反证法.

设 $\varphi_1(x), \varphi_2(x)$ 是两个本原多项式, 而 $f(x) = \varphi_1(x)\varphi_2(x)$ 不是本原多项式, 则 D 中存在一个既约元 p (也是素元) 使 $p \mid f(x)$. 由于 $D[x]$ 是整环, 根据习题 3.4 第 5 题, 可知 $D[x]/(p) = \overline{D}[x]$ 也是整环. 因为 $p \nmid \varphi_1(x)$, $p \nmid \varphi_2(x)$, 得 $\overline{\varphi_1}(x) \neq \overline{0}, \overline{\varphi_2}(x) \neq \overline{0}$, 由 $p \mid f(x)$ 得 $\overline{f}(x) = \overline{0}$, 于是有 $\overline{\varphi_1}(x)\ \overline{\varphi_2}(x) = \overline{f}(x) = \overline{0}$, 这与 $\overline{D[x]}$ 是整环矛盾.   □

设 D 的分式域是 P, 它与 $D[x]$ 有以下性质:

(1) 设 D 是惟一分解整环, P 是 D 的分式域, $f(x) \in P[x]^*$, 则 $f(x)$ 可表示为

$$f(x) = r\varphi(x),$$

其中 $\varphi(x) \in D[x]$ 是本原多项式, $r \in P$.

此性质很容易利用分式域元素的表达形式证明.

(2) 设 $f(x) \in D[x]$, 且 $\deg(f(x)) > 0$, 若 $f(x)$ 在 $D[x]$ 中不可约, 则 $f(x)$ 在 $P[x]$ 中也不可约.

利用性质 (1) 很易证明性质 (2).

2. $D[x]$ 的分解性质

定理 3.6.1 设 D 是惟一分解整环, 则 $D[x]$ 也是惟一分解整环.

证明 设 $f(x) \in D[x]$. 我们按惟一分解整环的定义来证明此定理.

首先证明 $f(x)$ 可表示为有限个既约元之积. 设 $f(x) = d\varphi(x), \varphi(x)$ 是本原多项式, 由 D 的惟一分解性知, d 可分解为有限个既约元之积: $d = p_1 p_2 \cdots p_s$. 设 D 的分式域为 P, 则 $\varphi(x)$ 也可看作是 $P[x]$ 中的多项式, 由 $P[x]$ 的惟一分解性得, $\varphi(x)$ 可在 $P[x]$ 中分解为有限个不可约多项式之积: $\varphi(x) = g_1(x) \cdots g_t(x)$, 每一个 $g_i(x)$ 又可表示为 $g_i(x) = \dfrac{d_i}{c_i} q_i(x)$, 其中 $q_i(x) \in D[x]$ 是本原多项式且不可约. 因而可得

$$c\varphi(x) = eq_1(x) \cdots q_t(x), \quad c, e \in D.$$

因为 $q_1(x) \cdots q_t(x)$ 也是本原多项式, 由一个多项式表示为本原多项式的惟一性 (本原多项式性质 (2)), 得 $\varphi(x) \sim q_1(x) \cdots q_t(x)$. 因而得到

$$f(x) = p_1 p_2 \cdots p_s u q_1(x) q_2(x) \cdots q_t(x),$$

其中 $u \in U, p_i, q_i(x)$ 都是 $D[x]$ 中的既约元.

其次证明这种表示的惟一性. 设 $f(x)$ 有两种既约因子表示式:

$$f(x) = p_1 \cdots p_s q_1(x) \cdots q_t(x)$$
$$= r_1 \cdots r_k u_1(x) \cdots u_l(x),$$

由于 $q_1(x) \cdots q_t(x)$ 与 $u_1(x) \cdots u_l(x)$ 都是本原多项式, 由 $f(x)$ 表示为本原多项式的惟一性得

$$\psi(x) = q_1(x) \cdots q_t(x) = \alpha u_1(x) \cdots u_l(x),$$

其中 $\alpha \in U$, 又因 $\psi(x) \in P[x]$, 由 $P[x]$ 的惟一分解性, 得 $t = l, q_i(x) \sim u_i(x)$.

将 $\psi(x)$ 代入 $f(x)$ 中, 得

$$h = p_1 p_2 \cdots p_s \cdot \alpha = r_1 r_2 \cdots r_k.$$

由于 $h \in D, D$ 是惟一分解的, 所以 $s = k$, 适当调整次序后有 $p_i \sim r_i$. □

由此定理立即可解决本节开始提出的 $\mathbb{Z}[x]$ 是否是惟一分解整环的问题. 由于 $\mathbb{Z}$ 是惟一分解的环, 所以 $\mathbb{Z}[x]$ 也是惟一分解整环. 由此还可证明数域 F 上的多元多项式环 $F[x_1, x_2, \cdots, x_n]$ 也是惟一分解的, 这是因为 $F[x_1]$ 是惟一分解的, 因而 $(F[x_1])[x_2] = F[x_1, x_2]$ 也是惟一分解的, 依次类推, 得 $F[x_1, x_2, \cdots, x_n]$ 是惟一分解的.

设 D 是惟一分解整环, P 是 D 的分式域, 由定理 3.6.1 知 $D[x]$ 也是惟一分解的, $P[x]$ 显然也是惟一分解的, 现在讨论两者在多项式分解方面的性质.

定理 3.6.2 设 D 是惟一分解整环, P 是 D 的分式域, $f(x) \in D[x]$, $\deg f(x) \geq 1$, 是本原多项式, 则

$$f(x) \text{ 在 } D[x] \text{ 中可约} \Leftrightarrow f(x) \text{ 在 } P[x] \text{ 中可约}.$$

证明 $\Rightarrow$: 因为 $D[x] \subseteq P[x]$, 若 $f(x) = g(x)h(x), \deg g(x) \geq 1$, $\deg h(x) \geq 1$, 则 $g(x), h(x) \in P[x]$, 所以 $f(x)$ 在 $P[x]$ 中也可约.

$\Leftarrow$: 设 $f(x)$ 在 $P[x]$ 中可约, 要证 $f(x)$ 在 $D[x]$ 中也可约.

设 $f(x) = g(x)h(x), g(x), h(x) \in P[x], \deg g(x) \geq 1, \deg h(x) \geq 1$, 将 $g(x), h(x)$ 经过 "通分" 运算, 可得 $f(x)$ 为

$$f(x) = \frac{b}{a} g_1(x) h_1(x),$$

其中 $a, b \in D, g_1(x), h_1(x) \in D[x]$ 且是本原多项式. 由 Gauss 引理得, $g_1(x)h_1(x)$ 是本原多项式. 又由本原多项式性质 (2) 可知, 一个本原多项式的表示法除差一个可逆元因子外是惟一的, 故 $\frac{b}{a} = u \sim 1$, 即

$$f(x) = u g_1(x) h_1(x),$$

$u g_1(x), h_1(x) \in D[x]$, 所以 $f(x)$ 在 $D[x]$ 中也可约. □

定理 3.6.2 说明了 $f(x) \in D[x]$ 的可约性与在 $P[x]$ 中的可约性是等价的.

3. 多项式的可约性判断

首先给出多项式的根与系数的关系.

定理 3.6.3 设 D 是惟一分解整环, P 是 D 的分式域, $f(x) = \sum_{i=0}^{n} a_i x^i$ $\in D[x]$, 若 $\frac{s}{r} \in P, (r,s) \sim 1$, 是 $f(x)$ 在 P 上的一个根, 则

$$r \mid a_n, \quad s \mid a_0.$$

证明 只需将根 s/r 代入多项式即可证明.

$$f\left(\frac{s}{r}\right) = a_n \left(\frac{s}{r}\right)^n + a_{n-1} \left(\frac{s}{r}\right)^{n-1} + \cdots + a_1 \left(\frac{s}{r}\right) + a_0 = 0,$$

由此得

$$a_n s^n + a_{n-1} s^{n-1} r + \cdots + a_1 s r^{n-1} + a_0 r^n = 0.$$

由于 $(r,s) = 1$, 立即可得

$$r \mid a_n, \quad s \mid a_0. \qquad \square$$

一个多项式 $f(x) \in D[x]$ 如果在 P 上有根, 则 $f(x)$ 在 $P[x]$ 中可约, 由定理 3.6.2 知在 $D[x]$ 中也可约. 但这只能说明多项式 $f(x)$ 在 $P[x]$ 中是否可分解为一个一次因式与 $n-1$ 次因式之积. 对于 $n \geqslant 4$ 的多项式, 可分解为两个次数不小于 2 的多项式之积, 因而没有根并不能说明 $f(x)$ 不可约. 下面著名的 Eisenstein 定理就可用来判断次数不小于 4 的多项式是否可约. 在高等代数中只对 $\mathbb{Z}[x]$ 和 $\mathbb{Q}[x]$ 给出此定理, 现在可以给出更一般的形式.

定理 3.6.4（Eisenstein 定理） 设 D 是惟一分解整环, $f(x) = \sum_{i=0}^{n} a_i x^i \in D[x]$ 是本原多项式且 $\deg f(x) \geqslant 1$, 若有 D 中的不可约元（也是素元）p 满足

(1) $p \mid a_i (i = 0,1,2,\cdots,n-1)$ 但 $p \nmid a_n$;

(2) $p^2 \nmid a_0$.

则 $f(x)$ 在 $D[x]$ 中不可约, 也在 $P[x]$ 中不可约, 其中 P 是 D 的分式域.

证明 用反证法.

假设 $f(x)$ 在 $D[x]$ 中可约, 并设 $f(x) = g(x)h(x), g(x), h(x) \in D[x]$, 且

$$g(x) = \sum_{i=0}^{r} b_i x^i, \quad b_r \neq 0,$$

$$h(x) = \sum_{i=0}^{s} c_i x^i, \quad c_s \neq 0,$$

则有 $g(x)$ 与 $h(x)$ 都是本原多项式,且

$$a_0 = b_0 c_0, \quad a_n = b_r c_s, \quad n = r + s.$$

因为 $p \mid a_0, p^2 \nmid a_0$,所以不妨设 $p \mid b_0, p \nmid c_0$. 又因为 $p \nmid a_n$,所以必有 $p \nmid b_r, p \nmid c_s$. 于是存在 $k: 1 \leqslant k \leqslant r \leqslant n-1$,使

$$p \mid b_0, \quad \cdots, \quad p \mid b_{k-1}, \quad p \nmid b_k.$$

现在来看系数 a_k:

$$a_k = b_k c_0 + b_{k-1} c_1 + \cdots,$$

由已知条件 $p \mid a_k$ 得 $p \mid b_k c_0$,这与 $p \nmid b_k$ 且 $p \nmid c_0$ 矛盾.

所以 $f(x)$ 在 $D[x]$ 中不可约,由定理 3.6.2 知 $f(x)$ 在 $P[x]$ 中也不可约.

$\square$

下面举例说明如何用这些定理来判断一个多项式是否可约.

例 3.6.1 设 $f(x) = 3x^3 - x + 1$,判断 $f(x)$ 在 $\mathbb{Z}[x]$ 中是否可约.

解 这是一个 3 次多项式,若 $f(x)$ 可约,则 $f(x)$ 必能分解为一个一次因式与一个二次因式之积,因而必有一个有理根,于是可利用定理 3.6.3,用试根法来求解.

把系数 a_n, a_0 分解因子,然后用 a_n 的因子做分母,a_0 的因子做分子所得的元素代入 $f(x)$,由此可以判断 $f(x)$ 是否可约.

本例中 $a_n = 3$,它的因子有 $\pm 1, \pm 3, a_0 = 1$,它的因子有 ± 1,所以 $f(x)$ 的有理根只可能为 $\pm 1, \pm \frac{1}{3}$,分别代入 $f(x)$ 检验,可知都不是 $f(x)$ 的根,所以 $f(x)$ 无有理根,因而 $f(x)$ 在 $\mathbb{Z}[x]$ 中不可约.

例 3.6.2 设 $f(x) = x^5 - 5x + 1$,判断 $f(x)$ 在 $\mathbb{Z}[x]$ 中是否可约.

解 用试根法不能决定 $f(x)$ 是否可约. 直接用 Eisenstein 定理也无法找到 p,这时我们可以把 $f(x)$ 作一个变形然后利用以下推论.

推论 3.6.1 设 D 是惟一分解整环,$f(x) \in D[x]$,则

$$f(x) \text{ 在 } D[x] \text{ 中可约} \Leftrightarrow f(x+1) \text{ 在 } D[x] \text{ 中可约}.$$

请读者自己完成推论 3.6.1 的证明,用函数的变量置换很容易证明.

再回到例 3.6.2,考虑

$$f(x-1) = x^5 - 5x^4 + 10x^3 - 10x^2 + 5,$$

取 $p = 5$,由 Eisenstein 定理知 $f(x-1)$ 在 $\mathbb{Z}[x]$ 中不可约,所以 $f(x)$ 在 $\mathbb{Z}[x]$ 中也不可约.

例 3.6.3 设 p 为素数,$\Phi(x) = x^{p-1} + x^{p-2} + \cdots + x + 1$,判断 $\Phi(x)$ 在 $\mathbb{Z}$ 上是否可约.

解 $\Phi(x)$ 可表示为

$$\Phi(x) = \frac{x^p - 1}{x - 1},$$

$$\Phi(x+1) = x^{p-1} + \binom{p}{1}x^{p-2} + \cdots + \binom{p}{k}x^{p-k-1}$$

$$+ \cdots + \binom{p}{p-1},$$

因为 $p \left| \binom{p}{k} \right. (1 \leqslant k \leqslant p-1)$（为什么），所以由 Eisenstein 定理知 $\Phi(x)$ 在 $\mathbb{Z}[x]$ 中不可约.

习题 3.6

1. 证明 $\mathbb{Z}[x]$ 不是主理想整环.

2. 设 D 是惟一分解整环，P 是 D 的分式域，证明：

(1) $f(x) \in P[x]$，则 $f(x)$ 可表示为 $f(x) = r\varphi(x)$，其中 $r \in P, \varphi(x)$ 是 $D[x]$ 上的本原多项式.

(2) $f(x) \in D[x]$，若 $f(x)$ 在 $D[x]$ 上不可约，则 $f(x)$ 在 $P[x]$ 上也不可约.

(3) $f(x) \in D[x]$ 是首 1 多项式（首项系数为 1 的多项式），若 $g(x)$ 是 $f(x)$ 在 $P[x]$ 中的首 1 多项式因式，则 $g(x) \in D[x]$.

3. 若 D 是有单位元的整环但不是域，则 $D[x]$ 不是主理想整环.

4. 判断下列多项式在 $\mathbb{Q}[x]$ 上是否可约：

(1) $x^4 + 1$；

(2) $x^p + px + 1, p$ 为素数；

(3) $x^5 + x^3 + 3x^2 - x + 1$.

5. 写出 $\mathbb{Z}_3[x]$ 中全部次数不大于 3 的首 1 不可约多项式.

3.7 应 用 举 例

1. 编码问题

数字通信在现代科学技术中起着十分重要的作用，在许多场合下希望传递的数字不出任何误差，例如地面与空间运载工具之间的通信，哪怕是一位数字误差都可能出大事故.在计算机之间的数字传递，也希望没有任何误差，我们都有这样的经验：在输入程序时，哪怕是错一个标点，这个程序便运转不起来或出错.然而另一方面由于设备、天气、操作等方面的原因，在传送信息过程中难免出现误差，如何解决这一矛盾呢？

　　解决这一问题的第一个方法是设法判断所接收到的信息是否有错误,如有错误要求发送者重发这一信息,为了便于接收者检验错误,可对原信息进行适当的加工.为了说明这个问题我们要引进一些概念.

　　设用一个 k 位的二进制数码表示一个信息,称为一个 k 位信息码,对每个信息码附加 $n-k$ 位用于检错的数字构成一个 n 位数码,称为一个码词.这种码称为 (n,k)-码.由信息码得到码词的过程称为**编码**(encoding).接收者收到码词经过检错后取出信息,此过程称为**译码**(decoding).

　　最简单的检错码是奇偶性检错码,例如我们要发送两位二进制的信息码,可在第一个信息码上加一位检验数字使各位数之和是偶数:

信息码		检验数字
0	0	0
0	1	1
1	0	1
1	1	0

每个码词由三位数字组成,当接收者收到码词后,首先检验各位数字之和是否是偶数,若和为奇数,则此信息必有错,应重发.

　　第二种方法是设计一种所谓"纠错码",使接收者能按一定规则纠正收到的信息中可能出现的错误,最简单的纠错码是重复码,在发送时将每一位数字重复 3 遍以上,例如:

信息码	码词
0	0 0 0
1	1 1 1

接收者收到码词后只需检查三位数字是否相同,如果是两个 0 一个 1,则认为这一信息是 0,反之,两个 1 一个 0,则认为这一信息是 1.用重复码所需发送的码词的长度至少是信息码的三倍.

　　编码问题就是要设计更加有效而可靠的检错码或纠错码.已有很多编码方法,用群论方法得到的编码称为群码.下面我们只简略介绍一种多项式编码.

2. 多项式编码方法及其实现

　　设信息码的长度为 k,码词长度为 n,我们要设计一种 (n,k)-码.

　　设要传送的信息码为

$$b_0 b_1 b_2 \cdots b_{k-1},$$

令
$$m(x) = b_0 + b_1 x + b_2 x^2 + \cdots + b_{k-1} x^{k-1} \in Z_2[x],$$
称为信息码多项式.

又设码词为
$$a_0 a_1 a_2 \cdots a_{n-1},$$
令
$$v(x) = a_0 + a_1 x + a_2 x^2 + \cdots + a_{n-1} x^{n-1} \in Z_2[x],$$
称为码词多项式.

下面给出一种方法,将每一个信息码多项式按一定规则得到对应的码词多项式,从而把每一个信息码变为码词.

首先任选一个 $n-k$ 次多项式 $p(x) \in Z_2[x]$ 作为生成多项式. 设 $m(x)$ 是信息码多项式,用 $p(x)$ 除 $x^{n-k} m(x)$ 所得的余式为 $r(x)$,即
$$x^{n-k} m(x) = q(x) p(x) + r(x),$$
$r(x) = 0$,或 $\deg(r(x)) < n-k$.
然后令
$$v(x) = r(x) + x^{n-k} m(x),$$
则 $p(x) \big| v(x)$,$v(x)$ 就作为码词多项式,它的系数就是码词. 这样,把每一个信息码通过以上的多项式运算变为码词.其过程可用例子简述如下:

设我们要设计一种 $(7,3)$ 检错码.选定一个 $n-k=4$ 次多项式作为生成多项式,例如:

生成多项式 $p(x) = 1 + x^2 + x^3 + x^4$;
$$信息码 = 101;$$
$$信息码多项式 \ m(x) = 1 + x^2;$$
$$x^4 m(x) = x^4 + x^6;$$
$$r(x) = 1 + x;$$
$$码词多项式 \ v(x) = 1 + x + x^4 + x^6;$$
$$码词 = \underset{检验数字}{\underline{1100}} \quad \underset{信息}{\underline{101}}.$$

对每一个信息码都可作以上计算求得对应的码词. 接收者收到码词后,先写出收到的码词多项式 $u(x)$,然后检验 $p(x)$ 能否整除 $u(x)$,若 $p(x) \big| u(x)$,则此信息无错,否则信息有错.

例 3.7.1 设生成多项式 $p(x) = 1 + x^2 + x^3 + x^4$,检验以下两个码词是否有错?

(1) 1011011.

(2) 1100101.

解 只需作多项式除法：

$$
\begin{array}{r}
x^2+1 \\
x^4+x^3+x^2+1\overline{\smash{\big)}\,x^6+x^5\quad\;\;+x^3+x^2+1} \\
\underline{x^6+x^5+x^4\quad\;\;+x^2} \\
x^4+x^3\quad\;\;+1 \\
\underline{x^4+x^3+x^2+1} \\
x^2
\end{array}
$$

故码词(1)有错.类似可知码词(2)无错.

例 3.7.2 设生成多项式 $p(x)=1+x+x^3$，编出所有的(6,3)码.

解 用上述方法可求出所有的(6,3)-码如下表：

信　息	码　　词				
	检验数字			信息码	
0　0　0	0　0　0			0　0　0	
1　0　0	1　1　0			1　0　0	
0　1　0	0　1　1			0　1　0	
0　0　1	1　1　1			0　0　1	
1　1　0	1　0　1			1　1　0	
1　0　1	0　0　1			1　0　1	
0　1　1	1　0　0			0　1　1	
1　1　1	0　1　0			1　1　1	

需要指出的是，当收到的码词多项式 $u(x)$ 不能被 $p(x)$ 整除时，则此码词必有错.但若有 $p(x)\,|\,u(x)$，这时收到的码词并非一定无错，也有可能错误位数多而检查不了.例如在例 3.7.2 的(6,3)-码中，如在传送时同时产生三位误差，则可能由这一个码词变成另一个码词，但这种发生多位错误的概率很小.

读者可能会想，用这种编码方法所需的计算工作量和操作工作量会大大增加，实在太不方便了.幸运的是，可设计一种专门的线路，无需作任何多项式的运算，操作员发报时也只需打信息码就可以了，线路会自动转换成由 $p(x)$ 生成的码词.接收时也有专门线路自动检验是否有错.下面举例说明.

设 $p(x)=1+x+x^3$，可设计一个发送线路，编码线路如图 3.1 所示.其中⊕为模 2 加法器；X^i 为单位延时器——将输入的信息延迟一个单位时间再输出；OR 为或门，$0+0=0,0+1=1,1+1=1$.

操作步骤：

(1) 开关 K 接通 1，并打入信息码.

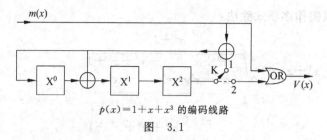

$p(x)=1+x+x^3$ 的编码线路

图 3.1

(2) 输完信息码后将 K 拨向 2.

对于此例,详细步骤如下表.

编 码 过 程

步骤	待输入的信息码	寄存器状态			输出的码词
		X^0	X^1	X^2	
0	0 1 1	0	0	0	0
1	0 1	1	1	0	1
2	0	1	0	1	1 1
3		1	0	0	0 1 1
4	K 倒向 2	0	1	0	0 0 1 1
5		0	0	1	0 0 0 1 1
6		0	0	0	1 0 0 0 1 1

检验数字   信息码

对于此例可设计一个接收时的检错线路如图 3.2 所示,设接收到的信息为 100110.

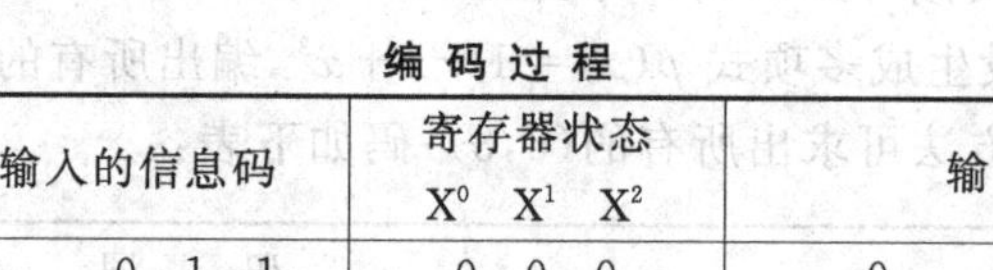

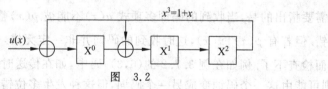

图 3.2

检错过程如下表.

步骤	接收到的等待检错的码词 $u(x)$	寄存器内容		
		X^0	X^1	X^2
0	1 0 0 1 1 0	0	0	0
1	1 0 0 1 1	0	0	0
2	1 0 0 1	1	0	0
3	1 0 0	1	1	0
4	1 0	0	1	1
5	1	1	1	1
6		0	0	1

由于最后信息接收完后寄存器内的数码不全为 0,故 $p(x)\nmid u(x)$,所以有错.

关于编码问题在这里只介绍一点最基本的概念,有兴趣的读者可参看有关专著.

习题 3.7

1. 写出由 $p(x)=1+x^2+x^3$ 生成的所有 $(6,3)$-码.

2. 检验下列接收到的信息是否有错,生成多项式为 $p(x)=1+x^2+x^3+x^4$.

(1) 10011011;

(2) 01110010;

(3) 10110101.

第 3 章小结

本章内容可分为四个方面.

1. 环的概念、分类与一些重要的例子

环 $(A,+,\cdot)$ 的定义:$(A,+)$ 是可换群,$(A,\cdot)$ 是半群,左右分配律成立.

典型的例子如下:

(1) **数环**:$(\mathbb{Z},+,\cdot)$,$(\mathbb{Q},+,\cdot)$,$(\mathbb{R},+,\cdot)$ 等.

(2) **整数模 n 的同余类环**:$(\mathbb{Z}_n,+,\cdot)$.

(3) **Gauss 整数环**:$\mathbb{Z}[\mathrm{i}]=\{a+b\mathrm{i}|a,b\in\mathbb{Z},\mathrm{i}=\sqrt{-1}\}$.

(4) **全矩阵环**:$(M_n(\mathbb{Z}),+,\cdot)$,$(M_n(\mathbb{Q}),+,\cdot)$ 等.

(5) **多项式环**:$(\mathbb{Z}[x],+,\cdot)$,$(\mathbb{Q}[x],+,\cdot)$ 等.

(6) **四元数除环**:不可换的无限环.

环的分类:

整环:$(A,+,\cdot)\neq\{0\}$,可换,无零因子.

除环:$(A,+,\cdot)$ 有 0 和 1,$(A^*,\cdot)$ 是群.

域:可换的除环.

有限域:元素个数有限的域.

惟一分解整环:主理想整环,欧氏整环,惟一分解整环上的多项式环.如 $(\mathbb{Z},+,\cdot)$,$(\mathbb{Z}[\mathrm{i}],+,\cdot)$,域上的多项式环 $(F[x],+,\cdot)$,$(\mathbb{Z}[x],+,\cdot)$ 等.

2. 环内元素、子环、理想与商环

零因子概念：$ab=0$ 且 $a\neq0$ 和 $b\neq0$.

零因子的性质：(1) 环内无零因子 $\Leftrightarrow$ 左、右乘法消去律成立. (2) 非零的有限的无左(右)零因子环是除环. (3) 有限的整环是域.

子集是子环的条件：S 是环 $(A,+,\cdot)$ 的子环 $\Leftrightarrow\forall a,b\in S$ 有 $a-b,ab\in S$.

子集是理想的条件：I 是环 $(A,+,\cdot)$ 的理想 $\Leftrightarrow\forall a,b\in I$ 和 $\forall x\in A$ 有 $a-b,ax,xa\in I\Leftrightarrow\forall a,b\in I$ 有 $a-b\in I$，$HI\subseteq I$ 和 $IH\subseteq I$.

子环与理想的运算：(1) I,J 是理想 $\Rightarrow I\bigcap J,I+J,IJ$ 都是理想.

(2) H 是子环，I 是理想 $\Rightarrow H+I$ 是子环，$H\bigcap I$ 是 H 的理想，且有 $(H+I)/I\cong H/(H\bigcap I)$（第二同构定理）.

商环：$A/I=\{a+I\,|\,a\in A\}$，元素为 I 对加群的陪集. 当 A 是有 1 的可换环且 I 为极大理想时，A/I 是域.

单环：不含非平凡理想的环.

3. 同态与同构

同态与同构的概念：保持两种运算的映(双)射. 即 $f:A\to A'$ 为满足 $f(a+b)=f(a)+f(b)$ 和 $f(ab)=f(a)f(b)$（保持运算）的映(双)射，则称 f 是同态(构). 同态核 $\ker f=\{x\,|\,x\in A,f(x)=0'\}$.

同态三定理（同态基本定理）：$A/\ker f\stackrel{\circ}{\cong}f(A)$，$\varphi(a)=a+\ker f$，则 $f=\sigma\varphi$；子环对应定理；商环同构定理：同态 $f:A\to A'$，I 是环 $(A,+,\cdot)$ 的理想且 $I\supseteq\ker f$，则 $A/I\cong f(A)/f(I)$.

4. 有关环的一些问题

环中的因子分解问题：既约元和素元. 惟一分解整环的性质. 多项式可约性的判断方法. 域的乘群的有限子群是循环群.

第4章 域 论

域的概念在第 3 章中已给出:域是可交换的除环,即环$(F,+,\cdot)$含有 0 和 1,且$(F^*,\cdot)$是可换群. 我们在很多课程中都会遇到它,例如在线性代数中遇到的数域,本书开头提到的几何作图问题和代数方程求解问题都要在实数域上讨论,近代信息理论中密码问题要系统地用到有限域的理论. 因此本章的内容有很广泛的背景.

由于域是一种特殊的环,所以有关环的性质都适合域,而且有些性质更为简单,例如,域内没有非平凡理想,因而两个域之间的同态只有零同态和同构;由于域中每一个非零元素都有逆元,域内没有零因子,也不存在因子分解问题,等等. 那么我们在本章要讨论哪些问题呢? 主要讨论四个方面的问题:一是子域与扩域的性质;二是多项式的分裂域的概念和性质;三是有限域;四是与应用有关的一些问题,特别是近代密码学以有限域为数学基础. 其内容十分丰富.

4.1 域和域的扩张,几何作图问题

我们已经知道,如果一个环至少含有 0 和 1 两个元素,每一个非零元均有逆元,则此环称为除环,可交换的除环为域. 下面先介绍域的基本结构,然后再讨论扩域的性质. 由于域是一种特殊的环,所以有关环的一些性质在域中都成立,不再重复了.

1. 域的特征和素域

设$(K,+,\cdot)$是域,F 是 K 的非空子集,且$(F,+,\cdot)$也是域,则称 F 是 K 的**子域**(subfield),K 是 F 的**扩域**(extension field),记作 $F \leqslant K$.

设 S 是域 F 中的一个非空子集,则包含 S 的最小子域,称为由 S 生成的子域,记作$\langle S \rangle$. 由元素 1 生成的子域称为**素域**(prime field). 由于它是任何一个域中最小的域,并且表征了这个域的特性,因此,首先应搞清素域的结构. 为此,又必须分析元素 1 的性质. 设 n 为正整数,由环中元素的倍数的定义(见3.1 节),有

$$n1 = \underbrace{1 + 1 + \cdots + 1}_{n \uparrow 1},$$

因而有 $mn1 = m1 \cdot n1$.

1 的加法阶 $0^+(1)$ 有以下性质：

定理 4.1.1 设 F 是域,则元素 1 在 $(F, +)$ 中的阶数或为某个素数 p, 或为无穷大.

此定理很容易用反证法和利用域中无零因子的性质加以证明,请读者自己完成.

定义 4.1.1 设 F 是域,若元素 1 在 $(F, +)$ 中的阶数为素数 p, 则称 p 为域 F 的**特征**(characteristic); 若元素 1 在 $(F, +)$ 中的阶数为无穷大,则称 F 的特征为 0, F 的特征记作 $\mathrm{ch}F$, 故有

$$\mathrm{ch}F = \begin{cases} p(\text{素数}), & \text{若 } 0^+(1) = p, \\ 0, & \text{若 } 0^+(1) = \infty. \end{cases}$$

下面讨论素域的结构与性质.

定理 4.1.2 设 F 是域, F_0 是 F 的素域,则

$$F_0 \cong \begin{cases} (\mathbb{Q}, +, \cdot), & \text{当 } \mathrm{ch}F = 0, \\ (Z_p, +, \cdot), & \text{当 } \mathrm{ch}F = p(\text{素数}). \end{cases}$$

证明 若 $\mathrm{ch}F = 0$, 则 $0^+(1) = \infty$, 对任何 $n, m(\neq 0) \in \mathbb{Z}$ 有 $(n1)(m1)^{-1} \in F_0$, $\langle 1 \rangle = \{(n1)(m1)^{-1} | n, m \in \mathbb{Z}, m \neq 0\} \cong \mathbb{Q}$, 所以 $F_0 \cong (\mathbb{Q}, +, \cdot)$.

若 $\mathrm{ch}F = p(\text{素数})$, 则 $0^+(1) = p$, $\langle 1 \rangle \cong Z_p$, 所以 $F_0 \cong (Z_p, +, \cdot)$. $\square$

由此还可得出以下结论：

(1) 域可分为两类：①若 $\mathrm{ch}F = 0$, 则 F 是 $\mathbb{Q}$ 上的扩域,是无限域. 例如数域 $(\mathbb{R}, +, \cdot)$, $(\mathbb{C}, +, \cdot)$ 等都以 $\mathbb{Q}$ 作为素域; ②若 $\mathrm{ch}F = p(\text{素数})$, 则 F 是 Z_p 上的扩域,这时 F 可以是有限域,也可以是无限域. 当然,如果 F 是有限域,则 $\mathrm{ch}F$ 必是某个素数.

(2) 若 F 是特征为 p 的域,则

(i) 对任何 $a \in F$ 有 $pa = 0$;

(ii) 对任何 $a \in F^*$ 且 $na = ma$, 则 $n \equiv m \pmod{p}$.

(iii) 对任何 $a, b \in F$ 有 $(a+p)^{p^e} = a^{p^e} + b^{p^e}$, e 为任意正整数.

(3) $\forall n \in \mathbb{Z}^*$ 且 $p \nmid n$ (p 为素数) 有

$$n^{p-1} \equiv 1 \pmod{p}.$$

(4) 域 F 的乘群 $(F^*, \cdot)$ 的任何有限子群都是循环群. 在 3.5 节中已证明过此定理. 其余证明均留作习题.

上面我们介绍了域中的最小子域——素域的结构,同时讨论了由域的特征所决定的域的性质.下面则从另一方向——域的扩张来讨论域的性质.

2. 扩张次数,代数元和超越元

设 F 是域,K 是 F 的扩域,怎样来描述 K 与 F 的关系呢?

由于对任何 $u_1,u_2 \in K$ 和对任何 $a,b \in F$ 有 $au_1 + bu_2 \in K$,我们可以把 K 中元素看作向量,则 $au_1 + bu_2$ 是向量 u_1 与 u_2 在 F 上的线性组合,从而 K 是 F 上的一个向量空间. 需要指出的是,要把过去高等代数中向量空间的定义推广如下:

定义 4.1.2 设 V 是一个加群,F 是一个域,对任何 $\alpha \in F, v \in V$ 定义一个元素 $\alpha v \in V$ 满足以下性质:$\alpha, \beta \in F, u, v \in V$ 有

(1) $\alpha(u+v) = \alpha u + \alpha v$;

(2) $(\alpha+\beta)u = \alpha u + \beta u$;

(3) $\alpha(\beta u) = (\alpha\beta)u$;

(4) $1v = v$.

则称 V 是域 F 上的一个**向量空间**(vector space)或**线性空间**(linear space).

此定义不仅把在数 F 上的向量空间推广到在一般的域 F 上的向量空间,而且利用群的概念从形式上简化了定义的叙述.

让我们再回到域 F 和它的扩域 K 上来. 由于 K 是 F 上的线性空间,此空间的维数就称为 K 对 F 的**扩张次数**(extension degree),记作 $(K:F)$. 当 $(K:F)$ 有限时,称 K 是 F 上的**有限扩张**(finite extension),否则称为**无限扩张**(infinite extension).

如果 F,K,E,都是域,且 $F \subseteq K \subseteq E$,都是有限扩张,则有以下的所谓"**望远镜公式**":

$$(E:F) = (E:K)(K:F).$$

利用向量空间中的基可证明此公式.

例 4.1.1 设 $\mathbb{Q}$ 是有理数域,$K = \{a+b\sqrt{2} \mid a,b \in \mathbb{Q}\}$,$E = \{\alpha+\beta\sqrt{3} \mid \alpha, \beta \in K\}$,$\mathbb{R}$ 为实数域,则有 $\mathbb{Q} \subseteq K \subseteq E \subseteq \mathbb{R}$. 在 K 中可找到一组基:$1, \sqrt{2}$,故 $(K:\mathbb{Q})=2$,在 E 对 K 的向量空间中可找到一组基:$1, \sqrt{3}$,因而 $(E:K)=2$. 而在 E 对 $\mathbb{Q}$ 的向量空间中,$1, \sqrt{2}, \sqrt{3}, \sqrt{6}$ 是一组基,故 $(E:\mathbb{Q})=4$ 满足望远镜公式. 在 $\mathbb{R}$ 对 $\mathbb{Q}$ 的向量空间中,可以找到无穷多个线性无关的向量,故 $(\mathbb{R}:\mathbb{Q})=\infty$.

扩张次数反映了扩域与子域之间的相对大小,但还没有反映它们的元素在性质上的差别. 我们对域中的元素作以下的分类:设 K 是 F 的扩域,$u \in K$,

若 u 是 F 上的一个多项式 $f(x)$ 的根,则称 u 是 F 上的**代数元**(algebraic element),否则称为**超越元**(transcendantal element),设 u 在 F 上的最小多项式(指 u 是根的次数最低的首 1 多项式)为 $m(x)$,且 $\deg m(x) = r$,则称 u 是 F 上的 r **次代数元**. 有理数域 $\mathbb{Q}$ 上的代数元称为**代数数**(algebraic number),$\mathbb{Q}$ 上的超越元称为**超越数**(transcendantal number),例如 $\sqrt{2}$,$1+\mathrm{i}$ 等都是代数数,而 π,e 是超越数.

这样,我们把扩域上的元素相对于子域分成两大类,代数元和超越元. 它们有很大的差别. 由此,可对扩域的结构作详细的分析.

3. 添加元素的扩张

设 E 是 F 的扩域,$S \subseteq E$ 是一个非空子集,我们把包含 F 与 S 的最小子域称为 F **添加 S 所构成的扩域**,记作 $F(S)$. 添加一个元素 $u \in E$ 所得之扩域记作 $F(u)$,称为 F 上的**单扩张**(simple extension). 对于单扩张有以下明显的表达式:

定理 4.1.3 设 E 是 F 的扩域,$u \in E$,则

$$F(u) = \begin{cases} \{a_0 + a_1 u + \cdots + a_{n-1} u^{n-1} \mid a_i \in F\} \\ \quad \cong F[x]/(m(x)),\text{当 } u \text{ 是 } F \text{ 上的代数元}, \\ \quad \text{且 } m(x) \text{ 是 } u \text{ 在 } F \text{ 上的最小多项式},\deg m(x) = n, \\ \left\{ \dfrac{f(u)}{g(u)} \middle| f(x),g(x) \in F[x],g \neq 0 \right\} \\ \quad \cong F(x) \text{ 的分式域},\text{当 } u \text{ 是 } F \text{ 上的超越元}. \end{cases}$$

且有

$$(F(u) \colon F) = \begin{cases} \deg m(x), & \text{当 } u \text{ 是 } F \text{ 上的代数元},m(x) \\ & \text{是 } u \text{ 在 } F \text{ 上的最小多项式}. \\ \infty, & \text{当 } u \text{ 是 } F \text{ 上的超越元}. \end{cases}$$

该定理形式上看起来比较复杂,实质上分两种情况:(1)当 u 是 F 的代数元,(2)当 u 是 F 上的超越元. 下面证明此定理.

证明 (1)设 u 是 F 上的代数元,$m(x)$ 是 u 在 F 上的最小多项式,$\deg m(x) = n$. 因为 $F[x]$ 是主理想整环,由推论 3.5.2 知,$F[x]/(m(x))$ 是域. 由于 $F(u)$ 可表示为 $F(u) = \{a_0 + a_1 u + \cdots + a_{n-1} u^{n-1} \mid a_i \in F\}$,$F[x]/(m(x))$ 可表示为

$$F[x]/(m(x)) = \{a_0 + a_1 x + \cdots + a_{n-1} x^{n-1} + (m(x)) \mid a_i \in F\}.$$

作 $F(u)$ 到 $F[x]/(m(x))$ 的映射

$$\sigma \colon r(u) \mapsto r(x) + (m(x)), \quad \forall r(u) \in F(u),$$

由于 $r_1(x)+(m(x))=r_2(x)+(m(x))\Rightarrow r_1(u)=r_2(u)$,故 σ 是单射. σ 显然也是满射.

再证 σ 保持运算: $\forall r_1(u),r_2(u)\in F[u]$,显然有 $\sigma(r_1(u)+r_2(u))=r_1(x)+r_2(x)=\sigma(r_1(u))+\sigma(r_2(u))$;假设 $r_1(x)r_2(x)=r(x)+q(x)m(x)$,则有

$$\begin{aligned}
\sigma(r_1(u)r_2(u))&=\sigma(r(u))=r(x)+(m(x))\\
&=(r_1(x)+(m(x)))\cdot(r_2(x)+(m(x)))\\
&=\sigma(r_1(u))\sigma(r_2(u)).
\end{aligned}$$

所以 σ 是 $F(u)$ 到 $F[x]/(m(x))$ 的同构,即 $F(u)\stackrel{\sigma}{\cong}F[x]/(m(x))$ 且 $\sigma|_F=1$.

由于 $1,u,\cdots,u^{n-1}$ 是 $F(u)$ 中一组基,所以 $(F(u):F)=n$.

(2) 当 u 是超越元时,$\forall$ 非零多项式 $g(x)\in F[x]$,有 $g(u)\neq0$,令

$$K=\left\{\frac{f(u)}{g(u)}=f(u)(g(u))^{-1}\,\middle|\,f(x),g(x)\in F[x],g\neq0\right\}$$

不难证明 K 是域,且是包含 u 与 F 的最小的域,故

$$\begin{aligned}
F(u)=K&\cong\left\{\frac{f(x)}{g(x)}\,\middle|\,f(x),g(x)\in F[x],g\neq0\right\}\\
&=F[x] \text{ 的分式域.}
\end{aligned}$$

并有 $(F(u):F)=\infty$.

定理 4.1.3 的证明虽然较长,但并没有特别的技巧,只是通常证明环同构的方法.

下面我们要把扩张的性质与扩张次数进一步联系起来.

4. 代数扩张与有限扩张

设 K 是 F 的扩域,若 K 中的每一元素都是 F 上的代数元,则称 K 是 F 上的**代数扩张域**(algebraic extension),否则,称 K 为 F 上的**超越扩张域** (transcendantal extension).

显然,添加代数元的扩张是代数扩张,添加超越元的扩张是超越扩张,但在一般情况下,如何判断一个扩域是否为代数扩张,我们有以下定理.

定理 4.1.4 设 K 是 F 上的有限扩张,则 K 是 F 上的代数扩张.

证明 设 $(K:F)=n$,任取 $u\in K$,元素 $1,u,u^2,\cdots,u^n$ 在线性空间 K 中必线性相关,故有 $a_0,a_1,a_2,\cdots,a_n\in F$ 使

$$a_0+a_1u+a_2u^2+\cdots+a_nu^n=0.$$

令

$$f(x)=a_0+a_1x+a_2x^2+\cdots+a_nx^n,$$

则 u 是 $f(x)$ 的根, 所以 u 是 F 上的代数元, 即 K 中任何元素都是 F 上的代数元, 故 K 是 F 的代数扩张.　　　　　　　　　　　　　　　　　□

值得注意的是, 定理 4.1.4 的逆定理不成立. 代数扩张不一定是有限扩张, 例如在 $\mathbb{Q}$ 上添加所有方程 $x^n - 2 = 0$ $(n=2,3,\cdots)$ 的所有复数根, 所得的扩域是代数扩张域, 但不是有限扩张.

关于代数扩张还有以下一些结论:

(1) 若 K 是 F 的扩域, $a,b \in K$ 分别是 F 上的 m 次和 n 次代数元, 则 $(F(a,b) : F) \leqslant mn$.

此性质很容易用望远镜公式证明.

(2) 设 K 是 F 的扩域, $a,b \in K$ 是 F 上的代数元, 则 $a \pm b, ab, a/b (b \neq 0)$ 都是 F 上的代数元.

此性质利用本节性质 (1) 和定理 4.1.4 即可证明.

(3) 若 K 是 F 上的代数扩张, E 是 K 上的代数扩张, 则 E 是 F 上的代数扩张.

此性质的证明过程如下: 任取 $u \in E$, 设是多项式 $f(x) = \sum_{i=0}^{n} a_i x^i \in K[x]$ 的根, 考虑扩域 $K_1 = F(a_0, a_1, \cdots, a_n)$, 由性质 (1), 可得 $(K_1 : F) < \infty$, 所以 $(F(u) : F) \leqslant (K_1(u) : F) = (K_1(u) : K_1)(K_1 : F) < \infty$, 再由定理 4.1.4 得证. 读者不妨自己详细写出证明.

5. 几何作图问题

历史上所谓的"规尺作图问题"是指用圆规和一根无任何标记的直尺能作出哪些图形. 有以下几个典型问题: (1) 两倍立方体问题, 作一个立方体使它的体积是一个已知立方体体积的两倍. (2) 三等分任意角问题. (3) 圆化方问题: 作一个正方形使其面积等于已知半径为 r 的圆的面积. (4) 分圆问题: 将一个圆周 n 等分. 这些问题在历史上曾经困扰古人很长时期, 直到出现近世代数, 它们才得到圆满的解决. 但是, 由于中学里不可能学习近世代数, 因而不断有一些只具中学数学知识的青年还在研究这些问题, 应该劝导他们不要再在这些问题上浪费时间.

下面来看近世代数是如何解决这些问题的. 首先, 我们要把这些问题化为近世代数的问题.

(1) 几何作图问题的代数提法

设在平面上已知 m 个点, 我们可选择一个平面直角坐标系和确定点 $(0, 1)$, 并设在此坐标系中已知的 m 个点的坐标为 $(x_1, y_1), \cdots, (x_m, y_m)$, 令 $F =$

$Q(x_1,y_1,\cdots,x_m,y_m)$,从这些已知点出发通过有限次下列的操作可构造出的点称为**可构造点**(contructive point),对应的坐标称为**可构造数**(constructive number).这些操作是:

(i) 通过已得到的两点画一条直线;

(ii) 以已得到的某个点为圆心,以已得到的某两个点之间的距离为半径画圆;

(iii) 计算并标出两直线的交点坐标;

(iv) 计算并标出一直线和一圆的交点坐标;

(v) 计算并标出两圆的交点坐标.

因而规尺作图问题化为求出所有可构造数的问题.

(2) 可构造数基本定理

定理 4.1.5 设 K 是所有可构造数的集合,则 K 是实数域 $\mathbb{R}$ 的子域,是有理数域 $\mathbb{Q}$ 的扩域,即 $\mathbb{Q} \leqslant K \leqslant \mathbb{R}$.

证明 首先证 K 是一个数域:对任何 $a,b \in K$,$a+b$ 可用圆规直尺作出(以下简称"可作出"),故 $a+b \in K$;ab 可作出(见图 4.1),故 $ab \in K$;对任何 $a \in K,a \neq 0$,a^{-1} 可作出,故 $a^{-1} \in K$.所以 K 是一个域.

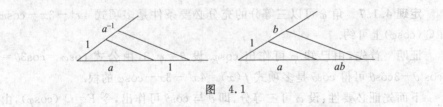

图 4.1

再证 K 是 $\mathbb{Q}$ 的扩域:由于 $(0,1)$ 已知,故
$$\mathbb{Q} = \left\{ \frac{m}{n} \;\middle|\; m,n \in \mathbb{Z},n \neq 0 \right\}$$
中元素均可作出,所以 $\mathbb{Q} \subseteq K$.

最后证 K 是 $\mathbb{R}$ 的子域,因直线与圆的交点坐标和圆之间的交点坐标除涉及 $+,-,\times,\div$ 运算外,只涉及正数的开平方运算.而正数 a 开平方可作出(图 4.2),且 $\sqrt{a} \in \mathbb{R}$,所以 $K \subseteq \mathbb{R}$. □

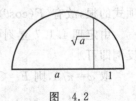

图 4.2

定理 4.1.6(可构造数的充要条件) 实数 α 可构造的充分必要条件是存在一个有限的域链:
$$F = K_0 \leqslant K_1 \leqslant K_2 \leqslant \cdots \leqslant K_n \leqslant \mathbb{R},$$
满足 $(K_{i+1}:K_i)=2$ $(i=0,1,\cdots,n-1)$ 和使 $\alpha \in K_n$.

证明 先证充分性.设有以上域链使 $\alpha \in K_n$,因已知点 $(0,1)$,对 1 作四则运算可得 $\mathbb{Q}$ 中任何元素,故 $\mathbb{Q}$ 中元素均可作出,类似可证 $F = \mathbb{Q}(x_1,y_1,\cdots,$

$x_m, y_m)$ 中任何数均可作出. 现设 K_{i-1} 可作出(指 K_{i-1} 中任何元素可作出),因 $(K_i : K_{i-1}) = 2$,可设 K_i 在 K_{i-1} 上的线性空间的基为 $1, \theta$,则 $1, \theta, \theta^2$ 线性相关,存在 $a, b, c \in K_{i-1}$ 使 $a\theta^2 + b\theta + c = 0$ $(a \neq 0)$,得 $\theta = (-b \pm \sqrt{b^2 - 4ac})/2a$,由定理 4.1.5 的证明过程,$\theta$ 可作出,且 $K_i = K_{i-1}(\theta) = \{k_1 + k_2\theta \mid k_1, k_2 \in K_{i-1}\}$,所以 K_i 中任意元素均可作出. 余此类推,可得 K_n 中任何元素均可作出,因而 α 可作出.

必要性:设 α 可构造,则在 F 上通过有限步操作(i)~(v)可得到 α,设在这有限步操作中逐次作出数 $\alpha_1, \alpha_2, \cdots, \alpha_m = \alpha$. 并令 $K_i = K_{i-1}(\alpha_i)$ $(i = 1, 2, \cdots, m)$. 由于每次操作是对已知可构造数进行四则运算或开方,故 $(K_i : K_{i-1}) = 1$ 或 2. 由此可得如上之域链. □

推论(可构造数的必要条件)　若 $\alpha \in \mathbb{R}$ 可构造,则 $(F(\alpha) : F) = 2^n$,n 为非负整数.

(3) 若干几何作图问题的解

根据以上定理,立即可以推出,两倍立方体问题与圆化方问题都是不可能用圆规直尺解决的.

对于三等分任意角问题有以下定理.

定理 4.1.7　角 φ 可以三等分的充分必要条件是多项式 $4x^3 - 3x - \cos\varphi$ 在 $\mathbb{Q}(\cos\varphi)$ 上可约.

证明　首先,由已知 φ 可作出 $\cos\varphi$. 设 $\theta = \varphi/3$,由公式 $\cos\varphi = \cos 3\theta = 4\cos^3\theta - 3\cos\theta$ 可得 $\cos\theta$ 是多项式 $f(x) = 4x^3 - 3x - \cos\varphi$ 的根.

下面先证必要性:设 φ 可三等分,即 θ 与 $\cos\theta$ 可作出,令 $F = \mathbb{Q}(\cos\varphi)$,由定理 4.1.6 的推论,得 $(F(\cos\theta) : F) = 2^n \leqslant 3$,所以 $(F(\cos\theta) : F) \leqslant 2$,故 $f(x)$ 在 F 上可约.

充分性:若 $f(x)$ 在 F 上可约,则 $\cos\theta$ 是 F 上的一个次数小于等于 2 的多项式的根,故有 $(F(\cos\theta) : F) \leqslant 2$,由定理 4.1.6,$\cos\theta$ 可作出. □

由定理 4.1.7 立刻可以得到三等分任意角问题的否定的回答,只要举一反例即可.

取 $\varphi = \pi/3$,则 $F = \mathbb{Q}(\cos\varphi) = \mathbb{Q}$,多项式

$$f(x) = 4x^3 - 3x - \cos\varphi = 4x^3 - 3x - \frac{1}{2},$$

在 $\mathbb{Q}$ 上不可约(为什么?),所以 φ 不能三等分.

必须注意,前面对规尺作图问题的严格限制:在圆规与直尺上不能作任何标记. 如果允许在直尺上作标记,我们可以用下述方法三等分任意一个角. 设 $\angle AOB$ 是任意一个角(图 4.3),以 1 为半径画圆,分别交 OA, OB 于 P, Q 两

点, 在直尺上标出 X,Y 两个点, 使 $XY=1$. 然后让直尺始终过 Q 点而移动直尺, 使直尺上的 X 点在 OA 的延长线上, 并使 Y 点落在圆周上, 这时 $\angle OXY=\angle AOB/3$.

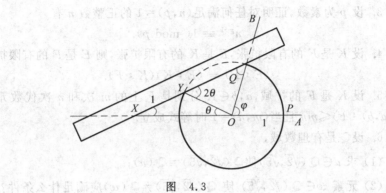

图 4.3

关于分圆问题讨论如下.

首先, 由 $\pi/3$ 不能三等分可得出正 18 边形不能作出, 因而不能将圆周任意 n 等分. 我们先证以下结果.

定理 4.1.8 设 p 是素数, 若正 p 边形可作出, 则 p 是如下形式的 Fermat 素数: $p=2^{2^m}+1$, $m \geqslant 0$ 整数.

证明 设 $\xi=\cos\dfrac{2\pi}{p}+i\sin\dfrac{2\pi}{p}$, 若正 p 边形可作出, 即 $\cos\dfrac{2\pi}{p}$, $\sin\dfrac{2\pi}{p}$ 可作出, 由定理 4.1.6 的推论, 得出 $\left(\mathbb{Q}\left(\cos\dfrac{2\pi}{p},\sin\dfrac{2\pi}{p}\right):\mathbb{Q}\right)=2^k$,

$\left(\mathbb{Q}\left(\cos\dfrac{2\pi}{p},\sin\dfrac{2\pi}{p},i\right):\mathbb{Q}\right)=2^{k+1}$. 而 $\mathbb{Q}(\xi) \subseteq \mathbb{Q}\left(\cos\dfrac{2\pi}{p},\sin\dfrac{2\pi}{p},i\right)$, 所以 $(\mathbb{Q}(\xi):\mathbb{Q})=2^r$, $r \leqslant k+1$.

另一方面, ξ 是多项式 $\Phi(x)=x^{p-1}+x^{p-2}+\cdots+x+1$ 的根, $\Phi(x)$ 在 $\mathbb{Q}$ 上不可约 (见 3.6 节), 故有 $(\mathbb{Q}(\xi):\mathbb{Q})=p-1$.

由此得 $p-1=2^r$, $p=2^r+1$. 由于 p 为素数, r 必须是 2 的幂 (为什么?), 所以 $p=2^{2^m}+1$.   □

此定理只给出了当 n 是素数时正 n 边形可作出的必要条件, 由此必要条件可知 $n=7,11,13$ 等都是不可作出的. 那究竟对一般的正整数 n 哪些 n 可作出呢? 我们将在 4.4 节中给出分圆问题的完全解答.

习题 4.1

1. 设 F 是域, $\mathrm{ch}F=p$ (素数), $a,b \in F$, 证明:

(1) $na = ma(a \neq 0) \Rightarrow n \equiv m \pmod{p}$;

(2) $(a \pm b)^{p^e} = a^{p^e} \pm b^{p^e}$，$e \geqslant 0$ 整数.

2. 设 $\mathbb{Z}[i]$ 为 Gauss 整数环，求域 $\mathbb{Z}[i]/(2+i)$ 的特征.

3. 设 p 为素数，证明对任何满足 $(n, p) = 1$ 的正整数 n 有

$$n^{p-1} \equiv 1 \pmod{p}.$$

4. 设 K 是 F 的有限扩张，E 是 K 的有限扩张，则 E 是 F 的有限扩张，且

$$(E : F) = (E : K)(K : F).$$

5. 设 K 是 F 的扩域，$a, b \in K$ 分别是 F 上的 m 次和 n 次代数元，证明 $(F(a, b) : F) \leqslant mn$ 且当 $(m, n) = 1$ 时等式成立.

6. 设 $\mathbb{Q}$ 是有理数域，

(1) 求 $u \in \mathbb{Q}(\sqrt{2}, \sqrt[3]{5})$ 使 $\mathbb{Q}(\sqrt{2}, \sqrt[3]{5}) = \mathbb{Q}(u)$；

* (2) 元素 $w \in \mathbb{Q}(\sqrt{2}, \sqrt[3]{5})$ 使 $\mathbb{Q}(\sqrt{2}, \sqrt[3]{5}) \neq \mathbb{Q}(w)$ 应满足什么条件？

7. 设正整数 $m_1, m_2, (m_1, m_2) = 1$，若正 m_1 边形与正 m_2 边形均可作出，证明正 $m_1 m_2$ 边形亦可作出.

8. 证明 $72°$ 角可三等分.

9. 设 $a, b \in \mathbb{Z}$，$|a| < |b|$，$\cos\theta = \dfrac{4a^3 - 3ab^2}{b^3}$，证明 θ 可三等分.

4.2 分裂域，代数基本定理

本节我们将围绕 n 次代数方程的求解问题，对域作进一步的研究. 首先，我们要问，对域 F 上的一个多项式 $f(x)$，是否存在 F 的一个扩域包含 $f(x)$ 的所有根，这就是下面要讨论的所谓"分裂域"的问题.

1. 分裂域

设 F 是域，$f(x) \in F(x)$，包含 $f(x)$ 的所有根的 F 的最小扩域，称为 $f(x)$ 在 F 上的分裂域，可更确切地定义如下.

定义 4.2.1 设 $f(x) \in F[x]$，E_f 是 F 的扩域且满足以下条件：

(1) $f(x)$ 在 E_f 上可分裂为线性因子；

(2) E_f 可由 F 上添加 $f(x)$ 的所有根而得到.

则称 E_f 是 $f(x)$ 在 F 上的**分裂域**(splitting field)或**根域**(root field).

由此定义可以看到，如果 $f(x)$ 是一个 n 次多项式，因为在 E_f 上可分裂为线性因子，所以它在 E_f 上有 n 个根，设为 $\alpha_1, \alpha_2, \cdots, \alpha_n$，则由定义中的条件 (2)，可将 E_f 表示为

$$E_f = F(\alpha_1, \alpha_2, \cdots, \alpha_n),$$

由此很容易得出$(E_f : F) \leqslant n!$.

我们接着要问,对 $F[x]$ 中的任意一个多项式 $f(x)$,它的分裂域是否存在? 如果存在,是否惟一? 回答是肯定的.

定理 4.2.1 设 $f(x) \in F[x]$, $n = \deg f(x) \geqslant 1$,则 $f(x)$ 在 F 上的分裂域 E_f 存在.

证明 若 $n = 1$,显然 $E_f = F$. 下设 $\deg f(x) > 1$.

设 $p(x)$ 是 $f(x)$ 的一个不可约因式. 令 $E_1 = F[x]/(p(x))$,则 E_1 是域 (定理 3.5.4 推论 3.5.2). 作 F 到 E_1 的映射 $\sigma: a \longmapsto a + (f(x))$,则 σ 是 F 到 E_1 内的一个单同态(请读者自己证之). 令 $\overline{F} = \sigma(F)$,则 $F \cong \overline{F}$, σ 把 F 同构嵌入到 E_1 内,如果我们把 $\overline{F}$ 与 F 等同起来,那么 E_1 就可以看作是 F 的一个扩域. 若取 $u_1 = x + (p(x))$,则 $p(u_1) = p(x) + (p(x)) = \overline{0}$,所以 u_1 是 $p(x)$ 的一个根,从而也是 $f(x)$ 的一个根. 由于 $p(x)$ 是 u_1 在 F 上的最小多项式,由定理 4.1.3 我们有 $E_1 = F(u_1)$.

设 $f(x) = (x - u_1) f_1(x)$, $f_1(x) \in E_1[x]$. 仿照上面的方式可以证明,存在 E_1 的单扩域 $E_2 = E_1(u_2) = F(u_1)(u_2) = F(u_1, u_2)$,使得 u_2 是 $f_1(x)$ 从而也是 $f(x)$ 的一个根. 如此继续下去,因为 $f(x)$ 是一个 n 次多项式,进行 n 次这样的单扩张之后,我们所得到的扩域 $E_n = F(u_1, u_2, \cdots, u_n)$ 就是 $f(x)$ 在 F 上的分裂域 E_f. $\qquad\square$

关于分裂域的惟一性,我们要证明一个更强的结论.

定理 4.2.2 设 σ 是域 F 到 $\overline{F}$ 的同构,$f(x) \in F[x]$,$\overline{f}(x)$ 是 $f(x)$ 在 $\overline{F}[x]$ 中对应的多项式(即 $\overline{f}(x)$ 的系数分别是 $f(x)$ 的系数在 σ 下的像),则存在域同构 $\tau: E_f \to E_{\overline{f}}$ 使得 $\tau|_F = \sigma$.

证明 对 $n = \deg f(x) = \deg \overline{f}(x)$ 作归纳法.

当 $n = 1$ 时,$f(x)$ 的分裂域是 F,而 $\overline{f}(x)$ 的分裂域是 $\overline{F}$,结论显然成立.

假设 $n > 1$ 且定理对 $n - 1$ 成立,下面证明对 n 也成立.

设 E 是 $f(x)$ 在 F 上的分裂域,$\overline{E}$ 是 $\overline{f}(x)$ 在 $\overline{F}$ 上的分裂,且 $E = F(u_1, u_2, \cdots, u_n)$, $\overline{E} = \overline{F}(v_1, v_2, \cdots, v_n)$,其中 $u_1, u_2, \cdots, u_n$ 和 $v_1, v_2, \cdots, v_n$ 分别是 $f(x)$ 和 $\overline{f}(x)$ 的 n 个根.

设 u_1 在 F 上的最小多项式为 $p(x)$,则 $p(x) \big| f(x)$. 此时,$p(x)$ 在 $\overline{F}$ 上对应的多项 $\overline{p}(x)$ 也是不可约多项式,而且 $\overline{p}(x) \big| \overline{f}(x)$. 不妨设 v_1 是 $\overline{p}(x)$ 的一个根. 令 $F_1 = F(u_1)$, $\overline{F}_1 = \overline{F}(v_1)$,容易建立域同构 $\tau_1: F_1 \to \overline{F}_1$ 使得 $\tau_1\big|_F = \sigma$ (请读者写出具体细节).

考虑域同构 $\tau_1: F_1 \to \overline{F_1}$. 设 $f(x) = (x-u_1)f_1(x), \overline{f}(x) = (x-v_1)\overline{f_1}(x)$, 那么 E 可看作 $f_1(x)$ 在 F_1 上的分裂域, $\overline{E}$ 可看作 $\overline{f_1}(x)$ 在 $\overline{F_1}$ 上的分裂域, 而且容易看 $\overline{f_1}(x)$ 是 $f_1(x)$ 在域同构 τ_1 下对应的多项式. 由于 $\deg f_1(x) = \deg \overline{f_1}(x) = n-1$, 由归纳假设, 必然存在域同构 $\tau: E \to \overline{E}$ 使得 $\tau\big|_{F_1} = \tau_1$, 自然有 $\tau\big|_F = \tau_1\big|_F = \sigma$. $\qquad\square$

为了把分裂域的惟一性表述清楚, 我们需要引入 F-同构的概念. 设 E_1, E_2 是数域 F 的扩域, 若存在域同构 $\sigma: E_1 \to E_2$ 使得 $\sigma\big|_F = 1$, 即对任意的 $a \in F$, 有 $\sigma(a) = a$, 则称 σ 为 F-同构. 我们把上面两个定理的结果综合在一起, 给出下面的重要结论.

定理 4.2.3　设 F 是一个域, $f(x) \in F[x]$, $\deg f(x) \geqslant 1$, 则 $f(x)$ 在 F 上的分裂域存在, 而且在 F-同构意义下是惟一的.

由上面的定理及其证明过程我们可得出以下结论:

(1) 对任意一个域 F 和正整数 n, 可构造一个扩域 E, 使 $(E:F) = n$. 只需在 $F[x]$ 中选定一个 n 次不可约多项式 $f(x)$, 则

$$E = F[x]/(f(x)) = \{r(x) \mid r(x) = 0 \quad \text{或} \quad \deg r(x) < n\}$$

满足 $(E:F) = n$ 且 E 包含 $f(x)$ 的一个根: $\overline{x} = x + (f(x))$.

(2) 对 F 上的任意一个 n 次多项式 $f(x)$, 若它在其分裂域中的根为 u_1, $u_2, \cdots, u_n$, 则可通过逐次添加根的方法得到分裂域 $E_f = F(u_1, u_2, \cdots, u_n)$, 从而可得 $(E: F(u_1, u_2, \cdots, u_n)) \leqslant n!$ (证明留作习题).

(3) 对 F 上的一个不可约多项式 $f(x)$ 的两个根 u 和 v, 存在一个 $F(u)$ 到 $F(v)$ 的同构 τ 满足: $\tau(u) = v$ 和 $\tau\big|_F = 1$.

(4) 用 F 上两个不同的 n 次不可约多项式 $p(x), q(x) \in F[x]$ 所作出的 n 次扩域是同构的:

$$F[x]/(p(x)) \cong F[x]/(q(x)).$$

证明时只需取映射 $\sigma: r(x) + (p(x)) \mapsto r(x) + (q(x))$.

例 4.2.1　设 $f(x) = x^3 - 2 \in \mathbb{Q}[x]$, 求 $f(x)$ 在 $\mathbb{Q}$ 上的分裂域 E_f 和 $(E_f : \mathbb{Q})$.

解　由于 $f(x)$ 的 3 个根都在 $\mathbb{C}$ 中, 所以 $E_f \leqslant \mathbb{C}$, 令 $K = \mathbb{Q}(\sqrt[3]{2})$, 则 $f(x)$ 在 K 上可分解为 $f(x) = (x - \sqrt[3]{2})f_1(x)$, 可求出 $f_1(x)$ 在 K 上的一个根为 $\omega\sqrt[3]{2}, \omega = (-1+\sqrt{3}i)/2$, 另一个根必在 $\mathbb{Q}(\sqrt[3]{2}, \omega\sqrt[3]{2})$ 中, 所以 $E_f = \mathbb{Q}(\sqrt[3]{2}, \omega\sqrt[3]{2}) = \mathbb{Q}(\sqrt[3]{2}\omega)$, 且 $(E_f : \mathbb{Q}) = (\mathbb{Q}(\sqrt[3]{2}, \omega) : \mathbb{Q}(\sqrt[3]{2}))(\mathbb{Q}(\sqrt[3]{2}) : \mathbb{Q}) = 6 = 3!$.

例 4.2.2　求 $f(x) = x^3 + x + 1 \in Z_2[x]$ 在 Z_2 上的分裂域 E_f, 并求

$(E_f : Z_2) = ?$

解 与例 4.2.1 不同的是我们并不能预先知道 $f(x)$ 在其分裂域上的根的表示形式，因而，只能根据定理 4.2.1 来进行构造.

由定理 4.2.1，$Z_2[x]/(f(x))$ 是包含 $f(x)$ 的一个根 $u = x + (f(x)) = \bar{x}$ 的一个扩域，且有

$$Z_2(u) \cong Z_2[x]/(f(x)) = \{\bar{0}, \bar{1}, \bar{x}, \overline{1+x}, \overline{x^2}, \overline{1+x^2}, \overline{x+x^2}, \overline{1+x+x^2}\}.$$

不难检验，$\overline{x^2}$ 与 $\overline{x+x^2}$ 也是 $f(x)$ 的根，故 $E_f = Z_2(\bar{x})$，且 $(E_f : Z_2) = 3 < 3!$.

在一个特征为 0 的域上添加有限个代数元得到的扩张域可以表示为一个单扩张. 下面我们来证明这一点.

定理 4.2.4 若 F 是特征为 0 的域，a, b 是 F 上的代数元，则有 $c \in F(a, b)$ 使 $F(a, b) = F(c)$.

证明 设 a, b 在 F 上的最小多项式分别为 $f(x)$ 和 $g(x)$，它们的次数分别为 m 和 n.

又设 E 是包含 $f(x)$ 和 $g(x)$ 所有根的域，由于 $\mathrm{ch}F = 0$，$f(x), g(x)$ 在 E 上无重根（习题），可设它们的根分别为 $a = a_1, a_2, \cdots, a_m, b = b_1, b_2, \cdots, b_n$. 下面来证明可选择适当的 $r \in F$ 使 $c = a + rb$ 和 $F(c) = F(a, b)$.

由于 F 是无限域，可选 $r \in F$ 使

$$c = a + rb \neq a_i + rb_j \quad (i = 2, 3, \cdots, m, j = 2, 3, \cdots, n),$$

显然有 $F(c) \subseteq F(a, b)$，下面可进一步证明 $F(a, b) \subseteq F(c)$.

令 $K = F(c), h(x) = f(c - rx) \in K[x]$，由于 $h(b) = f(c - rb) = f(a) = 0$，所以 $h(x)$ 和 $g(x)$ 在 E 上有公因子 $x - b$. 又因 $g(x)$ 无重根，$h(b_j) \neq 0$（$j = 2, 3, \cdots, n$），故 $(g(x), h(x)) = x - b \in E[x]$，但 $g(x)$ 和 $h(x)$ 在 $K[x]$ 中也有非平凡公因子，故有 $x - b \in K[x]$，因而 $b \in K, a = c - rb \in K$，所以 $F(a, b) \subseteq F(c)$.

综上得 $F(c) = F(a, b)$. □

由定理的证明过程，可得出将 $F(a, b)$ 表示为 $F(c)$ 的方法，只要取 r 使

$$c = a + rb \neq a_i + rb_j \quad (2 \leqslant i \leqslant m, 2 \leqslant j \leqslant n), \quad (4.2.1)$$

其中 $a_1 = a, a_2, \cdots, a_m$ 和 $b_1 = b, b_2, \cdots, b_n$ 分别为 a 和 b 在 F 上的最小多项式的根.

例如在例 4.2.1 中 $E = \mathbb{Q}(\sqrt[3]{2}, \omega)$，$a = \sqrt[3]{2}$ 的最小多项式为 $f(x) = x^3 - 2$，$b = \omega$ 的最小多项式为 $g(x) = x^2 + x + 1$，它们的根分别为 $\sqrt[3]{2}, \omega\sqrt[3]{2}, \omega^2\sqrt[3]{2}$ 和 ω，ω^2，取 $c = \sqrt[3]{2} + \omega \neq a_i + b_j (2 \leqslant i \leqslant 3, j = 2)$，所以 $E_f = \mathbb{Q}(\sqrt[3]{2} + \omega)$.

用条件 (4.2.1) 来检验所选取的 c 是否正确，看起来似乎有点复杂. 有时我们用条件：$(F(c) : F) = (F(a, b) : F)$ 来检验可能比较容易. 例如上例，显

然 $\mathbb{Q}(\sqrt[3]{2}) < \mathbb{Q}(c) \leqslant \mathbb{Q}(\sqrt[3]{2}, \omega)$，可得 $3 < (\mathbb{Q}(c) : \mathbb{Q}) \leqslant 6$. 由于扩域次数满足望远镜公式，得 $(\mathbb{Q}(c) : \mathbb{Q}) = 6$，所以 $\mathbb{Q}(c) = \mathbb{Q}(\sqrt[3]{2}, \omega)$.

此外，又可得到以下结论：

(1) 任何特征为 0 的域上的有限扩张都是单扩张.

(2) 特征为 0 的域 F 上的多项式 $f(x)$ 的分裂域 E_f 都是 F 上的单扩张.

2. 代数基本定理

我们可用分裂域的理论来证明著名的代数基本定理.

定理 4.2.5（代数基本定理） 任意一个复系数 $n(n > 0)$ 次多项式至少有一个复数根.

证明 首先假设 $f(x)$ 是实系数多项式，并设 $n = 2^l m$，m 为奇数.

对 l 作归纳法. $l = 0$ 时，n 为奇数，显然 $f(x)$ 有一实根. 假设 $l \geqslant 1$，定理对 $l - 1$ 成立.

由定理 4.2.3，存在 $f(x)$ 的分裂域 E_f 包含 $f(x)$ 的所有根：$\alpha_1, \alpha_2, \cdots, \alpha_n$. 任取一实数 r 并令

$$\beta_{ij} = \alpha_i \alpha_j + r(\alpha_i + \alpha_j) \quad (i < j, 1 \leqslant i, j \leqslant n),$$

共 $\dfrac{n(n-1)}{2} = 2^{l-1} m_1$（$m_1$ 为奇数）个数.

作多项式

$$g(x) = \prod_{\substack{i, j = 1 \\ i < j}}^{n} (x - \beta_{ij}),$$

$\deg g(x) = 2^{l-1} m'$，$g(x)$ 的系数是 $\alpha_1, \alpha_2, \cdots, \alpha_n$ 的对称多项式，可用 $\alpha_1, \alpha_2, \cdots, \alpha_n$ 的初等对称多项式来表示，而 $\alpha_1, \alpha_2, \cdots, \alpha_n$ 的初等对称多项式是 $f(x)$ 的系数，因而是实数，故 $g(x)$ 也是实系数多项式. 由归纳假设，$g(x)$ 至少有一复数根，即 β_{ij} 中至少有一个是复数. 由于 r 是任意取的，可取任意多个不同的 r 值来构造 β_{ij}，因而总可找到两个不同的 r_1, r_2 和某对 i, j 使 $\beta_{ij}^{(1)} = \alpha_i \alpha_j + r_1(\alpha_i + \alpha_j)$，$\beta_{ij}^{(2)} = \alpha_i \alpha_j + r_2(\alpha_i + \alpha_j)$ 都是复数，由此得 $\alpha_i + \alpha_j$ 与 $\alpha_i \alpha_j$ 都是复数，从而 α_i 和 α_j 也是复数，这就证明了 $f(x)$ 的根中至少有一个是复数.

若 $f(x)$ 不是实系数多项式，设

$$f(x) = a_0 x^n + a_1 x^{n-1} + \cdots + a_{n-1} x + a_n,$$

令

$$f_1(x) = \bar{a}_0 x^n + \bar{a}_1 x^{n-1} + \cdots + \bar{a}_{n-1} x + \bar{a}_n,$$

则 $F(x) = f(x) f_1(x)$ 是实系数方程，因而至少有一复数根 α，即 $f(\alpha) f_1(\alpha) = 0$，若 $f(\alpha) \neq 0$，则 $f_1(\alpha) = 0$，从而有 $\overline{f_1(\alpha)} = f(\bar{\alpha}) = 0$，所以 $\bar{\alpha}$ 是 $f(x)$ 的根.

综上,定理得证. □

我们总结一下代数基本定理的证明思路,有以下几个要点:

(1) 首先可把问题简化为对实系数多项式 $f(x)$ 证明有复数根.

(2) 为对多项式 $f(x)$ 的次数 n 作归纳法,将 n 表示为 $n=2^l m$,m 为奇数,变为对 l 作归纳法. 当 $l=0$ 时利用奇次多项式函数的连续性,必有实根.

(3) 利用分裂域 E_f 的存在性得到 $f(x)$ 在 E_f 中的 n 个根 $\alpha_1,\alpha_2,\cdots,\alpha_n$,要证明其中必有复根.

(4) 为使用归纳假设,要找到一个次数为 $2^{l-1}m_1$(m_1 为奇数)的多项式,这一步技巧性较高:令 $\beta_{ij}=\alpha_i\alpha_j+r(\alpha_i+\alpha_j)$,$r$ 为取定的实数. 构造多项式

$$g(x) = \prod_{i<j}(x-\beta_{ij}).$$

有 $\deg g(x)=2^{l-1}m_1$(m_1 为奇数).

(5) 为对 $g(x)$ 应用归纳假设,还需利用对称多项式性质证明 $g(x)$ 是实系数多项式.

(6) 由归纳假设只能得到某个 β_{ij} 是复数,还需利用实数域的无限性,取不同的 r 来重复做(4),(5)$\left(\text{例如做}\ \dfrac{n(n-1)}{2}+1\ \text{次}\right)$,必可找到两个 r_1,r_2 和某对 i,j 使 $\beta_{ij}^{(1)}=\alpha_i\alpha_j+r_1(\alpha_i+\alpha_j)$,$\beta_{ij}^{(2)}=\alpha_i\alpha_j+r_2(\alpha_i+\alpha_j)$ 都是 $g(x)$ 的复数根,从而 α_i,α_j 是 $f(x)$ 的复数根.

习题 4.2

1. 设 $f(x)\in F[x]$ 在 F 上的分裂域为 E_f,$\deg f(x)=n$,证明 $(E_f:F)\leqslant n!$

2. 设 $p(x)\in F[x]$ 是 F 上的不可约多项式,$E=F[x]/(p(x))$,$u=x+(p(x))$,证明 $p(u)=0$.

3. 确定下列多项式在 $\mathbb{Q}$ 上的分裂域及其次数:

(1) x^6+1;

(2) $x^5-2x^3-2x^2+4$;

(3) x^p-1,p 为素数.

4. 求 $f(x)=x^2+1\in Z_3[x]$ 在 Z_3 上的分裂域.

5. 设 $f(x)$ 是域 F 上的不可约多项式,$\mathrm{ch}F=0$,证明 $f(x)$ 在其分裂域 E_f 上无重根.

6. 设 $f(x)$ 是域 F 上的不可约多项式,$\mathrm{ch}F=p$,证明 $f(x)$ 在其分裂域 E_f 上有重根的充分必要条件是 $f(x)$ 可表示为 x^p 的多项式.

4.3　有限域, 有限几何

有限域在计算机科学、通信理论和组合理论等方面有很多应用, 由于它的元素个数有限, 因而它的结构比较清楚, 本节着重讨论它的结构.

前面已提到元素个数有限的域称为有限域, 而且给出了一类有限域: $(Z_p, +, \cdot)$. 其中元素最少的域是 $(Z_2, +, \cdot)$, 只有两个元素: 0 和 1. 运算规则是: $0+1=1, 1+1=0$ 等, 就是计算机的二进制运算. 本节在此基础上讨论有限域的结构, 元素的性质和一些与应用有关的基础. 特别是近代密码学系统地用到有限域的知识, 所以本节的重要性也就大大增加了.

1. 有限域的构造及惟一性

首先讨论怎样将一个有限域构造出来, 以便具体地研究它的性质. 我们已经知道, 一个有限域 F 的特征必然是某个素数 p, 即 $\mathrm{ch} F = p$, F 的素域为 Z_p, 设 F 对 Z_p 的扩张次数为 n: $(F : Z_p) = n$, 则不难得到 F 的元素个数为

$$|F| = p^n.$$

如何把这个域的所有元素都表示出来呢?

一种方法是利用线性空间的元素表示方法. 由于 F 是 Z_p 上的 n 维线性空间, 存在一组基 $u_1, u_2, \cdots, u_n \in F \backslash Z_p$ 使

$$F = \{a_1 u_1 + a_2 u_2 + \cdots + a_n u_n \mid a_i \in Z_p (1 \leqslant i \leqslant n)\},$$

由于每一个系数 $a_i (1 \leqslant i \leqslant n)$ 有 p 种选择, 所以立即可见 F 的元素个数为 p^n.

下面我们利用分裂域的理论, 给出一种更为具体的表示方法.

考虑在多项式环 $Z_p[x]$ 中任取一个 n 次不可约首 1 多项式 (首项系数为 1 的多项式) $q(x) = x^n + a_{n-1} x^{n-1} + \cdots + a_0$, 令

$$E = Z_p[x]/(q(x)) = \{\overline{b_0 + b_1 x + \cdots + b_{n-1} x^{n-1}} \mid b_i \in Z_p\},$$

则 E 是域, 且其元素个数为 p^n, 并由定理 4.2.1 的证明过程知, E 包含 $q(x)$ 的一个根 $\bar{x}$. 设 α 是 $q(x)$ 的任意一个根, 则 E 也可表示为

$$E = \{b_0 + b_1 \alpha + \cdots + b_{n-1} \alpha^{n-1} \mid b_i \in Z_p\}$$

但是这样构造出来的 p^n 阶域是否与 $q(x)$ 的选择有关呢? 我们先来看一个具体例子.

例 4.3.1　构造一个 8 阶的域.

解　因为 $8 = 2^3$, 则 $p = 2$, $Z_2 = \{0, 1\}$ 取

$$q(x) = 1 + x^2 + x^3 \in Z_3[x],$$

由于 $q(0) \neq 0, q(1) \neq 0$, 故 $q(x)$ 在 Z_2 上不可约, 所以 Z_2 上的扩域

$$E = Z_2[x]/(q(x))$$
$$= \{0, 1, \bar{x}, 1 + \bar{x}, \overline{x^2}, 1 + \overline{x^2}, \bar{x} + \overline{x^2}, 1 + \bar{x} + \overline{x^2}\}$$

就是一个 8 阶有限域.

然而,在一般情况下,这样的不可约多项式不止一个,例如例 4.2.2 中 $q_1(x) = 1 + x + x^3 \in Z_2[x]$,$E_1 = Z_2[x]/(q_1(x))$,它的阶数也是 8.

可以证明

$$Z_2[x]/(1 + x + x^3) \cong Z_2[x]/(1 + x^2 + x^3),$$

并对一般情形也是对的.

定理 4.3.1 任何两个元素个数相同的有限域是同构的,且都同构于多项式 $f(x) = x^{p^n} - x$ 在 Z_p 上的分裂域.

证明 设 F 是任一有限域,且 $|F| = p^n$,考虑多项式 $f(x) = x^{p^n} - x \in Z_p[x]$ 在 Z_p 上的分裂域 E_f. 要证 $F = E_f$.

首先来确定 E_f 的构造. 由于 $f'(x) = -1 \neq 0 \pmod p$,故 $f(x)$ 在 E_f 上无重根,可设 $f(x)$ 在 E_f 上有 p^n 个不同的根为:$\alpha_0 = 0, \alpha_1, \alpha_2, \cdots, \alpha_{p^n-1}$,$E_f$ 可表示为 $E_f = Z_p(\alpha_1, \alpha_2, \cdots, \alpha_{p^n-1})$,又因 Z_p 中的元素也是 $f(x)$ 的根(2.5 节 Euler 定理),所以 $E_f = \{\alpha_i | i = 0, 1, 2, \cdots, p^n - 1\}$,$|E_f| = p^n$.

另一方面,我们来看 F 中的元素与 $f(x)$ 的关系. $u \in F$,若 $u = 0$,则显然是 $f(x)$ 的根. 若 $u \neq 0$,由于 u 是乘群 F^* 的元素,故 $u^{p^n-1} = 1$,所以 u 也是 $f(x)$ 的根,因而 F 中元素都是 $f(x)$ 的根,即 $F \subseteq E_f$ 且 $|F| = |E_f|$,故 $F = E_f$.

所以任何一个 p^n 阶的有限域均同构于 $f(x) = x^{p^n} - x$ 在 Z_p 上的分裂域. □

定理 4.3.1 说明了可任取一个 Z_p 上的 n 次不可约多项式来构造 p^n 阶有限域. 我们把 p^n 阶有限域记作 $GF(p^n)$ 或 F_{p^n},称为 **Galois 域**(Galois field). 并立即可得以下推论.

(1) $GF(p^n) \cong E_f \cong Z_p[x]/(p(x))$,其中 $p(x)$ 为 Z_p 上任一 n 次不可约多项式,$f(x) = x^{p^n} - x$. 并由 4.2 节扩域的构造,得

$$(GF(p^n) : Z_p) = n. \tag{4.3.1}$$

式(4.3.1)也可直接从 $GF(p^n)$ 是 Z_p 上的线性空间的性质得到.

(2) 有限域 $GF(p^n)$ 是由多项式 $f(x) = x^{p^n} - x \in Z_p[x]$ 在其分裂域上的全部根组成.

我们用不同的 n 次不可约多项式所生成的有限域是同构的. 但在讨论有限域中元素的运算时,必须认定一个生成多项式. 例如我们选定 $q(x) = 1 + x^2 + x^3$ 作为生成多项式,则

$GF(8) = Z_2[x]/(q(x)) = \{0,1,x,x+1,x^2,x^2+1,x^2+x,x^2+x+1\}$,
其中同余类上的横道省略了. 它的元素可写成二进制形式为

$$GF(8) = \{000,001,010,011,100,101,110,111\},$$

每个元素对应一个 8 进制数, 对应多项式的系数. 元素之间的加法为按位模 2
加法, 对应两个多项式相加. 而乘法是模 $q(x)$ 的乘法. 例如, $(101) \cdot (111)$ 对
应的多项式乘法是 $(x^2+1)(x^2+x+1) = x^4+x^3+x+1 \bmod (x^3+x^2+1) = 1$, 所以 $(101) \cdot (111) = 001$. 可直接用二进制数进行计算: $(101) \cdot (111) = 11011$, 然后将 $q(x)$ 也用 2 进制数表示为: 1101, 再对乘积进行模 (1101) 的运算: $11011 \bmod (1101) = 001$. 所得结果与用多项式乘法的结果相同. 如果用
$q_1(x) = 1+x+x^3$ 作为生成多项式, $GF(8)$ 的表达形式不变, 但乘法结果不
同, 例如这时 $(101) \cdot (111) = 11011 \bmod (1011) = 110$.

所以, 要对 $GF(p^n)$ 的元素进行运算时, 必须给出 $Z_p[x]/(q(x))$ 中的具体
的生成多项式 $q(x)$.

由于计算机科学和信息科学中的信息都是用 2 进制数来表示, 所以有限
域理论在计算机科学和信息科学中很有用处.

2. 有限域的元素的性质

$GF(p^n)$ 的非零元的集合 $GF(p^n)^*$ 是一个乘群, 具有以下性质.

定理 4.3.2　$GF(p^n)^*$ 是一个 p^n-1 阶循环群.

此定理是定理 3.5.3 的一个特殊情况.

特别是有 $(Z_p^*, \cdot) \cong C_{p-1}$.

$GF(p^n)^*$ 的生成元又叫**本原元**.

定义 4.3.1

(1) 乘群 $GF(p^n)^*$ 中 p^n-1 阶的元素 α 称为域 $GF(p^n)$ 的 n 次**本原元**
(primitive element). $GF(p^n)$ 的本原元 α 在 Z_p 上的最小多项式称为 Z_p 上的 n
次**本原多项式**.

(2) 若 α 是方程 $x^r-1=0$ 的根, 但不是任何 $x^h-1=0$ $(h<r)$ 的根, 则称
α 是 r 次**本原单位根**(primitive root of 1) 或**单位原根**.

注意本原元与本原单位根两个概念的区别. 此处的本原多项式与 3.6 节
中的本原多项式意义不同.

由以上定义可以看出, $GF(p^n)$ 上的本原元就是乘群 $GF(p^n)^*$ 的生成元,
也是 p^n-1 次本原单位根, 可以通过本原元把 $GF(p^n)$ 表示得更简单一些.

若 α 是 $GF(p^n)$ 的一个本原元, 则 $GF(p^n)$ 又可表示为

$$GF(p^n) = Z_p(\alpha) = \{0,\alpha,\alpha^2,\cdots,\alpha^{p^n-1}\}.$$

这种表示方法的优点是简单,但作加法时规律性不强. 这样一来,有限域 $GF(p^n)$ 有好几种表示方法,归纳如下:

$$GF(p^n) \cong Z_p(x)/(p(x)), p(x) 为 Z_p 上任一 n 次不可约多项式.$$

$$\cong Z_p(u), u 为 p(x) 的一个根$$

$$\cong E_f(f(x)=x^{p^n}-x 在 Z_p 上的分裂域)$$

$$\cong \{0, \alpha_1, \alpha_2, \cdots, \alpha_{p^n-1}\}(f(x)=x^{p^n}-x 在 E_f 中的全体根)$$

$$\cong \{0, \alpha, \alpha^2, \cdots, \alpha^{p^n-1}\} \alpha 为 GF(p^n) 中的 n 次本原元.$$

关于 Z_p 上的本原多项式与不可约多项式的关系,显然有 n 次本原多项式是不可约的,但反之,并非任何一个 n 次不可约多项式都是本原多项式(参看习题 4.3,7).

那么如何判断一个 n 次不可约多项式是否是本原多项式呢? 我们来看一个例子.

例 4.3.2 下面来看一个 AES 密码标准中的例子.

在 AES 的计算过程中用到 256 阶的有限域 $GF(2^8)$,所用的生成多项式为不可约多项式 $m(x)=x^8+x^4+x^3+x+1 \in Z_2[x]$.

(1) 证明它不可约,但不是本原多项式.

(2) 设 $p(x)=x^8+x^4+x^3+x^2+1 \in Z_2[x]$,证明它是本原多项式.

证明 (1) $GF(2^8)$ 可表示为以下的形式:

$$GF(2^8)=Z_2[x]/(x^8+x^4+x^3+x+1)$$

$$= \{a_7x^7+a_6x^6+a_5x^5+a_4x^4+a_3x^3+a_2x^2+a_1x+a_0 \mid a_i \in Z_2\}.$$

由于 $x \bmod m(x) \in GF(2^8)$ 是 $m(x)$ 的一个根,我们只要考察 $x^k \bmod m(x)$ $(1 \leqslant k \leqslant 255)$,如果 x 的乘法阶小于 255,则 x 不是本原元,因而 $m(x)$ 不是本原多项式. 由于 $255=3 \times 5 \times 17$,只需检验 $x^r \bmod m(x)=1(r=15,17,51,85)$ 是否成立. 通过计算得

$$x^{51}=m(x)\left(\sum x^{(43,39,38,36,33,31,30,27,26,24,23,22,21,18,17,16,14,13,10,7,6,2,1,0)}\right)+1$$

$$= 1 \bmod m(x),$$

其中记 $x^{(m,n,k,\cdots)}=x^m+x^n+x^k+\cdots$. 所以 x 的乘法阶为 51,非本原元,因而 $m(x)$ 不是本原多项式.

(2) 设 $p(x)=x^8+x^4+x^3+x^2+1 \in Z_2[x]$,我们来证明它是本原多项式. 用它来生成有限域,得

$$GF(2^8)=Z_2[x]/(x^8+x^4+x^3+x^2+1)$$

$$= \{a_7x^7+a_6x^6+a_5x^5+a_4x^4+a_3x^3+a_2x^2+a_1x+a_0 \mid a_i \in Z_2\}.$$

通过计算 $x^r \bmod m(x)=1(r=15,17,51,85)$ 均不成立,所以 x 的乘法阶为

255,是本原元,$m(x)$ 是本原多项式.

用本原多项式来生成有限域可使某些计算简化.例如求元素的逆.

在上例中,用本原多项式 $p(x)=x^8+x^4+x^3+x^2+1\in Z_2[x]$ 来生成有限域,得

$$GF(2^8)=Z_2[x]/(x^8+x^4+x^3+x^2+1),$$

x 是本原元,所以 $GF(2^8)$ 的全部非零元素可表示为 $x^k(1\leqslant k\leqslant 255)\bmod m$ (x),因而它们的逆为 $x^{255-k}(1\leqslant k\leqslant 255)\bmod m(x)$.

对于由非本原多项式生成的有限域,也可找一个本原元来简化计算.例如上例,在 $GF(2^8)=Z_2[x]/(x^8+x^4+x^3+x+1)$ 中可找到 x^4+1 是一个本原元.因而 $GF(2^8)$ 的全部非零元素可表示为 $(x^4+1)^n\bmod m(x),1\leqslant n\leqslant 255$,于是对应的逆元为 $(x^4+1)^{255-n}\bmod m(x),1\leqslant n\leqslant 255$.

练习题:证明 x^4+1 是 $GF(2^8)=Z_2[x]/(x^8+x^4+x^3+x+1)$ 中的一个本原元.

3. $Z_p[x]$ 中多项式的根

下面我们讨论 $Z_p[x]$ 中多项式的根的性质.首先我们讨论 $Z_p[x]$ 中不可约多项式的根的性质.前面已经提到过,有限域 $Z_p[x]/(p(x))$ 包含多项式 $p(x)$ 的一个根 $\bar{x}=x+(p(x))$,是否包含 $p(x)$ 的其他根呢? 如果包含,如何表示? 下面的定理就是回答这个问题.

定理 4.3.3 设 $p(x)\in Z_p[x]$ 是 Z_p 上的一个 n 次不可约多项式,u 是 $p(x)$ 在其分裂域 E_p 上的一个根,则 $p(x)$ 在 E_p 上的全部根为 $u,u^p,\cdots,u^{p^{n-1}}$.

证明 设 $p(x)=a_0+a_1x+\cdots+a_nx^n$,则有

$$p(u)=0,\quad p(u^{p^i})=a_0+a_1u^{p^i}+\cdots+a_nu^{np^i}$$

$$=p(u)^{p^i}=0,$$

故 $u^{p^i}(i=0,1,2,\cdots,n-1)$ 都是 $p(x)$ 的根.

下面证这 n 个根不同,用反证法.假设存在 $i,j,u^{p^i}=u^{p^j},(i>j)$,则 $u^{p^i}-u^{p^j}=(u^{p^{i-j}}-u)^{p^j}=0$,得 $u^{p^{i-j}}-u=0$,即 u 也是多项式 $h(x)=x^{p^{i-j}}-x(0<i-j<n)$ 的根,因而 $Z_p(u)\subseteq GF(p^{i-j})$ 且 $i-j<n$,这与 $Z_p(u)\cong Z_p[x]/(p(x))=GF(p^n)$ 矛盾.　□

根据定理 4.3.3 可把 $p(x)$ 的全部根表示出来.由于 $Z_p[x]/(p(x))$ 包含 $p(x)$ 的一个根:$u=x+(p(x))$,因而 $p(x)$ 的所有根为 $u,u^p,\cdots,u^{p^{n-1}}$.可得 $GF(p^n)$ 也是多项式 $p(x)$ 的分裂域 E_p.

例如,多项式 $p(x)=x^3+x+1\in Z_2[x]$ 在 $GF(2^3)=Z_2[x]/(x^3+x+1)$

$=\{\overline{0},\overline{1},\overline{x},\overline{1+x},\overline{x^2},\overline{1+x^2},\overline{x+x^2},\overline{1+x+x^2}\}$ 中的全部根为：$\overline{x},\overline{x^2},\overline{x^4}=$ $\overline{x^2+x}$. 通过计算，可以验证 $\overline{x}$ 是一个本原元，因而 $GF(2^3)$ 可表示为

$$GF(8)=Z_2(\overline{x})=\{\overline{0},\overline{x},\overline{x^2},\cdots,\overline{x^7}=1\}.$$

全部本原元为 $\overline{x},\overline{x^2},\overline{x^3},\overline{x^4},\overline{x^5},\overline{x^6}$. 本原元的个数为 $\varphi(p^n-1)$.

可以证明，Z_p 上 n 次本原多项式的根全是 $GF(p^n)$ 中的 n 次本原元，反之，$GF(p^n)$ 中的 n 次本原元必是 Z_p 上某个 n 次本原多项式的根（留作习题）.

下面讨论有限域的子域结构.

4. 有限域的子域

定理 4.3.4 $GF(p^n)$ 的全部子域为：$GF(p^m)$，其中 $m\,|\,n$，因而 $GF(p^n)$ 的全部子域可通过分解 n 而得到.

证明 设 K 是 $GF(p^n)$ 的子域，则 $GF(p^n)$ 是 K 上的线性空间，设此线性空间的维数为 r，则有 $|K|^r=p^n$，由于 p 为素数，故必有 $|K|=p^m$ 和 $mr=n$，所以 $K=GF(p^m)$，$m\,|\,n$.

另一方面，对于 n 的任一因子 d，

$$d\,|\,n\Rightarrow(p^d-1)\,\big|\,(p^n-1)\Rightarrow(x^{p^d-1}-1)\,\big|\,(x^{p^n-1}-1),$$

所以 $GF(p^d)\subset GF(p^n)$.

所以对于 n 的任一因子 d，$GF(p^d)$ 都是 $GF(p^n)$ 的子域，即 $GF(p^n)$ 的全部子域可通过分解 n 而得到. $\square$

例 4.3.3 求 $GF(5^{12})$ 的全部子域.

解 由于 12 的全部因子有 $1,2,3,4,6$，故 $GF(5^{12})$ 的全部子域有
$GF(5),GF(5^2),GF(5^3),GF(5^4),GF(5^6),GF(5^{12})$.
它们构成一个偏序集，可表示如图 4.4.

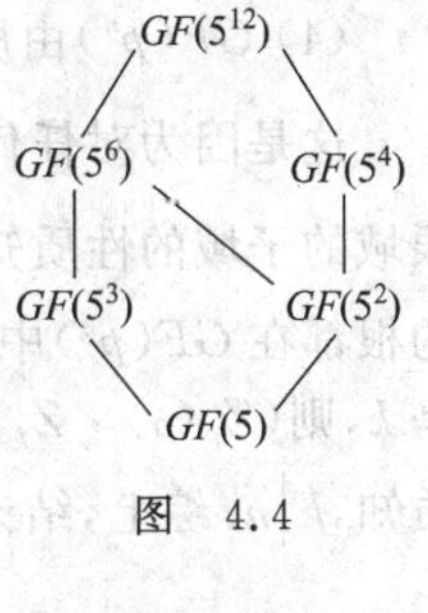

最后，我们还要补充有限域的其他若干性质.

5. 有限域的自同构群

在 $GF(p^n)$ 中映射：

$$\varphi_i:u\mapsto u^{p^i},\text{对任意 } u\in GF(p^n)$$
$$(i=0,1,\cdots,n-1)$$

图 4.4

都是 $GF(p^n)$ 上的自同构，且

$$\text{Aut } GF(p^n)=\{\varphi_i\mid\varphi_i:u\mapsto u^{p^i}(i=0,1,2,\cdots,n-1)\}$$

是一个循环群.

证明 由 $u_1^{p^i}=u_2^{p^i}\Rightarrow(u_1-u_2)^{p^i}=0\Rightarrow u_1-u_2=0$

$\Rightarrow u_1 = u_2$，所以 φ_i 是单射，而有限集合上的单射必为双射．又

$$\varphi_i(u_1 + u_2) = (u_1 + u_2)^{p^i} = u_1^{p^i} + u_2^{p^i} = \varphi_i(u_1) + \varphi_i(u_2),$$

$$\varphi_i(u_1 u_2) = (u_1 u_2)^{p^i} = u_1^{p^i} u_2^{p^i} = \varphi_i(u_1) \varphi_i(u_2),$$

所以 φ_i 是 $GF(p^n)$ 上的自同构．

反之，设 σ 是 $GF(p^n)$ 上的任一自同构，设 α 是 $GF(p^n)$ 的一个本原元，α 的最小多项式为 $m(x) = x^n + a_1 x^{n-1} + \cdots + a_n \in Z_p[x]$，由定理 4.3.3，$m(x)$ 的全部根为 $\alpha, \alpha^p, \alpha^{p^2}, \cdots, \alpha^{p^{n-1}}$，$m(\sigma(\alpha)) = \sigma(m(\alpha)) = 0$，所以 $\sigma(\alpha)$ 也是 $m(x)$ 的一个根，即有某个 i 使 $\sigma(\alpha) = \alpha^{p^i}$，故 $\sigma = \varphi_i$．

综上，得 $\mathrm{Aut}\, GF(p^n) = \{\varphi_i \mid \varphi_i(u) = u^{p^i}, i = 0, 1, \cdots, n-1\}$．

再证 $\mathrm{Aut}\, GF(p^n)$ 是循环群，显然有 $\varphi_i = (\varphi_1)^i$．

所以 $\mathrm{Aut}\, GF(p^n) = \langle \varphi_1 \rangle = \{\varphi_1^i \mid i = 0, 1, \cdots, n-1\} \cong Z_n$．　　　　□

6. 有限域上的元素和多项式的性质

(1) $GF(p^n)$ 中每一个元素都是 p 次幂，也都是 p 次方根．

此性质的证明留作习题．

(2) $GF(p^n)$ 中本原元的数目为 $\varphi(p^n - 1)$，这里 φ 是 Euler 函数．

这是因为本原元 α 的乘法阶为 $o^*(\alpha) = p^n - 1$，$GF(p^n)^* = \langle \alpha \rangle$ 是 $p^n - 1$ 阶循环群，由循环群的性质知，它的生成元的个数为 $\varphi(p^n - 1)$，也就是本原元的个数．

(3) Z_p 上 n 次本原多项式的个数为 $J_p(n) = \varphi(p^n - 1)/n$．

这是因为本原多项式的根都是本原元，不同的多项式没有相同的根，而每个本原多项式有 n 个不同的根．

(4) $GF(p^n)$ 由所有 $m(m \mid n)$ 次不可约多项式的根组成．

这是因为对任何 $m(m \mid n)$ 次不可约多项式，它的根都在 $GF(p^m)$ 中，由有限域的子域的性质知，$GF(p^m) \leqslant GF(p^n)$，所以所有 $m(m \mid n)$ 次不可约多项式的根都在 $GF(p^n)$ 中．反之，$GF(p^n)$ 中任何元素 α，若它的最小多项式的次数是 k，则 $(Z_p(\alpha) : Z_p) = k$ 和 $Z_p(\alpha) = GF(p^k) \leqslant GF(p^n)$，由有限域的子域的性质知，$k \mid n$．综上，结论成立．由此结论可得

$$p^n = \sum_{m \mid n} m I_p(m).$$

进一步利用 Mobius 反变换（见习题 4.3,7）得到以下结果：

(5) Z_p 上 n 次首 1 不可约多项式的个数为

$$I_p(n) = \frac{1}{n} \sum_{m \mid n} \mu\left(\frac{n}{m}\right) p^m = \frac{1}{n} \sum_{d \mid n} \mu(d) p^{\frac{n}{d}},$$

其中 $\mu(d)$ 为整数集上的 Mobius 函数[1][6],证明留作习题 4.3,8.

为了熟悉有限域,我们来计算有限域上的线性群的阶.

例 4.3.4 设 F 是有限域,且 $|F|=q$,证明

① $|GL_n(F)|=(q^n-1)(q^n-q)\cdots(q^n-q^{n-1})$.

② $|SL_n(F)|=\dfrac{(q^n-1)(q^n-q)\cdots(q^n-q^{n-1})}{q-1}$.

证明 ① 求所有 n 阶可逆矩阵的个数.我们把可逆矩阵的每一行看作向量,则可逆矩阵的 n 个行向量是线性无关的.直接计算线性无关向量的个数:第 1 行不能为 0 向量,所以共有 q^n-1 种选择;第 1 行向量 α_1 一旦选定后,第 2 行向量 α_2 不能与 α_1 线性相关,即 $\alpha_2\notin\{k\alpha_1|k\in F\}$,故共有 q^n-q 种选择;第 1、2 行向量一旦选定后,第 3 行向量 $\alpha_3\notin\{k_1\alpha+k_2\alpha|k_1,k_2\in F\}$,故共有 q^n-q^2 种选择;……. 所以公式成立.

② 求所有行列式等于 1 的 n 阶可逆矩阵的个数.只要作一个 $GL_n(F)$ 到 F^* 的同态就可证明,请读者自己完成.

7. 有限几何

(1) 仿射平面上的直线

作为有限域的一个应用,下面介绍有限几何的概念.

定义 4.3.2 设 F 是有限域,仿射平面 $AP(F)$ 由下列两个集合组成:

① 点集 $P=\{(\alpha,\beta)|\alpha,\beta\in F\}$,

② 直线集 $L=\{ax+by+c=0|a,b,c\in F,a,b$ 不全为 $0\}$.

不难证明仿射平面 $AP(F)$ 具有普通欧几里得平面的性质:

① 过两个不同的点只能作一条直线.

② 过一直线 l 外的点 P 只能作一条直线 l' 与 l 不相交.

由于 $AP(F)$ 是定义在有限域上,因而 P 与 L 都是有限集合,且有以下计数定理.

定理 4.3.5 设 F 是有限域且 $|F|=n$,$AP(F)$ 是 F 上的仿射平面,则有

① $|P|=n^2$,

② $|L|=n^2+n$,

③ 每条直线恰通过 n 个点,

---

① Mobius 函数定义为:若 $n=p_1^{r_1}p_2^{r_2}\cdots p_s^{r_s}$,则

$$\mu(n)=\begin{cases}1,\text{当 }n=1,\\0,\text{有某个 }r_i>1,\\(-1)^s,r_1=r_2=\cdots=r_s=1.\end{cases}$$

④ 每个点恰在 $n+1$ 条直线上.

有限域理论在组合设计中有很好的应用.

(2) 离散椭圆曲线

有一种密码系统是利用离散椭圆曲线进行编码的.那么什么是椭圆曲线呢?我们先从实平面上的椭圆曲线说起,设 a,b 为实数,实平面上的曲线方程 $y^2=x^3+ax+b$ 的图形是以 x 轴为对称轴的曲线,称为**椭圆曲线**(elliptic curve).根据判别式 $\Delta=4a^3+27b^2$ 的三种情况:$\Delta>0,\Delta=0$ 和 $\Delta<0$,椭圆曲线有三种类型.例如,方程 $y^2=x^3-x,\Delta=-4<0$,曲线由两部分组成,在左半平面是一个类似于椭圆的一条封闭曲线,而右半平面是一条不封闭的趋向无穷的曲线.

类似,我们可以在有限几何中研究椭圆曲线,它的定义如下.

定义 4.3.3 设 $p>3$ 为素数,有限域 $F=GF(p)=Z_p,a,b\in F$ 且 $4a^3+27b^2\neq 0\ (\bmod\ p)$,则满足同余式

$$y^2\equiv x^3+ax+b\ (\bmod\ p)$$

的点 $(x,y)\in AP(F)$ 的集合 E 称为 F 上的**离散椭圆曲线**(discrete elliptic curve).并假定 E 中有一个特殊点 O.在 E 中定义加法 $\oplus$ 如下:设 $P=(x_1,y_1),Q=(x_2,y_2)$,则

$$P\oplus Q=\begin{cases} O,\text{如果 } x_2=x_1,y_2=-y_1, \\ (x_3,y_3),\text{否则}, \end{cases}$$

其中 $x_3=\lambda^2-x_1-x_2,y_3=\lambda(x_1-x_3)-y_1,\lambda=\begin{cases} \dfrac{y_2-y_1}{x_2-x_1},\text{如 } P\neq Q, \\ \dfrac{3x_1^2+a}{2y_1},\text{如 } P=Q. \end{cases}$

定义 $P\oplus O=O\oplus P=P,\forall P\in E$.

上面式子中的运算均为 $\bmod\ p$ 的运算.

可以证明 $(E,\oplus)$ 是可换群.元素 (x,y) 的逆元为 $(x,-y)$.此性质的证明作为练习题.

例 4.3.5 设 E 是 Z_{11} 上由方程 $y^2\equiv x^3+x+6\ (\bmod\ 11)$ 决定的椭圆曲线,计算此椭圆曲线上的所有的点.

首先,我们来确定 E 有哪些点.给定一个 $x\in Z_{11}$,令 $z=x^3+x+6\bmod 11$,考虑二次同余方程 $y^2\equiv z\ (\bmod\ 11)$ 的求解问题.由定理 2.10.2(Euler 准则),可判断 z 是否是平方剩余.如是的话,可用第 2 章中的公式:如果 z 是模 p 的平方剩余且 $p=3\bmod 4$,则 $a\in Z_p^*$ 的平方根为 $\pm a^{(p+1)/4}\bmod p$.由此计算 z 的平方根为

$$\pm z^{(11+1)/4}\ (\bmod\ 11)=\pm z^3\ (\bmod\ 11).$$

逐点计算,可得到 E 有 13 个点.所得的结果列于表 4.1.

表 4.1 椭圆曲线 $y^2 \equiv x^3 + x + 6 \pmod{11}$ 的点

x	$x^3 + x + 6 \bmod 11$	是否是模 11 的平方剩余	y
0	6	非	
1	8	非	
2	5	是	4,7
3	3	是	5,6
4	8	非	
5	4	是	2,9
6	8	非	
7	4	是	2,9
8	9	是	3,8
9	7	非	
10	4	是	2,9

离散椭圆曲线可应用于 Menezes-Vabstone 公钥密码系统.

讨论题:设 E 是 Z_{23} 上的椭圆曲线 $y^2 \equiv x^3 + x + 1 \pmod{23}$. 计算 E 的全部元素或部分元素. 设 $P = (3,10), Q = (9,7)$, 计算 $P \oplus Q$.

(3) 离散对数

各种形式的同余方程在密码学中有很多应用,对于指数是未知数的同余方程,就是所谓**离散对数**(discrete logarithm)问题:

定义 4.3.4 设 $p > 3$ 为素数,$\alpha \in Z_p$ 是一个本原元,$\beta \in Z_p^*$,求整数 x,$0 \leqslant x \leqslant p-2$ 满足

$$\alpha^x \equiv \beta \pmod{p}.$$

x 存在且惟一的,称 x 为 β 的以 α 为底的**离散对数**,并记作 $x = \log_\alpha \beta$.

首先我们看一下离散对数的存在惟一性. 这是因为 $\alpha \in Z_p$ 是一个本原元,它是 $(Z_p^*, \cdot)$ 的生成元,所以 $\forall \beta \in Z_p^*$ 均有 $x \in Z_{p-1}$ 使 $\alpha^x \equiv \beta \pmod{p}$. 若有 $x_1, x_2 \in Z_{p-1}$,则由 $\alpha^{x_1} \equiv \alpha^{x_2} \equiv \beta \pmod{p}$ 得 $\alpha^{x_1 - x_2} \equiv 1 \pmod{p}$,因而 $x_1 \equiv x_2 \pmod{p-1}$,在 $[0, p-2]$ 范围内是惟一确定的.

我们更关心的是如何计算离散对数. 由于是在有限域上计算离散对数,自然会想到把所有的幂 $\alpha^x, 0 \leqslant x \leqslant p-2$ 都计算出来,从而找出 β 所对应的 x.

例 4.3.6 如果 $p = 7, Z_7$ 中本原元有 3 与 4,设 $\alpha = 3, \beta = 6$,求 $\log_3 6$. 我们计算出表 4.2.

表　4.2

x	1	2	3	4	5	6
α^x	3	2	6	4	5	1

所以 $\log_3 6 = 3$.

以上这种方法是枚举法. 下面的算法是由 Shank 提出的所谓"时间记忆非换位"(timememory trade-off)算法, 对枚举法作了改进.

离散对数问题的香客(Shank)算法: 给定 $\beta \in Z_p^*$, 求 $x = \log_\alpha \beta$. 设 $m = \lceil \sqrt{p-1} \rceil$.

① 计算所有的 $\alpha^{mj} \bmod p, 0 \leqslant j \leqslant m-1$;

② 将 m 个元素对 $(j, \alpha^{mj} \bmod p)$ 按第二个坐标排序, 得到表 4.3;

③ 计算所有的 $\beta \alpha^{-i} \bmod p, 0 \leqslant i \leqslant m-1$;

④ 将 m 个元素对 $(i, \beta \alpha^{-i} \bmod p)$ 按第二个坐标排序, 得到表 4.4;

⑤ 找出第二个坐标相同的两个元素对 $(j, y) \in L_1$ 和 $(i, y) \in L_2$;

⑥ 则得到 $x = \log_\alpha \beta = mj + i \bmod (p-1)$.

表 4.3　L_1-表

j	0	1	2
$\alpha^{mj} = 3^{3j} = 6^j$	1	6	1

表 4.4　L_2-表

i	0	1	2
$\beta \alpha^{-i} = 6 \cdot 3^{-i} = 6 \cdot 5^i$	6	2	3

不难证明此算法的正确性(自己先证明, 再看下面的证明):

设表 4.3 中的第 j 个元素对 $(j, \alpha^{mj} \bmod p)$ 与表 4.4 中的第 i 个元素对 $(i, \beta \alpha^{-i} \bmod p)$ 的第二个分量相等, 则得 $\alpha^{mj} \bmod p = \beta \alpha^{-i} \bmod p$, 因而 $\beta = \alpha^{mj+i} \bmod p$, 所以得 $x = \log_\alpha \beta = mj + i \bmod (p-1)$.

例中, $p = 7, \alpha = 3, \beta = 6$, 求 $\log_3 6$. 计算 $m = \lceil \sqrt{6} \rceil = 3$, 可得表 4.3 和表 4.4. 比较两表后, 得 $x = \log_3 6 = mj + i = 3 \times 1 + 0 = 3$.

当 p 较大时香客算法可节省工作量. 这是因为两个表共需 $2m \approx 2\sqrt{p-1}$ 个求幂的计算, 而枚举法需 p 个求幂的计算.

练习题: 设 $p = 23$, 求 $\log_2 22$.

还有一些其他的离散对数算法, 不在此罗列了.

习题 4.3

1. 证明

(1) $(F_{p^n} : Z_p) = n$;

(2) 对任何 $u \in F_{p^n}$ 有 $(Z_p(u) : Z_p) \mid n$.

2. 构造 125 个元素和 64 个元素的域，并用图形分别表示这两个域的所有子域.

3. 设 p 为素数，证明

$$(p-1)! \equiv -1 \pmod{p}.$$

4. 求多项式 $f(x) = x^3 + 2x + 1 \in Z_3[x]$ 在它的分裂域中的所有根.

5. 求 $E = Z_3[x]/(x^2+1)$ 中的所有本原元.

6. 设 $q(x)$ 是 Z_p 上的 n 次不可约首 1 多项式，则 $q(x)$ 是 Z_p 上的 n 次本原多项式的充分必要条件是 $q(x) \mid x^{p^n-1} - 1$，但 $q(x) \nmid x^m - 1, \forall m < p^n - 1$.

7. 设 $I_p(n)$ 为 Z_p 上 n 次不可约首 1 多项式的个数，

(1) 证明 $p^n = \sum_{m \mid n} m I_p(m)$.

(2) 由下列的 Mobius 反变换公式：

若有 $f(n) = \sum_{d \mid n} g(d)$，则有 $g(n) = \sum_{d \mid n} \mu(d) f\left(\dfrac{n}{d}\right)$，

证明求 $I_p(n)$ 的公式.

8. 求 Z_2 上所有 4 次不可约首 1 多项式的个数和 4 次本原多项式的个数，并一一列举出来. 并说明如何判断一个 n 次不可约首 1 多项式是否是 n 次本原多项式.

9. 证明 $GF(p^n)$ 中每个元素都是 p 次幂，也是 p 次方根.

10. 证明 $Z_p[x]$ 中全部 n 次不可约多项式和 n 次本原多项式可通过分解多项式

$$f(x) = x^{p^n} - x$$

得到.

4.4 单位根，分圆问题

本节我们讨论复数域上单位根和单位原根的概念，进一步解决分圆问题.

1. 单位根

若复数 ξ 满足方程 $x^n - 1 = 0$，则称 ξ 为一个 n 次单位根. 若 ξ 满足 $x^n - 1 = 0$ 但不满足任何 $x^h - 1 = 0$（$h < n$），则称 ξ 是 n 次单位原根. 在复数域上全体 n 次单位根的集合为

$$\{\xi_k = e^{i\frac{2k\pi}{n}} \mid 0 \leqslant k < n\},$$

n 次单位原根的集合为

$$\{\alpha_k = e^{i\frac{2k\pi}{n}} \mid 1 \leqslant k < n \quad \text{且}(k,n)=1\},$$

n 次单位原根的数目为 $\varphi(n)$.

虽然在概念上复数域上的单位根与单位原根与有限域上相应的概念相同.但复数域是无限域.

由于分圆问题等价于在复平面上 n 次单位原根是否可作出的问题.下面我们利用单位根的性质进一步解决分圆问题.

2. 分圆问题

定义 4.4.1   设 ω 是复数域上的一个 n 次单位原根,则 ω 在 $\mathbb{Q}$ 上的最小多项式称为 **n 次分圆多项式**,记作 $\Phi_n(x)$.

例 4.4.1   由于 2 次单位根为 $1,-1$,其中 -1 是 2 次单位原根,所以 $\Phi_2(x)=x+1$.

3 次单位原根为 $\omega_{1,2}=\dfrac{-1\pm\sqrt{3}i}{2}$,故得 $\Phi_3(x)=x^2+x+1$.

4 次单位原根为 $\xi_k=e^{i\frac{2k\pi}{4}}((k,4)=1)=e^{\frac{\pi}{2}i},e^{\frac{3\pi}{2}i}=i,-i$,所以 $\Phi_4(x)=x^2+1$.

一般来说,$\Phi_n(x)$ 由 n 惟一确定.可以通过两种方法来确定,一是由单位原根来确定,另一种方法是通过分解 x^n-1 及以下定理来确定.

定理 4.4.1   设 ω 是 n 次复单位原根,若 x^n-1 在 $\mathbb{Q}$ 上可分解为

$$x^n-1=P_1(x)P_2(x)\cdots P_s(x),$$

其中 $P_i(x)$ $(i=1,2,\cdots,s)\in\mathbb{Z}[x]$ 是 $\mathbb{Q}$ 上的不可约首 1 多项式.若有某个 $P_k(x)$ 使 $P_k(\omega)=0$,则 $P_k(x)$ 就是 ω 的最小多项式,即 $\Phi_n(x)=P_k(x)$.

此定理十分显然,利用 $\mathbb{C}[x]$ 中多项式分解的惟一性及不可约多项式的性质,知 $\Phi_n(x)$ 是惟一确定的.

由原根确定 $\Phi_n(x)$ 涉及分圆多项式的下列性质.

定理 4.4.2 n 次分圆多项式 $\Phi_n(x)$ 的全部根恰为全体 n 次复单位原根.

证明   分以下两步证明.

(1) 首先证明 $\Phi_n(x)$ 的根都是 n 次复单位原根.

由定理 4.4.1 知 $\Phi_n(x)\big|x^n-1$,故 $\Phi_n(x)$ 的根都是 n 次单位根.设 ω 是一个 n 次单位原根,ξ 是 $\Phi_n(x)$ 的根但不是单位原根,由于全体 n 次单位根构成一个 n 阶循环群,可得 ξ 在乘群中的阶 $d=o(\xi)<n$ 且 $d\big|n$.即 ξ 是 d 次单位原

根，因而 $\Phi_n(x)$ 与 x^d-1 有公共根，但 $\Phi_n(x)$ 不可约，故 $\Phi_n(x) \big| x^d-1$，得 $\omega^d=1$，$d<n$，与 ω 是 n 次原根矛盾.

所以 $\Phi_n(x)$ 的根都是 n 次单位原根.

(2) 其次证明所有 n 次单位原根都是 $\Phi_n(x)$ 的根.

设 α 是与 ω 不同的另一个 n（$n>2$）次复单位原根，可设 $\alpha=\omega^k$，且 $(k,n)=1$.

要证 α 也是 $\Phi_n(x)$ 的根，只需证明对任意不能整除 n 的素数 p，ω^p 也是 $\Phi_n(x)$ 的根（为什么?）.

反证法. 令 $x^n-1=\Phi_n(x)\psi(x)$，$\psi(x)\in\mathbb{Z}[x]$，

设 ω^p 不是 $\Phi_n(x)$ 的根，则 ω^p 必是 $\psi(x)$ 的根，即 $\psi(\omega^p)=0$，因而 ω 是 $\psi(x^p)$ 的根，故得 $\Phi_n(x) \big| \psi(x^p)$. 令

$$\psi(x^p)=\Phi_n(x)G(x), \quad G(x)\in\mathbb{Z}[x],$$

作 $\mathbb{Z}[x]$ 到 $Z_p[x]$ 的同态（p 为任意素数）：

$$\tau: f(x)=\sum a_i x^i \mapsto \sum \bar{a}_i x^i=\bar{f}(x),$$

这里 $\bar{a}_i$ 记 a_i 的同余类：$\bar{a}_i=a_i+(p)$.
于是有

(i) $\overline{\psi(x^p)}=\overline{\Phi_n}(x)\overline{G}(x)$，

(ii) $\overline{x^n-1}=\overline{\Phi_n}(x)\overline{\psi}(x)$.

由(i)得 $\overline{\psi}(x^p)=(\overline{\psi}(x))^p=\overline{\Phi_n}(x)\overline{G}(x)$，由于 $Z_p[x]$ 是惟一分解整环，$\overline{\Phi_n}(x)$ 的任何不可约因子均是 $\overline{\psi}(x)$ 的因子，因而 $\overline{\psi}(x)$ 与 $\overline{\Phi_n}(x)$ 有非平凡公因式 $\bar{q}(x)$（$\deg \bar{q}(x)>1$），再由(ii)，得 $\bar{q}(x)^2 \big| (\overline{x^n-1})$，于是多项式 $\bar{h}(x)=\overline{x^n-1}$ 在其分裂域上有重根，与 $(\bar{h}(x),\bar{h}'(x))=(\overline{x^n-1},\bar{n}x^{n-1})=\bar{1}$ 矛盾.

综上，定理得证. $\qquad\qquad\qquad\qquad\qquad\qquad\qquad\square$

该定理证明的第二部分比较复杂，其主要技巧是将多项式 $x^n-1\in\mathbb{Z}[x]$ 同态到 $Z_p[x]$ 中去，利用 $Z_p[x]$ 中多项式有性质：$\bar{f}(x^p)=(\bar{f}(x))^p$ 得到 $\overline{x^n-1}$ 有重根，从而矛盾.

从定理 4.4.2 可见，复数域上的 n 次单位原根所满足的 $\mathbb{Z}[x]$ 中的不可约多项式只有一个分圆多项式 $\Phi_n(x)$. 而在 $Z_p[x]$ 上的多项式的单位根问题有很大的不同. $GF(p^n)$ 上的 n 次本原元是多项式 $x^{p^n-1}-\bar{1}$ 的单位原根，所有这些 n 次本原元并不满足惟一的一个不可约多项式，而分别满足若干个 n 次不可约多项式（本原多项式）.

确定分圆多项式 $\Phi_n(x)$ 可通过在 $\mathbb{Z}[x]$ 中分解多项式 x^n-1 而得到. 并可

由下面的定理先确定 $\deg \Phi_n(x)$.

由定理 4.4.2,立即可得 $\deg \Phi_n(x)=\varphi(n)$,因而有以下定理.

定理 4.4.3 设 ω 是任一 n 次复单位原根,则 $(\mathbb{Q}(\omega):\mathbb{Q})=\varphi(n)$.

由定理 4.4.3 和可构造数基本定理(定理 4.1.5)可进一步研究分圆问题.

定理 4.4.4 正 n 边形可作出的充分必要条件是 $n=2^e p_1 p_2 \cdots p_s$,其中 e 为非负整数,$p_i(i=1,2,\cdots,s)$ 为不同的 Fermat 素数.

证明 我们只证此定理的必要性.

设 n 的素因子分解式为 $n=2^e p_1^{r_1} p_2^{r_2} \cdots p_s^{r_s}$,由于

$$\varphi(n)=n\left(1-\frac{1}{2}\right)\left(1-\frac{1}{p_2}\right)\cdots\left(1-\frac{1}{p_s}\right)$$
$$=2^{e-1}p_1^{r_1-1}(p_1-1)\cdots p_s^{r_s-1}(p_s-1),$$

又由正 n 边形可作出即 n 次复单位原根可作出的必要条件(由可构造数基本定理),得

$$(\mathbb{Q}(\omega):\mathbb{Q})=\varphi(n)=2^K,$$

因而得

$$\gamma_i=1, \quad p_i-1=2^{K_i} \quad (i=1,2,\cdots,s),$$

故有

$$p_i=2^{2^{m_i}}+1 \quad (i=1,2,\cdots,s).$$

由于证明充分性需要域的 Galois 理论,因此,我们暂且就此止步.

关于 Fermat 素数与有关情况我们补充如下.

Fermat(费马,1600—1665),法国数学家,他猜想形如

$$F_n=2^{2^n}+1, \quad n\geqslant 0$$

的整数是素数. 我们称这样的素数为 **Fermat 素数**. 但他只验证了 $n=0,1,2,3,4$ 时都是对的,如表 4.5 所示. 1732 年 Euler(欧拉)证明了 $641\big|F_5$,从而否定了 Fermat 的这个猜想. 而且至今也未发现新的 Fermat 素数. 于是自然人们想到,当 $n\geqslant 5$ 时不存在 Fermat 素数. 但至今还未证明这一点.

表 4.5　Fermat 素数

n	0	1	2	3	4	5
$F_n=2^{2^n}+1$	3	5	17	257	65537	$4294967297=641\times6700417$

因此,对圆周作 $7,11,13,\cdots$ 等分是不可能的.

关于 Fermat 猜想,我们离开主题来说一点儿趣事. Fermat 一生作出过好

几个猜想,其中有一个猜想为:

方程 $$x^n + y^n = z^n$$

对 $n > 2$ 无正整数解. 此猜想称为 Fermat 大定理或 Fermat 最后定理. 当初 Fermat 曾在一本书的边页空白处写道:"……这是不可能的,关于此,我确信已发现一种奇妙的证法,可惜这里的空白太小,写不下."于是,一是 Fermat 的证法成了千古之谜,许多人像探宝一样企图找到 Fermat 的证法;二是许多人花费了很多精力甚至毕生精力来证明此猜想.

20 世纪初,有一个德国工业家遗赠 10 万马克(当时约等于 200 万美元)奖励世界上第一个证明 Fermat 大定理的人. 事情到了 20 世纪末终于有了结果,美国数学家 A. J. Wiles 于 1994 年证明了此猜想. 并于 1997 年在德国哥庭根大学领取了此奖金. 他的成功使一些人感到高兴,也使一些人感到懊丧,因为一些著名数学猜想的研究大大推动了数学的发展,有人把数学猜想比作会下金蛋的母鸡,研究这些猜想会产生许多数学成果.

习题 4.4

1. 写出 5 次和 6 次分圆多项式 $\Phi_5(x)$ 和 $\Phi_6(x)$.

2. 证明

$$x^n - 1 = \prod_{d \mid n} \Phi_d(x).$$

3. 证明正 85 边形可作出.

4. 如何作出一个正五边形?

第 4 章小结

1. 域的特征与素域

(1) 有两种情况:当 $o^+(1) = p$(素数)时,$\mathrm{ch}F = p$,素域 $=(Z_p, +, \cdot)$;当 $o^+(1) = \infty$ 时,$\mathrm{ch}F = 0$,素域 $=(Q, +, \cdot)$.

(2) 当 $\mathrm{ch}F = p$ 时,F 可以是有限域,也可以是无限域. 有以下运算规律可以简化运算:① $\forall a \in F$ 有 $pa = 0$,② $\forall a \in F^*$ 有 $ma = na \Leftrightarrow m \equiv n \pmod{p}$,③ $\forall a, b \in F$ 有 $(a+b)^{p^k} = a^{p^k} + b^{p^k}$. ④ $\forall n \in Z^+$ 当 $p \nmid n$ 时有 $n^{p-1} \equiv 1 \pmod{p}$.

2. 域的扩张的类型

(1) **有限扩张与无限扩张**. 扩张次数 $(E : F) = $ 线性空间 $E(F)$ 的维数. 扩张次数满足:① **望远镜公式**:设 $E \geqslant K \geqslant F$,则 $(E : F) = (E : K)(K : F)$.

②$(F(a)：F)=m,(F(b)：F)=n\Rightarrow(F(a,b)：F)\leqslant mn$,且当$(m,n)=1$时等式成立.

(2) **代数扩张与超越扩张**. 代数扩张上的代数扩张仍是代数扩张.

(3) **有限扩张与代数扩张**. $E|F$ 是有限扩张$\Rightarrow E|F$ 是代数扩张.

(4) **有限扩张是单扩张**. 在 F 上添加有限个代数元 $\alpha_1,\alpha_2,\cdots,\alpha_s$ 得到的域 $K=F(\alpha_1,\alpha_2,\cdots,\alpha_s)$ 是 F 上的单扩张, 即存在 $\beta\in K$ 使 $K=F(\alpha_1,\alpha_2,\cdots,\alpha_s)=F(\beta)$. **将 $F(a,b)$ 表示为 $F(c)$ 的方法**: 方法①取 $c=a+rb\neq a_i+rb_j, a_i$ 与 b_j 是 a 和 b 的其他共轭根; 方法②$c=a+rb$ 使$(F(c)：F)=(F(a,b)：F)$.

3. 单扩张的结构

设 $u\in E\backslash F$, 则

$$F(u)=\begin{cases}\{a_0+a_1u+\cdots+a_{n-1}u^{n-1}\mid a_i\in F\}=\dfrac{F[x]}{(m(x))},\text{当 }u\text{ 是 }n\text{ 次代数元 且}\\ \qquad u\text{ 的最小多项式是 }m(x),(F(u)：F)=n,\\ \left\{\dfrac{f(u)}{g(u)}\,\middle|\,f(x),g(x)\in F[x],g(x)\neq 0\right\},\text{当 }u\text{ 是超越元 且}(F(u)：F)=\infty.\end{cases}$$

4. 扩域的构造及性质

(1) 如果我们已知域$(F,+,\cdot)$, 要构造一个扩域 K 使$(K：F)=n$, 则只需在 $F[x]$ 中找一个 n 次不可约首 1 多项式 $p(x)$, 则

$$K=F[x]/(p(x))=\overline{\{a_0+a_1x+\cdots+a_{n-1}x^{n-1}\mid a_i\in F\}}$$
$$=\{a_0+a_1\bar{x}+\cdots+a_{n-1}\bar{x}^{n-1}\mid a_i\in F\},$$

而且 K 还包含 $p(x)$ 的一个根 $\bar{x}$, 并有 $K=F(\bar{x})$.

(2) 不同的 n 次不可约多项式构造出的扩域是同构的.

(3) 添加同一个不可约多项式的两个根的单扩张是同构的. 对 F 上的一个不可约多项式 $f(x)$ 的两个根 u 和 v, 存在一个 $F(u)$ 到 $F(v)$ 的同构 τ 满足: $\tau(u)=v$ 和 $\tau|_F=1$.

5. 有限域的表示方法

对于有限域, $(F_{p^n}：Z_p)=n$, $p(x)$ 为 $Z_p[x]$ 中一个 n 次不可约多项式, 则

$$F_{p^n}=Z_p[x]/(p(x))=\overline{\{a_0+a_1x+\cdots+a_{n-1}x^{n-1}\mid a_i\in Z_p\}}=Z_p(\bar{x})$$

$$=E_{p(x)}(p(x)\text{ 的分裂域}, p(x)\text{ 的所有根为}:\bar{x},\bar{x}^p,\cdots,\bar{x}^{p^{n-1}}.)$$

$= E_{q(x)}(q(x) = x^{p^n} - x$ 的分裂域)

$= \{0\} \bigcup \{a^i \mid i = 0, 1, \cdots, p^n - 2, \alpha$ 为 n 次本原元$\}$.

6. 有限域的子域与自同构

(1) $GF(p^m) \leqslant GF(p^n) \Leftrightarrow m \mid n$.

(2) $\mathrm{Aut}(F_{p^n}) = \{\varphi_i \mid \varphi_i : u \mapsto u^{p^i}, i = 0, 1, \cdots, n-1\} \cong (Z_n, +)$.

7. 有限域的元素

(1) F_{p^n} 中的任一元素都是 p 次幂和 p 次方根.

(2) $\alpha \in F_{p^n} \Leftrightarrow \alpha$ 是 $Z_p[x]$ 中某个 $m(m \mid n)$ 次不可约多项式的根. 由此结论可得

$$p^n = \sum_{m \mid n} m I_p(m).$$

(3) α 是 F_{p^n} 中的 n 次本原元 $\Leftrightarrow o^*(\alpha) = p^n - 1$.

8. $Z_p[x]$ 中多项式的性质

(1) n 次本原元多项式的个数为 $J_p(n) = \dfrac{1}{n}\varphi(p^n - 1)$.

(2) n 次不可约多项式的个数为 $I_p(n) = \dfrac{1}{n}\sum_{m \mid n}\mu(m)p^{\frac{n}{m}}$.

若干结果见表 4.6.

表 4.6　不可约多项式与本原多项式的个数

n	$I_p(n) = \dfrac{1}{n}\sum_{m\mid n}\mu(m)p^{\frac{n}{m}}$	$J_p(n) = \dfrac{1}{n}\varphi(p^n-1)$	$p=2$		$p=3$	
			$I_2(n)$	$J_2(n)$	$I_3(n)$	$J_3(n)$
1	p	$\varphi(p-1)$	2	1	3	1
2	$\dfrac{1}{2}p(p-1)$	$\dfrac{1}{2}\varphi(p^2-1)$	1	1	3	2
3	$\dfrac{1}{3}p(p^2-1)$	$\dfrac{1}{3}\varphi(p^3-1)$	2	2	8	4
4	$\dfrac{1}{4}p^2(p^2-1)$	$\dfrac{1}{4}\varphi(p^4-1)$	3	2	18	8
5	$\dfrac{1}{5}p(p^4-1)$	$\dfrac{1}{5}\varphi(p^5-1)$	6	6	48	22
6	$\dfrac{1}{6}p(p^5-p^2-p+1)$	$\dfrac{1}{6}\varphi(p^6-1)$	9	4	116	48

第5章 方程根式求解问题简介

在第 1 章中,我们提出了历史上若干数学问题:圆规直尺作图问题,代数方程根式求解问题等.其中圆规直尺作图问题在学习了群、环、域的基本知识后已得到了解决.而代数方程根式求解问题我们还没有涉及,本章我们简要介绍这个问题是如何解决的.

所谓代数方程根式求解问题,就是一个 $n \geqslant 1$ 次代数方程的根是否可用它的系数经过有限次四则运算和开方表示出来? 对一次、二次代数方程可以做到,例如方程 $ax^2 + bx + c = 0$ 的解为 $x_{1,2} = \dfrac{-b \pm \sqrt{b^2 - 4ac}}{2a}$.

对三次、四次代数方程也可做到,可查任何一本数学手册.用初等代数的方法证明三次、四次代数方程可根式求解,在 16 世纪初就已得到.但对于五次以上的代数方程是否可根式求解的问题,长期得不到解决.直到 18 世纪末,Galois(伽罗瓦)等人才用所谓 Galois 理论解决了这个问题.为了介绍解决这个问题的理论和方法.首先我们对域与多项式的根的问题作一些复习和补充.

(1) 设域 E 是域 F 的扩域,或域 F 是域 E 的子域,用 $E \geqslant F$ 或 $F \leqslant E$ 表示它们的关系.在本书中用记号 $E \mid F$(有些书用记号 E/F)表示域 E 是域 F 的扩域.域 $E \mid F$ 可看作是 F 上的线性空间,强调它是线性空间时记作 $E(F)$.用记号 $E \mid F$ 可以使许多叙述简化.

$(E : F)$ 表示 $E \mid F$ 的扩张次数(类似的记号在群论中表示群对子群的指数 $[G : H]$,用方括号或用圆括号均可,本书为了区别起见,用圆括号表示域的扩张次数,而用方括号表示群对子群的指数),域的扩张次数的含义是 $E(F)$ 作为线性空间的维数.当 $(E : F)$ 有限时,称 $E \mid F$ 为有限扩张.扩张次数满足"望远镜公式":设 $E \geqslant K \geqslant F$,则 $(E : F) = (E : K)(K : F)$.

(2) 设 $f(x) \in F[x]$, $n = \deg f(x)$.包含 $f(x)$ 的所有根的最小的扩域称为 $f(x)$ 的分裂域,记作 E_f,且 $(E_f : F) \leqslant n!$.由于平常所说的代数方程的系数是指实数或复数,所以以下主要讨论特征为 0 的域.$f(x)$ 在 E_f 中无重根的充分必要条件为 $(f(x), f'(x)) = 1$.由此可得出,对于特征为 0 的域或特征为 p 的有限域上的不可约多项式 $f(x)$ 来说,在其分裂域内无重根.

(3) 域的自同构概念就是环的自同构:保持运算(加法与乘法)的双射.由

于域上的自同构必然保持 1 不变,因而保持素域上的元素不变. 设 $F \leqslant E$, σ 为 E 上的一个自同构且保持 F 上的元素不变,即 $\sigma|_F = 1$,则称 σ 为 E 上的一个 F-自同构. E 上全体 F-自同构记作 $\mathrm{Aut}(E|F)$,它对映射复合构成的群称为 E 上的 Galois 群,Galois 群将在后面专门讨论和给出另外专门的记号. 设 $f(x) \in F[x]$ 是在 F 上一个不可约的 n 次多项式,E_f 是 $f(x)$ 在 F 上的分裂域. 若 α 是 $f(x)$ 在 E_f 中的一个根,$\sigma \in \mathrm{Aut}(E_f|F)$,则 $\sigma(\alpha)$ 也是 $f(x)$ 在 E_f 中的一个根. 反之,若 α, β 是 $f(x)$ 在 E_f 中的两个根,称它们互相共轭,则存在一个 $F(\alpha)$ 到 $F(\beta)$ 的 F-同构 τ 使 $\tau(\alpha) = \beta$.

下面首先讨论 Galois 群的概念.

5.1　多项式的 Galois 群

把多项式的根与域和群联系起来是解决方程根式求解问题的基本思想,直入主题,下面给出多项式的 Galois 群的概念和性质.

如前,用记号 $K|F$ 表示域 K 是域 F 的扩域.

1. 域和多项式的 Galois 群

$K|F$ 上的全体 F-自同构关于映射复合构成群,称为 K 在 F 上的 **Galois 群**(Galois group),记作 $\mathrm{Gal}(K|F)$,或简记为 $G_{K|F}$. 域的自同构群的概念已在第 4 章中介绍过,这里只给出新的记号:

$$\mathrm{Gal}(K|F) = G_{K|F} = \mathrm{Aut}(K|F).$$

对有限域 F_{p^n},有 $\mathrm{Aut}(F_{p^n}|Z_p) \cong (Z_n, +)$,所以 $\mathrm{Gal}(F_{p^n}|Z_p) \cong (Z_n, +)$,比较简单. 因此主要研究特征为 0 的域上的自同构群.

我们先来看一个例子.

例 5.1.1　设 $K = \mathbb{Q}(\sqrt{2})$,试确定 $G_{K|\mathbb{Q}}$.

解　首先把 K 中的元素用 $\mathbb{Q}$ 中的元素和 $\sqrt{2}$ 表达出来: $K = \{a + b\sqrt{2} \mid a, b \in \mathbb{Q}\}$, K 在 $\mathbb{Q}$ 上的生成元为 $\sqrt{2}$.

设 σ 为 $G_{K|\mathbb{Q}}$ 中任一元素,$\sigma(a + b\sqrt{2}) = a + b\sigma(\sqrt{2})$,关键是确定 $\sigma(\sqrt{2})$. 由于 $\sqrt{2}$ 的最小多项式是 $f(x) = x^2 - 2$,由本章前言中的(3),$\sigma(\sqrt{2})$ 只能是 $f(x) = x^2 - 2$ 的根,所以有 $\sigma(\sqrt{2}) = \sqrt{2}$ 或 $\sigma(\sqrt{2}) = -\sqrt{2}$. 因此 K 上的 $\mathbb{Q}$-自同构只有两个: $\sigma_1 = 1$ 和 $\sigma_2(a + b\sqrt{2}) = a - b\sqrt{2}$,$\forall a, b \in \mathbb{Q}$,所以

$$G_{K|Q} = \{\sigma_1, \sigma_2\} \cong (Z_2, +).$$

从上例可见,确定 K 在 F 上的 Galois 群的基本方法是确定 K 在 F 上的生成元或基的像,从而确定所有的自同构.

有了域上的 Galois 群的概念,多项式的 Galois 群的概念就很容易了,多项式的 Galois 群就是它的分裂域的 Galois 群.

定义 5.1.1 设 E_f 是多项式 $f(x) \in F(x)$ 在 F 上的分裂域,则 E_f 在 F 上的 Galois 群 $G_{E_f|F}$ 称为**多项式 $f(x)$ 在 F 上的 Galois 群**,简记为 G_f,即

$$G_f = G_{E_f|F}.$$

由于多项式的 Galois 群,反映了多项式的性质,为最终解决方程根式求解问题提供了途径,因此研究多项式的 Galois 群是本章的重点.

为了确定一个多项式的 Galois 群,我们先研究多项式的 Galois 群的性质.下面主要讨论多项式的 Galois 群的两个问题:一是把群元素用根集上的置换来表示,二是求群的阶.先研究第一个问题.

2. 多项式的 Galois 群的置换表示

定理 5.1.1 设多项式 $f(x) \in F(x)$ 在它分裂域 E_f 中有 n 个不同的根:$u_1, u_2, \cdots, u_n$,令 $\Omega = \{u_1, u_2, \cdots, u_n\}$,则 $\forall g \in G_f$ 对应 Ω 上的一个置换:

$$\sigma_g = \begin{pmatrix} u_1, & u_2, & \cdots, & u_n \\ g(u_1), & g(u_2), & \cdots, & g(u_n) \end{pmatrix}, \qquad (5.1.1)$$

且映射 $\varphi: g \mapsto \sigma_g$ 是 G_f 到对称群 S_Ω 的单射.

证明 首先要证对每一个 $g \in G_f$,由式(5.1.1)所确定的变换 σ_g 是 Ω 上的一个置换.由于 $f(g(u_i)) = g(f(u_i)) = g(0) = 0$,得 $g(u_i) \in \Omega$,$i = 1, 2, \cdots, n$.所以 σ_g 是 Ω 上的一个变换.又因 g 是 E_f 上的单射,而 $\Omega \subset E_f$,所以 σ_g 也是 Ω 上的单射,有限集上的单射也是满射.故 σ_g 是 Ω 上的双射,即是 Ω 上的一个置换.

再证 φ 是单射,即要证 $\sigma_{g_1} = \sigma_{g_2} \Rightarrow g_1 = g_2$.

由式(5.1.1),$\sigma_{g_1} = \sigma_{g_2} \Rightarrow g_1(u_i) = g_2(u_i)$,$i = 1, 2, \cdots, n$.由 $E_f = F(u_1, u_2, \cdots, u_n)$,$\forall u \in E_f$ 可表示为

$$u = \sum a_{i_1 i_2 \cdots i_n} u_1^{i_1} u_2^{i_2} \cdots u_n^{i_n}, \quad a_{i_1 i_2 \cdots i_n} \in F,$$

故可得

$$g_1(u) = \sum a_{i_1 i_2 \cdots i_n} g_1(u_1^{i_1}) g_1(u_2^{i_2}) \cdots g_1(u_n^{i_n})$$

$$= \sum a_{i_1 i_2 \cdots i_n} g_2(u_1^{i_1}) g_2(u_2^{i_2}) \cdots g_2(u_n^{i_n}) = g_2(u),$$

所以

$$g_1 = g_2. \qquad \square$$

由定理 5.1.1 可得以下结论:

(1) 对于 $\mathrm{ch}F=0$,若 $f(x)\in F(x)$ 是 n 次不可约多项式,则 $f(x)$ 的 Galois 群 G_f 同构于 $f(x)$ 的 n 个不同的根的集合上的一个置换群:

$$G_f\leqslant S_n,$$

且 G_f 在 $f(x)$ 的根集上是可迁的.

(2) 在(1)的条件下,由于 $|S_n|=n!$,所以 G_f 的阶满足 $|G_f|\,\big|\,(n!)$.另一方面,由于 G_f 在 $f(x)$ 的根集上是可迁的,有 $n\,\big|\,|G_f|$.但这两个估计式太粗糙,我们希望得到 $|G_f|$ 的更确切的表达式.

3. 多项式的 Galois 群的阶

我们先给出以下引理.

引理 5.1.1　设 $f(x)\in F(x)$ 是一个无重根多项式,它的分裂域为 E_f.若 η 是 F 到 $\bar{F}=\eta(F)\subset E_f$ 的一个同构,则有 $(E_f:F)$ 种不同的方式将 η 扩大为 E_f 上的自同构.

该引理讲的是分裂域 E_f 内的一个局部的同构映射有几种方式扩大为整个域上的自同构.我们的证明思路是对 $(E_f:F)$ 作归纳法并利用以下事实:一个不可约多项式的两个根的单扩张之间存在同构.

证明　对 $(E_f:F)$ 作归纳法.

$(E_f:F)=1$,则 $E_f=F$,η 就是 E_f 上的单位自同构.结论成立.

下设 $(E_f:F)>1$,$f(x)$ 至少有一个次数大于 1 的不可约多项式因子 $p(x)$,设 $\deg p(x)=m$,$p(x)=\sum_{i=0}^{m}a_ix^i$.任取 $p(x)$ 的一个根 u,则 $F(u)$ 可表示为 $F(u)=\left\{\sum_{i=0}^{m-1}b_iu^i\,\big|\,b_i\in F\right\}$.由于 $f(x)$ 是无重根多项式,$p(x)$ 在 E_f 中有 m 个不同的根:$u_1,u_2,\cdots,u_m$.取 $u=u_1$,对每一个 $k\in\{1,2,\cdots,m\}$,定义映射

$$\eta_k:\sum_{i=0}^{m-1}b_iu^i\mapsto\sum_{i=0}^{m-1}\eta(b_i)(\bar{u}_k)^i\,(F(u)\to\bar{F}(\bar{u}_k)),$$

其中 $\bar{u}_k=\eta(u_k)$.

不难验证 η_k 是 $F(u)$ 到 $\bar{F}(\bar{u}_k)$ 的同构,且 $(E_f:F(u))<(E_f:F)$,由归纳假设,η_k 有 $(E_f:F(u))$ 种方式扩大为 E_f 上的自同构,故共得到 $m\cdot(E_f:F(u))=(F(u):F)(E_f:F(u))=(E_f:F)$ 个 E_f 上的自同构. □

由于多项式的 Galois 群的阶就是 E_f 中 F 自同构的数目,由引理 3.1.1 立即可得以下定理.

定理 5.1.2　设 $f(x)\in F(x)$ 是一个无重根多项式,它的分裂域为 E_f,则

$f(x)$ 的 Galois 群的阶为

$$|G_{E_f|F}| = (E_f : F).$$

证明　考虑 F 上的单位自同构 I,由引理 5.1.1,I 有 $(E_f : F)$ 种方式扩大为 E_f 上的自同构,它们构成 $f(x)$ 的 Galois 群,所以定理结论成立.　　□

定理中的多项式 $f(x)$ 要加无重根的条件是因为如果 $f(x)$ 有重根,则多项式次数增加而分裂域和扩张次数并无变化,这样,与多项式次数有关的一些性质就不成立了.因此,今后讨论都是对无重根的多项式进行,使问题简洁清楚.

有了以上的准备,现在可以来计算多项式的 Galois 群了.

4. 多项式的 Galois 群的计算

给定一个多项式 $f(x)$ 后,通常先确定 $|G_f|$,然后确定 $f(x)$ 在其分裂域上的根集,然后再通过根集上的置换来确定 G_f 的每个元素.我们用以下例子来说明.

例 5.1.2　设 $f(x) = x^4 - 2 \in \mathbb{Q}[x]$,试确定 G_f.

解　先确定 $|G_f|$. $f(x)$ 在 E_f 上的四个根为 $\pm\sqrt[4]{2}, \pm\mathrm{i}\sqrt[4]{2}$,则 $E_f = \mathbb{Q}(\sqrt[4]{2}, \mathrm{i})$. 由于不难得到 $(E_f : \mathbb{Q}) = 8$. 所以,$|G_f| = 8$. 而 S_4 中 8 阶子群只可能是 D_4 和 Q_8.

然后我们可根据定理 5.1.1,通过根集上的置换来确定 G_f 的每个元素. 由 Eisenstein 定理知 $f(x)$ 是 $\mathbb{Q}$ 上的不可约多项式,由于 $\sqrt[4]{2}$ 和 i 是 $E_f|\mathbb{Q}$ 的两个生成元,对于 $E_f|\mathbb{Q}$ 上的每个自同构 φ,只要确定 $\sqrt[4]{2}$ 和 i 的像就完全确定了 φ. 令 $\alpha_1 = \sqrt[4]{2}, \alpha_2 = \mathrm{i}\sqrt[4]{2}, \alpha_3 = -\sqrt[4]{2}, \alpha_4 = -\mathrm{i}\sqrt[4]{2}$,

$$\Omega = \{\sqrt[4]{2}, \mathrm{i}\sqrt[4]{2}, -\sqrt[4]{2}, -\mathrm{i}\sqrt[4]{2}\} = \{\alpha_1, \alpha_2, \alpha_3, \alpha_4\}.$$

设置换 σ 与 τ 分别为

$$\sigma(\mathrm{i}) = \mathrm{i} \text{ 和 } \sigma(\sqrt[4]{2}) = \mathrm{i}\sqrt[4]{2}; \quad \tau(\sqrt[4]{2}) = \sqrt[4]{2} \text{ 和 } \tau(\mathrm{i}) = -\mathrm{i}.$$

则可表示为

$$\sigma = \begin{pmatrix} \alpha_1 & \alpha_2 & \alpha_3 & \alpha_4 \\ \alpha_2 & \alpha_3 & \alpha_4 & \alpha_1 \end{pmatrix} = (1234),$$

$$\tau = \begin{pmatrix} \alpha_1 & \alpha_2 & \alpha_3 & \alpha_4 \\ \alpha_1 & \alpha_4 & \alpha_3 & \alpha_2 \end{pmatrix} = (24).$$

因而 $o(\sigma) = 4, o(\tau) = 2$. 不难验证:$\tau\sigma = \sigma^{-1}\tau$,所以得

$$G_f = \langle \sigma, \tau \rangle \cong D_4 (4 \text{ 次二面体群}).$$

以上例子所用的方法,主要有两点:一是分析 Galois 群的阶;二是通过分裂域的生成元找到某些以至全体自同构.

例 5.1.3 设 $f(x) = x^5 - 4x + 2 \in \mathbb{Q}[x]$,试确定 G_f.

解 由 Eisenstein 定理知 $f(x)$ 是 $\mathbb{Q}$ 上的不可约多项式,它在分裂域 E_f 中有五个不同的根.与例 5.1.1 类似通过分析这五个根的类型来确定 G_f 可能有哪些置换.

$f(x)$ 的导数为 $f'(x) = 5x^4 - 4$,$f'(x)$ 有两个实根: $x_1 = -\left(\dfrac{4}{5}\right)^{\frac{1}{4}}$,$x_2 = \left(\dfrac{4}{5}\right)^{\frac{1}{4}}$.通过计算易得 $f(x_1) > 0$,$f(x_2) < 0$,因而 $f(x)$ 有三个实根: $\alpha_1, \alpha_2, \alpha_3$,另两个为共轭复根: β_1, β_2.令 $\Omega = \{\beta_1, \beta_2, \alpha_1, \alpha_2, \alpha_3\}$.

因而 G_f 中有对换 $\sigma = (\beta_1, \beta_2)$.(作 E_f 上的变换 $g: a + bi \mapsto a - bi$,$\forall a, b \in \mathbb{Q}$.显然 $g \in \mathrm{Aut}(E_f \mid \mathbb{Q})$,由引理 5.1.1,$g$ 所对应的置换就是 σ.)

由于 G_f 在 Ω 上是可迁的(见本章前言中的(3)),由轨道公式知 $5 \mid |G_f|$.进而可得 G_f 包含一个 5 轮换(为什么?参看群论中的 Sylow 定理).由于 5 是素数,必有 5 轮换 $\tau = (\beta_1, \beta_2, \cdots) = (1, 2, \cdots)$ 在 G_f 中,于是由对称群的结果,得到

$$G_f = \langle \sigma, \tau \rangle \cong \langle (1, 2), (1, 2, \cdots) \rangle = S_5.$$

当 p 是一个素数,由群论中的结果 $\langle (1, 2), (1, 2, \cdots, p) \rangle = S_p$.我们可把例 5.1.2 的结论推广到 $\mathbb{Q}[x]$ 中某些 p 次不可约多项式的情形(见习题).

例 5.1.4 设 $f(x) = x^7 - 1 \in \mathbb{Q}[x]$,试确定 G_f.

解 (1) 确定 E_f 和 $|G_f|$:设 7 次单位原根为 $\alpha = e^{\frac{2\pi}{7}i}$,则 $E_f = \mathbb{Q}(\alpha)$,所以 $|G_f| = (E_f : \mathbb{Q}) = 6$.

(2) 确定 G_f 的元素:由于 $f(x)$ 的全部根为 $\Omega = \{1, \alpha, \alpha^2, \cdots, \alpha^6\}$,考虑 G_f 中任一元素 σ,必有 $\sigma(1) = 1$,$\sigma(\alpha) = \alpha^k$,$k \in \{1, 2, \cdots, 6\}$,因而 $\sigma(\alpha^i) = \alpha^{ki}$,$i = 0, 1, 2, \cdots, 6$.由于 $(k, 7) = 1$,所以 σ 是 Ω 上的一个置换.故 Ω 上的所有置换为: $\sigma_k: \alpha \mapsto \alpha^k$,$k = 1, 2, \cdots, 6$.故 $G_f = \{\sigma_k: \alpha \mapsto \alpha^k, k = 1, 2, \cdots, 6\}$,不难验证 $\sigma_k \sigma_l = \sigma_{kl}$.

作映射

$$\varphi: \sigma_k \mapsto k \quad (G_f \to (Z_7^*, \cdot)),$$

显然,这是双射,且满足 $\varphi(\sigma_k \sigma_l) = \varphi(\sigma_{kl}) = kl = \varphi(\sigma_k) \varphi(\sigma_l)$.

所以 $G_f \cong (Z_7^*, \cdot)$(整数模 7 的乘法群).

以上方法可用于讨论一般的多项式 $f(x) = x^n - 1 \in \mathbb{Q}[x]$,可得 $G_f = (Z_n^*, \cdot)$,整数模 n 的乘法群.

至此,关于确定一个不可约多项式 $f(x)$ 的 Galois 群 G_f 的方法可总结为以下几个要点:

(1) 首先确定 Galois 群 G_f 的阶:$|G_f|=(E_f:F)$.

(2) 确定 Galois 群 G_f 的一些特殊元素,例如根据 G_f 的可迁性,存在特殊的轮换等.

(3) 如果可求出 $f(x)$ 的所有的根,则可像例 5.1.2 那样,利用中间域和共轭根之间可能有的变换确定 G_f 的生成元.

(4) 如不能求出 $f(x)$ 的所有的根,则可利用根的类型,如实数或复数,确定根之间可能有的置换.

习题 5.1

1. 设 $f(x)=x^5-4x-2\in\mathbb{Q}[x]$,试确定 G_f.

2. 设 $f(x)=x^4-10x^2+4\in\mathbb{Q}[x]$.决定 $f(x)$ 在 $\mathbb{Q}$ 上的 Galois 群.

3. 确定 $f(x)=x^4-2$ 在 $\mathbb{Q}(i)$ 上的 Galois 群.

4. 设 $f(x)$ 是 $\mathbb{Q}$ 上的 p(p 是一个 $\geqslant 5$ 的素数)次不可约多项式,若它恰好有两个复根,则它的 Galois 群为 S_p.

5. 确定 $f(x)=x^n-1$ 在 $\mathbb{Q}$ 上的 Galois 群 G_f.

6. 设 ζ 是 n 次单位原根,证明 $f(x)=x^n-2$ 在 $\mathbb{Q}(\zeta)$ 上的 Galois 群是循环群.

5.2　群的可解性和代数方程的根式求解问题

有了多项式的 Galois 群的概念,就把代数方程的根式求解问题与群联系起来了,于是可把根式求解问题转化为群的问题.但在具体介绍如何转化之前,还要介绍群论中的一个有用的概念,这就是群的可解性.

1. 群的可解性

定义 5.2.1　设 G 为有限群,若有以下的**逐级正规子群序列**

$$G=G_1\triangleright G_2\triangleright\cdots\triangleright G_s\triangleright G_{s+1}=\langle 1\rangle \tag{5.2.1}$$

满足商群 $\dfrac{G_i}{G_{i+1}}$($1\leqslant i\leqslant s$)均是 Abel 群或素数阶循环群,则称 G 是**可解群** (solvable group).这样的子群序列(5.2.1)又称为**可解群列**.

注意几点:子群序列(5.2.1)中每个子群并不要求是 G 的正规子群,每个子群只是前一个子群的正规子群,所以我们称它为**逐级**正规子群序列,以免引起误会,商群$\dfrac{G_i}{G_{i+1}}$是 Abel 群与它是素数阶循环群是等价的,这是因为对有限 Abel 群,可插入一些中间群,使相应的商群成为素数阶循环群,反过来用自然同态的全原像,得到原群的可解群列.

例如,可换群是可解群.二面体群 $D_n = \langle a,b \mid o(a) = n, o(b) = 2, ba = a^{-1}b \rangle$,令 $G_1 = D_n$,$G_2 = \langle a \rangle$,$G_3 = \langle 1 \rangle$,则有 $G_1 \triangleright G_2 \triangleright G_3 = \langle 1 \rangle$,所以,$D_n$ 是可解群.但 $A_n(n \geqslant 5)$ 不是可解群,因为 $A_n(n \geqslant 5)$ 是单群,有惟一的正规群列:$A_n \triangleright \langle 1 \rangle$,而 $\dfrac{A_n}{\langle 1 \rangle} = A_n$,不可换.

为了更全面了解可解群的概念,我们再给出可解群的另一种定义.先让我们回忆在第 2 章(习题 2.6,6)一个不起眼的东西——换位子群.群中形如 $aba^{-1}b^{-1}$ 的元素称为**换位子**,由 G 中的所有换位子生成的子群记作

$$G^{(1)} = \langle aba^{-1}b^{-1} \mid a,b \in G \rangle,$$

称为 G 中的**换位子群**.注意右端是生成子群的记号,$G^{(1)}$ 的元素包含 G 中的所有换位子及它们的所有可能的有限乘积.换位子群有以下两个重要的性质:

(1) $G^{(1)} \triangleright G$ 且 $\dfrac{G}{G^{(1)}}$ 是可换群;

(2) 若有 $N \triangleright G$ 使 $\dfrac{G}{N}$ 是可换群,则 $G^{(1)} \leqslant N$.

从直观上看,换位子群代表群中的不可换的部分,去掉它,所得的商群就可换了,且具有最小性,即它是使商群可换的最小正规子群.

我们可用换位子群给出可解群的另一种定义.

定义 5.2.2 设 G 为有限群,G 的换位子群记作 $G^{(1)}$,$G^{(1)}$ 的换位子群记作 $G^{(2)}$,……若有某个正整数 k 使 $G^{(k)} = \langle 1 \rangle$,则称 G 是**可解群**(soualble group).

我们来证明定义 5.2.1 与定义 5.2.2 的等价性.

先证定义 5.2.1 $\Rightarrow$ 定义 $5.2.1'$:设 G 有正规群列

$$G = G_1 \triangleright G_2 \triangleright \cdots \triangleright G_s \triangleright G_{s+1} = \langle 1 \rangle$$

满足商群 $\dfrac{G_i}{G_{i+1}}$($1 \leqslant i \leqslant s$)均是 Abel 群或素数阶循环群.利用换位子群的性质 (2),得 $G^{(1)} \leqslant G_2$.类似,可得 $G_2^{(1)} \leqslant G_3$,故 $G^{(2)} \leqslant G_2^{(1)} \leqslant G_3$,……所以必有 $G^{(s)} \leqslant G_{s+1} = \langle 1 \rangle$.

定义 5.2.2 $\Rightarrow$ 定义 5.2.1:设有某个正整数 k 使 $G^{(k)} = \langle 1 \rangle$,则由换位子群

的性质(1),得到正规群列:$G \triangleright G^{(1)} \triangleright G^{(2)} \triangleright \cdots \triangleright G^{(k)} = \langle 1 \rangle$ 且 $\dfrac{G^{(i)}}{G^{(i+1)}}$ ($0 \leqslant i \leqslant k - 1$)可换.

关于可解群有许多性质,下面列出几个即将用到的性质.

2. 可解群的性质

引理 5.2.1　有限可解群 G 的任意同态像 G' 是可解的.

证明　设 G 有以下可解群列

$$G = G_1 \triangleright G_2 \triangleright \cdots \triangleright G_s \triangleright G_{s+1} = \{1\},$$

f 是 G 到 G' 的满同态,令 $f(G_i) = G'_i$($i = 1, 2, \cdots, s+1$),则由群同态的性质,得到 G' 的子群序列

$$G' = G'_1 \triangleright G'_2 \triangleright \cdots \triangleright G'_s \triangleright G'_{s+1} = \{1\}.$$

剩下只需证明 G'_i / G'_{i+1} 是 Abel 群.

设 $G_i / G_{i+1} = \{g G_{i+1} \mid g \in G_i\}$,它是 Abel 群,$G'_i / G'_{i+1} = \{g' G'_{i+1} \mid g' \in G'_i\}$,下证它也是 Abel 群:

$$\forall g'_1 G'_{i+1}, \quad g'_2 G'_{i+1} \in G'_i / G'_{i+1},$$

由

$$(g_1 G_{i+1})(g_2 G_{i+1}) = (g_2 G_{i+1})(g_1 G_{i+1})$$

可得

$$\begin{aligned}
(g'_1 G'_{i+1})(g'_2 G'_{i+1}) &= f(g_1) f(G_{i+1}) f(g_2) f(G_{i+1}) = f[(g_1 G_{i+1})(g_2 G_{i+1})] \\
&= f[(g_2 G_{i+1})(g_1 G_{i+1})] = (g'_2 G'_{i+1})(g'_1 G'_{i+1})
\end{aligned}$$

所以 G'_i / G'_{i+1} 是 Abel 群. □

引理 5.2.2　有限可解群的子群和商群仍是可解的.

证明　由群到其商群的自然同态和引理 5.2.1,立即可得有限可解群的商群是可解的.要证有限可解群的子群仍是可解的,利用定义 5.2.2 立刻可得. □

对称群的可解性有以下引理.

引理 5.2.3　S_2, S_3, S_4 是可解群,S_n($n \geqslant 5$)不是可解群.

此引理的第一部分:S_2, S_3, S_4 是可解群的证明留给读者自己来完成.我们只证第二部分:S_n($n \geqslant 5$)不是可解群.

证明　由于 S_n($n \geqslant 5$)中的每一个换位子是一个偶置换,故 $S_n^{(1)} \leqslant A_n$. 由 $S_n^{(1)} \triangleleft S_n$ 得 $S_n^{(1)} \triangleleft A_n$,而 A_n 是单群,因此 $S_n^{(1)} = A_n$. 也是因为 A_n 是单群,$S_n^{(2)} = A_n^{(1)} = A_n$,且对于任意正整数 k 均有 $S_n^{(k)} = A_n \neq \langle 1 \rangle$,所以 S_n($n \geqslant 5$)不是

可解群. □

至此,我们可以叙述代数方程的根式可解问题是如何解决的了.

3. 代数方程的根式可解性

首先还是把问题的初等代数提法转换为近世代数的提法. 我们曾经在第4章中把圆规直尺几何作图问题的初等提法转换为近世代数的提法,在此也要先做类似的工作. 首先给出域的"根式扩张"的概念:域的扩张 $E|F$ 称为**根式扩张**,是指存在 $d \in E$ 使 $E = F(d)$,且有正整数 n 使 $a = d^n \in F$,即 $E = F(\sqrt[n]{a})$,$a \in F$.

有了域的根式扩张的概念,下面给出代数方程的根式可解的近世代数定义.

定义 5.2.3 设 $f(x) \in F[x]$ 为首 1 多项式,$\deg f(x) \geqslant 1$,若存在域链:
$$F = F_1 < F_2 < \cdots < F_{r+1} = K \tag{5.2.2}$$
满足(1) $F_{i+1} | F_i (1 \leqslant i \leqslant r)$ 均是根式扩张,即存在 $d_i \in F_{i+1}$ 使 $F_{i+1} = F_i(d_i)$ 且 $d_i^{n_i} = a_i \in F_i$,$i = 1, \cdots, r$;(2) $E_f \leqslant K$. 则称方程 $f(x) = 0$ 在 F 上是**根式可解的**(solvable by radicals over F).

我们称式(5.2.2)这样的域链为**根式域链**. 称方程 $f(x) = 0$ 根式可解,也称多项式 $f(x)$ 在 F 上根式可解.

简单地说,就是 $f(x)$ 的分裂域被包含在基域 F 的有限次根式扩张域中. 也就是说,$f(x)$ 的所有根均可从 F 的元素出发经过有限次的开方和四则运算得到. 对比第 4 章中圆规直尺几何作图问题可解的条件,非常类似.

那么什么情况下存在定义 5.2.1 中要求的域链呢? 这与多项式的 Galois 群的可解性有直接的联系.

定理 5.2.1(方程根式可解判断定理) 设 $\mathrm{ch}(F) = 0$,$f(x) \in F[x]$,则 $f(x)$ 在 F 上可根式求解的充分必要条件是 $f(x)$ 的 Galois 群 $G_f = G_{E_f|F}$ 是可解的.

这个定理的严格证明过于复杂,我们仅从直观上作如下的解释.

由定义 5.2.1,多项式 $f(x) \in F[x]$ 根式可解指的是存在以下的域链:
$$F = F_1 < F_2 < \cdots < F_{r+1} = K$$
满足 $F_{i+1} | F_i (1 \leqslant i \leqslant r)$ 均是根式扩张,且 $E_f \leqslant K$.

于是可令 $H_i = G_{K|F_i}$,$i = 1, \cdots, r$. 得到以下的子群序列:
$$G_{K|F} = H_1 > H_2 > \cdots > H_r,$$
经过适当的改造和利用 Galois 基本定理(本书不再介绍)可得 $G_{K|F}$ 的一个可解群列. 而 $G_f = G_{E_f|F}$ 是 $G_{K|F}$ 的子群,由引理 5.2.2,可解群的子群仍是可

解群,所以 G_f 是可解的.

综上,我们可对最初提出的问题给出以下明确的回答,根据方程根式可解判断定理和引理 5.2.3,可得以下结论:**5 次以上的代数方程不一定都可根式求解**.例如,例 5.1.3 的 5 次多项式的 Galois 群是不可解群 S_5,所以它不能根式求解.

至此,关于代数方程根式可解的问题得到了完全的解决.

习题 5.2

1. 证明 S_2,S_3,S_4 是可解群.

2. 用方程根式可解判断定理证明 3 次和 4 次多项式可根式求解.

3. 判断以下多项式是否可根式求解:

(1) $f(x)=x^5-2$;

(2) $f(x)=x^7-2$;

(3) $f(x)=x^5-4x-2$.

4. 设 $f(x)\in\mathbb{Q}[x]$ 为 $p\geqslant5$ 的素数次不可约多项式,恰有两个共轭复根,则 $f(x)$ 不能根式求解.

第 5 章小结

1. 主要的概念

域的 Galois 群:$G_{K|F}\big(=\mathrm{Gal}(K|F)\big)=\mathrm{Aut}(K|F)$.

多项式的 Galois 群:$G_f=G_{E_f|F}$.

群的可解性:两种定义.

2. 主要的理论

多项式 Galois 群的阶:$|G_{E_f|F}|=(E_f:F)$.

方程根式可解判断定理:设 $\mathrm{ch}(F)=0$,$f(x)\in F[x]$,则 $f(x)$ 在 F 上可根式求解的充分必要条件是 $f(x)$ 的 Galois 群 $G_f=G_{E_f|F}$ 是可解的.

3. 主要结论

$1\sim4$ 次代数方程都根式可解;对于 5 次以上的代数方程,存在不能根式可解的方程.例如,例 5.1.3 的 5 次多项式 $f(x)=x^5-4x+2\in\mathbb{Q}[x]$ 的 Galois 群是不可解群 S_5,所以它不能根式求解.

附录 其他代数系简介

除群、环、域以外，还有许多其他的代数系，而且可以根据需要定义新的代数系.下面给出另外几个常用的代数系的概念，以便于查阅.

1. 格与布尔代数

格是具有一定性质的偏序集，它在计算机的逻辑设计和程序理论等方面有应用.

定义 1 设 $(S, \leqslant)$ 是一个偏序集，若 $\forall a,b \in S$ 均有最小上界（记作 lub）和最大下界（记作 glb），就称 $(S, \leqslant)$ 是一个**格**(lattice).

这个定义叙述简单，但未明显指出 S 中元素之间的运算关系，而实际上，两个元素 a,b 的最小上界 $\mathrm{lub}\{a,b\}$ 和最大下界 $\mathrm{glb}\{a,b\}$ 就已经分别定义了两种运算，我们可以换一个方式来定义格.

定义 1′ 设 S 是一个非空集合，在 S 中定义两种二元运算 $\vee$ 和 $\wedge$，且满足 $\forall a,b,c \in S$，有

$$L1: a \vee a = a, a \wedge a = a; \qquad \text{（幂等律）}$$
$$L2: a \vee b = b \vee a, a \wedge b = b \wedge a; \qquad \text{（交换律）}$$
$$L3: (a \vee b) \vee c = a \vee (b \vee c),$$
$$(a \wedge b) \wedge c = a \wedge (b \wedge c); \qquad \text{（结合律）}$$
$$L4: a \vee (a \wedge b) = a,$$
$$a \wedge (a \vee b) = a. \qquad \text{（吸收律）}$$

则称 $(S, \vee, \wedge)$ 为一个格.

有时将运算 $\vee$ 也称为**并**(cup)，将运算 $\wedge$ 称为**交**(cap).它们与子集的并与交有联系（见下面的例），但意义更广泛.因而有的书用其他的名称.

可以证明这两个定义的等价性.证明定义 1⇒定义 1′时，只要定义 $a \vee b = \mathrm{lub}\{a,b\}$，$a \wedge b = \mathrm{glb}\{a,b\}$；反之，证明定义 1′⇒定义 1 时，只要在 S 中定义偏序 $\leqslant : a \leqslant b \Leftrightarrow a \vee b = b$ 或 $a \wedge b = a$.

由定义 1′可见，格中两种运算是子集之间的并、交两种运算的推广.确实，最简单格的例子就是由一个集合的所有子集构成的格.

例 1 子集格.

设 A 是一个非空集合，$S = 2^A$（A 的幂集），在 S 中定义 $\vee$ 就是子集的并，

∧就是子集的交,而子集的并与交满足 L1～L4,所以(2^A,∨,∧)是一个格.

下面用定义 1 的形式给出子群格的定义.

例2 子群格.

设 G 是一个群,$L(G)=\{G$ 的全体子群\},在 $L(G)$ 中的定义偏序关系≤为包含关系⊆,且∀$A,B\in L(G)$ 定义 lub\{A,B\}$=\langle A,B\rangle$(由 A,B 生成的子群),glb\{A,B\}$=A\wedge B$,则($L(G)$,⊆)是一个格.

类似可定义线性空间的子空间格,环的子环格、理想格等.

当在一个格中附加其他条件时,得到不同种类的格.

定义2 设(S,∨,∧)是格,

(1) 若分配律成立:∀$a,b,c\in S$,有
$$a\wedge(b\vee c)=(a\wedge b)\vee(a\wedge c),$$
$$a\vee(b\wedge c)=(a\vee b)\wedge(a\vee c).$$
则称(S,∨,∧)为**分配格**(distributive lattice).

(2) 若模律成立:∀$a,b,c\in S$.
$$当 a\geqslant b 时,有 a\wedge(b\vee c)=b\vee(a\wedge c),$$
则称(S,∨,∧)为**模格**(modular lattice).

(3) 若 S 中有最大元,记作 1,称为单位元;有最小元 0,称为零元,它们有性质:∀$a\in S$,有
$$a\vee 0=a,\quad a\wedge 1=a.$$
有零元和单位元的格记作(S,∨,∧,0,1),称为**有界格**(bounded latice).

(4) 若有界格(S,∨,∧,0,1)中,∀$a\in S$ 有元素 $a'\in S$ 满足
$$a\vee a'=1,\quad a\wedge a'=0,$$
则称 S 为**有补格**(complemented latice),a' 称为 a 的补元.

(5) 一个有补分配格称为一个**布尔代数**(Boolean algebra).记作(S,∨,∧,$'$,0,1).

例3 设 $B=\{0,1\}$,在 B 上定义运算∨,∧,$'$如下:

∨	0	1		∧	0	1		x	x'
0	0	1		0	0	0		0	1
1	1	1		1	0	1		1	0

则易证(B,∨,∧,$'$,0,1)是布尔代数.

设 $B^n=\{(a_1,a_2,\cdots,a_n)|a_i=0$ 或 $1\}$,在 B^n 中定义运算∨,∧,$'$如下:
$$\alpha=(a_1,a_2,\cdots,a_n),\quad \beta=(b_1,b_2,\cdots,b_n),$$
$$\alpha\vee\beta=(a_1\vee b_1,a_2\vee b_2,\cdots,a_n\vee b_n),$$

$$\alpha \wedge \beta = (a_1 \wedge b_1, a_2 \wedge b_2, \cdots, a_n \wedge b_n),$$
$$\alpha' = (a_1', a_2', \cdots, a_n').$$

零元为 $0 = (0, 0, \cdots, 0)$，单位元为 $1 = (1, 1, \cdots, 1)$，易证 $(B^n, \vee, \wedge, ', 0, 1)$ 是布尔代数，称它为开关代数.

子集格中定义补元为余集，则它是一个布尔代数.

布尔代数在计算机科学中有广泛的应用.

2. 模的概念及例

模是在群与环上建立起来的代数系，它涉及两个集合：一个环和一个可换群. 例如域上的线性空间就是这样的代数系.

定义 3 设 M 是一个可换群，R 是一个含有 1 的环，若在 R 与 M 之间定义一个运算：$\forall a \in R$ 和 $\forall x \in M$ 有惟一的一个元素 $ax \in M$ 与之对应，且满足

M1：$a(x + y) = ax + ay$；

M2：$(a + b)x = ax + by$；

M3：$(ab)x = a(bx)$；

M4：$1x = x$.

则称 M 是一个（左）R-**模**（module）.

最简单的模的例子就是域上的线性空间.

例 4 数域 F 上的向量空间 V 是一个 F-模.

由于数域 F 是一个环，含有单位元 1，向量空间对向量加法构成可换群，且满足 M1～M4，所以 V 是一个 F-模.

例 5 加群 G 与整数环 $\mathbb{Z}$ 构成的模.

在整数环 $\mathbb{Z}$ 与加群 G 之间定义运算：

$\forall n \in \mathbb{Z}$ 和 $x \in G$，定义 $nx = \underbrace{x + x + \cdots + x}_{n\text{个}}$，则 G 是 $\mathbb{Z}$-模.

例 6 向量空间 V 与多项式环 $F[x]$ 构成的模.

设 $F[x]$ 是数域 F 上的多项式环，V 是 F 上的向量空间，在 V 中取定一个线性变换 T，在 V 和 $F[x]$ 之间定义运算：$\forall p(x) \in F[x]$，和 $\forall \alpha \in V$，定义

$$p(x)\alpha = p(T)\alpha,$$

则此运算满足 M1～M4，所以 V 是一个 $F[x]$ 模.

3. 代数

代数也是一个应用很广泛的概念，它是建立在环和域的基础上的一个代数系.

定义 4　设 $(A,+,\cdot,0,1)$ 是一个环，F 是一个域，则 A 在 F 上的向量空间（零向量就是 A 的零元，加法就是 A 中的 $+$）称为 F 上的一个**代数**（algebra），记作 $A[F]$.

若 $A[F]$ 满足结合律：$\forall\, a\in F, x,y\in A$，有

$$a(xy)=(ax)y=x(ay),$$

则称 $A[F]$ 为**结合代数**（associative algebra）.

在非结合代数中，李代数在物理中有重要应用，其定义如下：

李（Lie）代数：若代数 $A[F]$ 满足 $\forall\, x,y,z\in A[F]$，有

$$xy+yx=0,\quad (xy)z+(yz)x+(zx)y=0.$$

例 7　$A=(M_n(F),+,\cdot,0,I)$，F 为数域，$A[F]$ 为代数，且是结合代数.

习题

1. 证明定义 1 与定义 $1'$ 的等价性.

2. 叙述与论证环的所有理想构成的格.

3. 在子集格中定义零元为空集，单位元为 A，子集的补元为余集，则子集格是布尔代数.

4. 证明例 5 是模.

5. 域 F 上的多项式环 $A=(F[x],+,\cdot,0,1)$ 在 F 上的线性空间是一个结合代数.

习题提示与答案

习题 1.1

1. 8 种.(用枚举法)

2. 5 种.(用枚举法)

3. 4 个点的图共有 64 个,互不同构的图共有 11 个.

4. 由 $\sin 18° = (\sqrt{5}-1)/4 = \left(\sqrt{\left(\frac{1}{2}\right)^2 + 1} - \frac{1}{2}\right)\Big/ 2$,得以下作图法:(1) 作单位圆 O 及互相垂直的半径 OA 与 OB.(2) 取 OB 的中点 D.(3)连 AD 并取 $DE = DO$.(4) 以 A 为圆心,AE 为半径画弧与圆周交于 A_1, A_2,则 $A_1 A_2$ 即为五边形的一边(另一方法见习题 4.4 提示).

5. 查数学手册.

习题 1.2

1. 考虑 A 中 k 元子集的个数.

2. (1) 63%;

   (2) 利用包含与排斥原理,43%.

3. (1) 600;(2) 962.

4. (1) 当 $n \geqslant m$ 时,单射个数为 n 中取 m 个的选排列数:

   $n(n-1)\cdots(n-m+1)$;

   (2) 6.

5. 取 $f: x \mapsto \ln \dfrac{x}{1-x}$ $((0,1) \to (-\infty, \infty))$,再证 f 是双射.

6. 不一定成立,但当 f 是单射时成立.

7. 利用单射(满射)的定义.

* 8. 反证法.假设存在双射 $\varphi: x \mapsto S_x$ $(A \to \mathscr{P}(A))$,令 $T = \{a \in A \mid a \notin S_a\}$,显然 $T \in \mathscr{P}(A)$.由于 φ 是双射,必有 $b \in A$ 使 $\varphi(b) = S_b = T$.考虑元素 b 是否属于 S_b 两种情况,分别得到矛盾.

习题 1.3

1. $A/\sim = \{\overline{\varnothing}, \overline{\{1\}}, \overline{\{1,2\}}, \overline{\{1,2,3\}}, \overline{\{1,2,3,4\}}, \overline{A}\}$.

2. $M_n(\mathbb{R})/\sim = \left\{ \overline{\begin{pmatrix} I_k & 0 \\ 0 & 0 \end{pmatrix}} \middle| (k=0,1,\cdots,n) \right\}$.

3. 应选矩阵的 Jordan 标准形作为代表元.

4. 由实二次型的规范形可得全部等价类的数目为 $\frac{1}{2}(n+1)(n+2)$.

6. 可列出所有有偏序关系的元素对,或用 $A \times A$ 的一个子集来表示.

7. 设计一个具有以下性质的整数函数 $f(n)$ 来定义 $\mathbb{Z}$ 的序:(1) $f(n)$ 在 $\mathbb{Z}$ 上有最小值,(2) $f(n_1) \neq f(n_2)$,当 $n_1 \neq n_2$.

习题 1.4

1. $(a,b)=17,[a,b]=11339$.

2. $\varphi(504)=144$.

3. $360k(k>0)$ 人.

4. 证明方法类似于关于一次同余式有解条件的定理.

5. (1) 因为 $(a,m)=6 \nmid 131$,所以方程无解;

   (2) $x \equiv 5,17,29,41,53,65,77,89 \pmod{96}$.

6. $x \equiv 43 \pmod{45}$.

7. $x \equiv 2111+2310k,k \geqslant 0$.

习题 2.1

4. 设 $|S| \geqslant 2$,定义二元运算为:$\forall a,b \in S,ab=b$,则 S 是半群,有左单位元:任取一元素.对每一元素有右逆元,但无单位元,所以 S 不是群.

5. $\Leftarrow$:$ab=abe=abab^2a=ab^2a=e$,

   $ba=eba=ab^2a=e$.

6. 令 $e=\begin{pmatrix} 1 & 2 & 3 \\ 1 & 2 & 3 \end{pmatrix}$, $a=\begin{pmatrix} 1 & 2 & 3 \\ 2 & 1 & 3 \end{pmatrix}$, $b=\begin{pmatrix} 1 & 2 & 3 \\ 3 & 2 & 1 \end{pmatrix}$, $c=\begin{pmatrix} 1 & 2 & 3 \\ 1 & 3 & 2 \end{pmatrix}$,

$d=\begin{pmatrix} 1 & 2 & 3 \\ 2 & 3 & 1 \end{pmatrix}$, $f=\begin{pmatrix} 1 & 2 & 3 \\ 3 & 1 & 2 \end{pmatrix}$.

然后对 e,a,b,c,d,f 作乘法表.

7. $\Rightarrow$:(1) 由消去律可证.

   (2) 可证第 4 个顶点的元素为 xy,因而只与 x,y 有关,与 1 的选择无关.

   $\Leftarrow$:利用(2)可证结合律成立.以 $1,x,y$ 为顶点的矩形的第 4 个顶点为 xy,以 $1,y,z$ 为顶点的矩形的第 4 个顶点为 yz,利用矩形 $1,x,yz$ 的第 4 个顶

点元素为 $x(yz)$ 和以 $1,xy,z$ 为顶点的矩形的第 4 个顶点是同一个顶点,故得 $(xy)z=x(yz)$. 所以 G 是半群. 再利用(1)可证方程 $ax=b$ 与 $ya=b$ 有解. 所以 G 是群.

习题 2.2

1. 可从整数乘法半群和矩阵乘法半群中找. 例如,
$$(M_2(\mathbb{Z}),\cdot),S=\left\{\begin{pmatrix}0&0\\0&0\end{pmatrix},\begin{pmatrix}1&0\\0&0\end{pmatrix},\begin{pmatrix}0&0\\0&1\end{pmatrix}\right\},$$
$$H=\left\{\begin{pmatrix}0&0\\0&0\end{pmatrix},\begin{pmatrix}1&0\\0&0\end{pmatrix}\right\}$$

都是乘法半群,且 $H\subset S\subset M_2(\mathbb{Z})$,$M_2(\mathbb{Z})$ 中单位元为 $\begin{pmatrix}1&0\\0&1\end{pmatrix}$,$S$ 中无单位元,H 中有单位元 $\begin{pmatrix}1&0\\0&0\end{pmatrix}$.

2. ⇐:考虑 aH,可证 $aH=H$,再利用定理 2.1.4.

4. 设 $o(ab)=n$,则 $(ab)^n=e$,$b(ab)^n=b$,$(ba)^nb=b$,故 $(ba)^n=e$,得 $o(ba)\leqslant n$,类似可得 $o(ab)\leqslant o(ba)$.

5. 首先证明 G 中阶数大于 2 的元素个数必为偶数个:设 $o(a)=n\geqslant3$,则 $o(a^{-1})=n$,且 $a^{-1}\neq a$,其次考虑到有一个单位元,因而至少有一个 2 阶元.

6. $(ab)^2=a^2b^2\Rightarrow abab=aabb\Rightarrow ba=ab$.

7. 由于 G 是非可换群,必有阶数大于 2 的元素 $a,a\neq a^{-1}$ 满足 $aa^{-1}=a^{-1}a$.

8. 参看例 2.2.3.

9. (1) η 为特征值为 1 的特征向量,由方程 $(A-I)\eta=0$,η 与 $A-I$ 的行向量均正交;(2) 利用在相似变换下矩阵 A 的迹不变的性质.

习题 2.3

1. G 中任一元素可表示为 $a^{i_1}b^{j_1}\cdots a^{i_s}b^{j_s}$,由于 $ba=a^{-1}b$,因而 G 可表示为 $G=\{a^kb^l\,|\,k=0,1,\cdots,n-1,l=0,1\}$. 然后作 G 到 D_n 的映射 $f:a^kb^l\mapsto\rho_1^k\pi_0^l$,可证 f 是 G 到 D_n 的同构,所以 $G\cong D_n$.

2. $D_n=\langle\rho_k,\pi_l\rangle,(k,n)=1$
$$=\langle\pi_k,\pi_l\rangle,(k-l,n)=1,k,l\in[0,n-1].$$

3. 分别写出这两个群的诸元素,然后找对应关系.

4. 否. 反证法.

假设有同构映射 $f:(\mathbb{Q},+)\rightarrow(\mathbb{Q}^*,\cdot)$. 设 $f(a)=2$,则 $f(a)=$
$f\left(\dfrac{a}{2}+\dfrac{a}{2}\right)=f\left(\dfrac{a}{2}\right)f\left(\dfrac{a}{2}\right)=2$,得 $f\left(\dfrac{a}{2}\right)=\sqrt{2}\notin\mathbb{Q}^*$,矛盾.

5. 因为 G 是无限循环群,所以 $G=\langle\mathbb{Z},+\rangle,A=\langle s\rangle,B=\langle t\rangle$. 再用互相包含法证明

(1) $A\cap B=\langle m\rangle,m=[s,t]$

(2) $\langle A,B\rangle=\langle d\rangle,d=(s,t)$.

6. 令 $A=\begin{pmatrix}1 & 1\\ 0 & -1\end{pmatrix},B=\begin{pmatrix}1 & 2\\ 0 & -1\end{pmatrix},C=AB=\begin{pmatrix}1 & 1\\ 0 & 1\end{pmatrix},C^{-1}=\begin{pmatrix}1 & -1\\ 0 & 1\end{pmatrix},$

$C^n=\begin{pmatrix}1 & n\\ 0 & 1\end{pmatrix},AC^{n-1}=\begin{pmatrix}1 & n\\ 0 & -1\end{pmatrix}$,所以 $\langle A,B\rangle\supseteq G$,显然 $\langle A,B\rangle\subseteq G$.

7. $(\mathbb{Z},+)$ 的全部极大子群为 $\langle p\rangle$,p 为素数.

8. G 又可表示为

$$G=\left\{\mathrm{e}^{\frac{2k\pi}{p^n}\mathrm{i}}\,\Big|\,k=0,1,\cdots,p^n-1,n=1,2,\cdots\right\}.$$

设 $H<G$,则有 $m,l\in\mathbb{Z}^+$ 且 $(l,p)=1$ 使 $\mathrm{e}^{\frac{2l\pi}{p^m}\mathrm{i}}\notin H$. 进一步可证 $\forall n\geqslant m$ 均有
$\mathrm{e}^{\frac{2k\pi}{p^n}\mathrm{i}}\notin H$,其中 $(k,p)=1$.
令
$$K=\left\{\mathrm{e}^{\frac{2k\pi}{p^n}\mathrm{i}}\,\Big|\,n<m,(k,p)=1\right\},$$
则 $H\subseteq K$,所以 $|H|\leqslant|K|<\infty$.

* 9. 由 $BA=\omega^{-1}AB$ 可得 $G=\{\omega^iA^jB^k\,|\,i,j,k=0,1,\cdots,n-1\}$.

习题 2.4

1. 根据轮换的定义,只需证明 $\tau\sigma\tau^{-1}[\tau(i_m)]=\tau(i_{m+1})$(其中下标的加法为 $\mathrm{mod}\ k$ 的加法),$\forall j\notin\{\tau(i_1),\tau(i_2),\cdots,\tau(i_k)\}$ 有 $\tau\sigma\tau^{-1}(j)=j$. 前式显然成立. 对后一式,可令 $j=\tau(\alpha)$,则 $\alpha\notin\{i_1,i_2,\cdots,i_k\}$,所以 $\tau\sigma\tau^{-1}(j)=\tau\sigma\tau^{-1}(\tau(\alpha))$
$=\tau\sigma(\alpha)=\tau(\alpha)=j$.

2~3. 见本节中关于此两题的提示.

4. 利用例 2.4.4,只要把每一个对换 $(1i)$ 表示为 $(1\ 2)$ 与 $(1\ 2\ 3\ \cdots\ n)$ 的某个乘积,取 $\tau_1=(1\ 2)(1\ 2\ \cdots\ n)=(2\ 3\ \cdots\ n)$,利用第 1 题结果可得 $\tau_1(1\ 2)\tau_1^{-1}$
$=(1\ 3)$,类似可得 $(1\ 4),\cdots,(1\ n)$.

5. 利用第 4 题的结果,$\forall\sigma\in A_n$ 可表示为偶数个形如 $(1\ i)$ 的对换之积,

而每一对 $(1\ i)(1\ j)$ 可用 $(1\ 2\ i)$ 与 $(1\ 2\ j)$ 的某个乘积来表示：

$(1\ i)(1\ j)=(1\ 2\ i)^{-1}(1\ 2\ j)(1\ 2\ i)$.

6. 注意共有 12 个元素.

7. 令 $a=\{1,7\}, b=\{2,8\}, c=\{3,5\}, d=\{4,6\}$.

8. $(n-1)!$ 个.

习题 2.5

3. 由于 $|A_4|=12$, 故 A_4 的非平凡子群的阶只可能是 $2,3,4,6$, 分别按阶数寻找出所有的子群.

4. 利用定理 2.5.3 中的公式.

5. 分以下几步：

(1) 由于 $A\leqslant C$, 令 C 分解为 A 的陪集的集合为：
$$S=\{CA\mid c\in C\}.$$

(2) 由于 $A\cap B\leqslant B$, 令 B 分解为 $A\cap B$ 的陪集的集合为
$$T=\{b(A\cap B)\mid b\in B\}.$$

(3) 证明 $\varphi: b(A\cap B)\mapsto bA(T\rightarrow S)$ 是单射.

6. 先证 $A\subseteq B$: 由于 $Ag=Bh, g$ 可表示为 $g=bh$, 因而 $\forall a\in A$ 有 $abh=ag=b_1h$, 所以 $a=b_1b^{-1}\in B$. 类似可证 $B\subseteq A$.

7. 利用陪集分解.

习题 2.6

3. 设 G 关于 H 的左陪集集合为 $G'=\{gH\mid g\in G\}$, 由于 G' 关于子集乘法构成群, 又由 $\forall gH$ 有 $gH\cdot H=gH$, 所以 H 是 G' 中的单位元. 因而有 $H\cdot gH=gH$. 故 $\forall h\in H$ 有 $hg\cdot e=gh_1$, 得 $g^{-1}hg=h_1\in H$, 所以 $H\trianglelefteq G$.

4. 按于群的阶分类讨论.

5. 显然有 $AB\subseteq C$, 只需证明 $C\subseteq AB$.
$\forall x\in C=\langle A\cup B\rangle, x$ 可表示为 A 与 B 中一些元素之积: $x=a_1b_1a_2b_2\cdots a_sb_s$, 由于 $B\trianglelefteq C$, 故 $\forall a\in A$ 有 $aB=Ba$, 因而 $\forall b\in B$ 有 $ba=ab_1$, x 总可表示为 $x=a'b'\in AB$.

6. (1) 先证 $K\leqslant G$, 只需证 $\forall x\in K$ 有 $x^{-1}\in K$. 再证 $K\trianglelefteq G$: $\forall g\in G, x\in K$,

利用 $g\alpha_{ab}g^{-1}=gaba^{-1}b^{-1}g^{-1}$
$$=(gag^{-1})(gbg^{-1})(gag^{-1})^{-1}(gbg^{-1})^{-1}$$
$$=\alpha_{a'b'},$$

其中 $a'=gag^{-1}$, $b'=gbg^{-1}$.

可证 $gxg^{-1}\in K$.

(2) 由于 $G/K=\{gK\,|\,g\in G\}$, 考虑

$$(g_1K)(g_2K)(g_1K)^{-1}(g_2K)^{-1}=g_1g_2g_1^{-1}g_2^{-1}K=eK,$$

所以 $(g_1K)(g_2K)=(g_2K)(g_1K)$, 故 G/K 是可换群.

(3) 若 G/N 可换, 类似于(2)可证:

$$\forall g_1,g_2\in G \text{ 有 } g_1g_2g_1^{-1}g_2^{-1}\in N, \text{故 } K\leqslant N.$$

7. 首先可证此群必为有限群, 设 $|G|=n$. 然后证明当 n 为合数时, 必有非平凡正规子群.

8. 不是.

* 9. 先利用 Cayley 定理证明 G 同构于一个 G 上置换群 $G'=\{\sigma_a\,|\,a\in G, \sigma_a: g\mapsto ag\}$.

注意到以下两点: (1) $\forall\sigma_a\in G'$, σ_a 在 G 上无不动点; (2) $|G'|=2n$, G' 中必有一个 2 阶元 τ. 由此可得 τ 是一个 2^n 型置换, 因而是奇置换, 故 G' 由奇偶置换各半组成, 进一步定理得证.

习题 2.7

1. $C(G)=\{aI\,|\,a\in C^*\}$, $C_G(H)=\left\{\begin{pmatrix} r & t \\ 0 & r \end{pmatrix}\Big|\,r\in C^*, t\in C\right\}$,

$C_N(H)=C_G(H)$, $N_G(H)=N$.

2. (1) 分别写出 $C_G(H)$ 与 $N_G(H)$ 的定义就可看出.

(2) 首先由中心化子的定义可证明

$$C_GC_G(H)\geqslant H, \text{ 进而有 } C_GC_GC_G(H)\geqslant C_G(H).$$

另一方面可以证明以下命题:

$$A\leqslant B\Rightarrow C_G(A)\geqslant C_G(B).$$

由此命题可得 $C_GC_GC_G(H)\leqslant C_G(H)$.

3. 利用定理 2.7.3, 计算 $\left|\bigcup\limits_{i=1}^{K}H_i\right|$.

由定理 2.7.3 知 $k=[G:N(H)]\leqslant[G:H]$. 然后分两种情况讨论:

(1) 当 $H\trianglelefteq G$ 时, $k=1$, 结论显然成立.

(2) 当 $k\geqslant2$ 时利用定理 2.7.3 和单位元是各子群的公共元.

4. 利用例 2.7.3, p^n 阶群有非平凡中心. 然后用反证法. 假设 $1<C(G)<G$, 则存在 $a\in G\backslash C(G)$, 考虑 $C_G(a)$, 因 $C(G)<C_G(a)$, 必有 $|C_G(a)|=p^2$, 得 $C_G(a)=G$, $a\in C(G)$, 矛盾.

5. 设 H 是 G 中一个 q 阶子群, $\forall a \in G, aHa^{-1}$ 也是一个 q 阶子群, 若 $aHa^{-1} \neq H$, 则可得

$$|H \cdot aHa^{-1}| = q^2 > |G|, \text{矛盾}.$$

6. 利用定理 2.7.3, 若 H 是非正规子群, 则与 H 共轭的子群的个数为 $[G : N(H)] = p^\alpha, \alpha < n$, 这些子群都是非正规子群. 所有非正规子群可划分为非平凡共轭类. 每类的个数都是 p 的倍数.

7. 考虑每一个置换所对应的排列数.

8. 利用定理 2.7.6, 可得以下 4 类:

$$K_{(1)} = \{(1)\}, K_{(12)(34)} = \{(12)(34), (13)(24), (14)(23)\},$$
$$K_{(123)} = \{(123), (142), (134), (243)\},$$
$$K_{(213)} = \{(132), (124), (143), (234)\}.$$

9. 先按类型分类, 然后检验每一类是否是同一共轭类. 再利用正规子群是共轭类的并这一性质确定所有的正规子群.

10. 选择最简单的矩阵作为代表元, 求得该共轭类, 然后, 再在余下的元素中选择最简单的矩阵作为代表元, 求出该共轭类, 余此类推. 可得以下共轭类:

$$\overline{\begin{pmatrix} 1 & 0 \\ 0 & -1 \end{pmatrix}} = \left\{ \begin{pmatrix} 1 & 0 \\ 2a & -1 \end{pmatrix} \middle| a \in \mathbb{Z} \right\},$$

$$\overline{\begin{pmatrix} 1 & 0 \\ 1 & -1 \end{pmatrix}} = \left\{ \begin{pmatrix} 1 & 0 \\ 2a+1 & -1 \end{pmatrix} \middle| a \in \mathbb{Z} \right\},$$

$$\overline{\begin{pmatrix} 1 & 0 \\ k & 1 \end{pmatrix}} = \left\{ \begin{pmatrix} 1 & 0 \\ \varepsilon k & 1 \end{pmatrix} \middle| \varepsilon = \pm 1 \right\}, \quad k = 0, 1, 2, \cdots.$$

由这些共轭类的并可求得以下正规子群:

$$H_k = \left\{ \begin{pmatrix} 1 & 0 \\ nk & 1 \end{pmatrix} \middle| n \in \mathbb{Z} \right\}, \quad k = 0, 1, 2, \cdots$$

$$K_1 = H_2 \cup \overline{\begin{pmatrix} 1 & 0 \\ 0 & -1 \end{pmatrix}}, \quad K_2 = H_2 \cup \overline{\begin{pmatrix} 1 & 0 \\ 1 & -1 \end{pmatrix}}.$$

习题 2.8

1. 由同态定义可证.

2. 利用同态基本定理. 先求一个 G 到 $\mathbb{R}^*$ 的同态映射, 例如: $f : (a, b) \mapsto a$. 然后求 $\ker f$. 再用同态基本定理.

3. $\Rightarrow$: 设 $f : g \mapsto g^k$ 是自同构, 要证 $(k, |G|) = 1$, 反证法. 假设 $(k, |G|) = d > 1$. 利用有限 Abel 群的以下性质: 若有素数 $p : p \mid |G|$, 则 G 中存在 p 阶

元. 由于 $(k, |G|) = d > 1$, 存在素数 $p: p \mid |G|$ 和 $p \mid k$, 因而有 p 阶元 a, 且 $a \in \ker f = \{g \mid g^k = e\}$, $\ker f \neq 1$, 与 f 是自同构矛盾.

$\Leftarrow$: 设 $(K, |G|) = 1$, 则 $\forall g \in G \setminus \{e\}$, 有 $g^k \neq e$, 所以 $\ker f = \{g \mid g^k = e\} = \{e\}$, 故 f 是单射, 又由有限集上的单射必为满射. 很易证明保持运算.

4. 先将 G' 表示为 $G' = (Z_6, +)$,

令 $$\varphi: n \mapsto \bar{n} (G \to G'),$$

$N_2 = \langle a^2 \rangle = \langle \bar{2} \rangle = \langle \bar{4} \rangle = \{\bar{0}, \bar{2}, \bar{4}\}$, $N_3 = \langle a^3 \rangle = \langle \bar{3} \rangle = \{\bar{0}, \bar{3}\}$, 由于 $\varphi^{-1}(\bar{2}) = \{6k + 2 \mid k \in \mathbb{Z}\}$, $\varphi^{-1}(\bar{4}) = \{6k + 4 \mid k \in \mathbb{Z}\}$, 所以由 $\varphi^{-1}(\bar{2})$ 或 $\varphi^{-1}(\bar{4})$ 中任何一个元素生成的子群的像均为 $\langle a^2 \rangle$. 故得

$$H_m = \langle 6m + 2 \rangle, \quad K_m = \langle 6m + 4 \rangle,$$
$$m = 0, 1, 2, \cdots.$$

它们的像均为 $\langle \bar{2} \rangle$.

类似可得像为 $\langle \bar{3} \rangle$ 的子群为

$$M_m = \langle 6m + 3 \rangle, \quad m = 0, 1, 2, \cdots$$

5. 先找 Q 到 U 的同态映射, 然后求核.

7. 类似例 2.8.11, 考虑生成元 $\bar{1}$ 的像, 就可求出所有的自同态为

$$\varphi_m: \bar{k} \mapsto \overline{mk}, \quad \forall \bar{k} \in Z_n.$$
$$(m = 0, 1, 2, \cdots, n - 1)$$

不难证明, φ_m 是自同构 $\Leftrightarrow (m, n) = 1$.

8. $\mathrm{Aut} K_4 = S_3$.

9. 利用定理 2.8.6, 得 $\mathrm{Inn} G \cong G / C(G)$, $C(G) = \{aI \mid a \in \mathbb{R}^*\}$.

10. 利用定理 2.8.6.

* 11. 利用子群对应定理.

用反证法. 假设 f 不是自同构, 则

$\ker f = K \neq 1$. 设 G 中的全部子群为

$$H_1 = \{e\}, H_2, \cdots, H_s,$$

则 G 中包含 K 的子群个数 $< s$, 而 $f(G) = G$ 中的子群个数仍为 s 个, 于是不可能建立一一对应关系, 与子群对应定理矛盾.

习题 2.9

1. 利用等价类所具有的性质, 或直接从轨道的定义证明之.

2. 利用通常证明两个集合相等的方法:

$\forall g_1 \in G_{g(a)}$,有 $g_1(g(a)) = g(a)$,因而得

$g^{-1}g_1g(a) = a$,故 $g^{-1}g_1g \in G_a$,所以 $g_1 \in gG_ag^{-1}$ 和 $G_{g(a)} \subseteq gG_ag^{-1}$.类似可证 $gG_ag^{-1} \subseteq G_{g(a)}$.

3. $\forall aH \in \Omega$ 有 $\Omega_{aH} = \Omega.$ $G_{aH} = aHa^{-1}$.

4. $\Omega_K = \{gK | g \in G\}$.设 $|G| = n$,则 $|\Omega| = \binom{n}{k}$. 当 $2 \leqslant k \leqslant n-2$ 时, G 对 Ω 的作用不可迁.

5. (1) 只需证明 σ_g 是 Ω 上的双射.

　　(2) 只需证明 $\varphi(g_1g_2) = \varphi(g_1)\varphi(g_2)$.

习题 2.10

1. $N = 39$.

2. $N = 3$.

3. $N = \dfrac{1}{24}(n^6 + 3n^4 + 12n^3 + 8n^2)$.

4. $N = 34$.

习题 2.11

1. 只需证明 $\langle G_1, G_2 \rangle = G_1G_2$,然后利用定理 2.11.2.

2. $\mathbb{Z}/\langle 6 \rangle \cong \mathbb{Z}_6, \mathbb{Z}/\langle 2 \rangle \cong \mathbb{Z}_2, \mathbb{Z}/\langle 3 \rangle \cong \mathbb{Z}_3$.

令 $G_1 = \{\bar{0}, \bar{3}\} \cong \mathbb{Z}_2, G_2 = \{\bar{0}, \bar{2}, \bar{4}\} \cong \mathbb{Z}_3$,

$\mathbb{Z}_6 = G_1 + G_2$,然后利用定理 2.11.2.

3. 利用同态基本定理.

4. 分别写出 G 和 $(A/N) \times B$ 的元素表达式,然后找出一个 G 到 (A/N) $\times B$ 的满同态,并利用同态基本定理.

5. $C_{45}, C_3 \times C_{15}$.

6. $C_{144}, C_2 \times C_{72}, C_3 \times C_{48}, C_4 \times C_{36}, C_6 \times C_{24}, C_2 \times C_2 \times C_{36}, C_2 \times C_6 \times C_{12},$ $C_2 \times C_2 \times C_2 \times C_{18}, C_2 \times C_2 \times C_6 \times C_6, C_{12} \times C_{12}$.

7. 设 $n = p_1^{\alpha_1} p_2^{\alpha_2} \cdots p_s^{\alpha_s}$,则 n 阶交换群的可能类型数为 $P(\alpha_1)P(\alpha_2) \cdots$ $P(\alpha_s)$,其中 $P(\alpha_i)$ 为整数 α_i 的分拆数.

习题 2.12

1. 参考例 2.12.1.

2. 利用 Sylow 计数定理. $N(3) = 4, N(2^3) = 3$.

3. 参考例 2.12.2.

4. 分情况讨论.

5. 分析 N 的阶数,再利用包含定理与共轭定理.

习题 3.1

1. $(A^A, \oplus, \circ)$ 不是环,分配律不成立.

2. 共有 16 个元素.

3. 设 $A \in M_n^*(\mathbb{Z})$,若有 $B \neq 0$ 使 $AB = 0$,则秩$(A) = r < n$. 可用初等阵 $C \in M_n(\mathbb{Z})$ 使 $CA = \begin{pmatrix} A_r \\ 0 \end{pmatrix}$,取 $D = (0 \ D_{n-r}) \neq 0$,则 $(DC)A = 0, DC \neq 0$,所以 A 为右零因子.

5. 设 $fg = 0$ 且 $f \neq 0, g \neq 0$,则有 $g(x_0) \neq 0$,由连续函数的性质,必有开区间 $(x_0 - \varepsilon, x_0 + \varepsilon)$ 使 g 在此开区间上不为 0,因而 $f(x)$ 在此开区间上都为 0.

6. 所有特征值均为 0 的矩阵.

7. 必要性平凡,只需证明充分性.

(1) $uvu = u, vu^2v = 1 \Rightarrow u \underline{vu^2}v = u^2 v \Rightarrow u = u^2 v \Rightarrow vu = vu^2 v = 1$,故 u 可逆.

(2) 设 x 是环中任一元,令 $v_1 = v + vux - x$,则 $uv_1u = u$,由 v 的惟一性得 $v_1 = v$,因而有 $vux = x$,所以 vu 是左单位元. 类似可证 vu 是右单位元.

* 9. $(1 - ba)^{-1} = 1 + b(1 - ab)^{-1}a$.

* 11. 设 a 有两个右逆:$ab_1 = ab_2 = 1$,且 $b_1 \neq b_2$,令 $b_k = b_1 + b_{k-1}a - 1$ $(k = 3, 4, \cdots)$,则 b_k 都是右逆.

习题 3.2

6. $M_n(\mathbb{Z})$ 中全部理想为 $M_n(m\mathbb{Z}), m = 0, 1, 2, \cdots$.

8. (1) $\mathbb{Z}[x]/(x^2 + 1) = \{\overline{ax+b} \mid a, b \in \mathbb{Z}\} \cong \mathbb{Z}[i]$

(2) $\mathbb{Z}[i]/(2+i) = \{\bar{0}, \bar{1}, \bar{2}, \bar{3}, \bar{4}\}$,其中

$$\bar{k} = k + (2 + i).$$

(3) $A/H = \left\{ \overline{\begin{pmatrix} a & 0 \\ 0 & c \end{pmatrix}}, \overline{\begin{pmatrix} a & 1 \\ 0 & c \end{pmatrix}} \mid a, c \in \mathbb{Z} \right\}$

10. 充分性:$\forall a \in A^*$ 考虑 Aa.

11. $\Rightarrow$:$R/H = \{r + H \mid r \in R\}$,因为 $H \neq R$,所以 $R/H \neq \{\bar{0}\}$. 若有 $\bar{r_1} \ \bar{r_2} = 0$,即 $r_1 r_2 \in H$,由 H 是素理想,得 $r_1 \in H$ 或 $r_2 \in H$,即 $\bar{r_1} = 0$ 或 $\bar{r_2} = 0$,所以 R/H 中无零因子.

$\Leftarrow$:$ab \in H \Rightarrow \overline{ab} = 0 \Rightarrow \bar{a} = 0$ 或 $\bar{b} = 0 \Rightarrow a \in H$ 或 $b \in H$.

习题 3.3

4. (1) 设映射 $\varphi: f(x) \mapsto f(i)$ （$\mathbb{R}[x] \to \mathbb{C}$），可证 φ 是满同态，$\ker \varphi = (x^2+1)$，再利用同态基本定理.

(2) 设映射 $\varphi: f(x) \mapsto f(0)$ （$F[x] \to F$）.

5. 作映射 $\varphi: a+bi \mapsto \begin{pmatrix} a & -b \\ b & a \end{pmatrix}$ （$\mathbb{C} \to M_2(\mathbb{R})$）.

6. $\varphi_m: \bar{k} \mapsto \overline{mk}$ （$Z_n \to Z_n$）.
m 满足 $\bar{m}(\bar{m}-\bar{1})=0, m=0,1,\cdots$.

8. 首先要证 f 是映射.

* 9. 设 $\sigma_{\varepsilon b}: f(x) \mapsto f(\varepsilon x+b)$ （$\mathbb{Z}[x] \to \mathbb{Z}[x]$），其中 $\varepsilon=\pm 1, b \in \mathbb{Z}$，则可证
$$\mathrm{Aut}\mathbb{Z}[x] = \{\sigma_{\varepsilon b} \mid \varepsilon=\pm 1, b \in \mathbb{Z}\}.$$

10. $\mathbb{Z}[i]$ 的分式域为 $\mathbb{Q}[i]=\{q_1+q_2 i \mid q_1, q_2 \in \mathbb{Q}\}$，

$\mathbb{Z}[x]$ 的分式域为 $P=\left\{\dfrac{f(x)}{q(x)} \,\middle|\, f(x), q(x) \in \mathbb{Q}[x], q(x) \neq 0\right\}$，偶数环的分式域为 $\mathbb{Q}$.

习题 3.4

3. 反证法. 假设 $D=(p)$，由于 $1 \in D$，必有 $q \in D$ 使 $pq=1$，得 p 为可逆元，矛盾.

4. 除 29 外都是既约元.

5. $\Rightarrow$：先证 $D/(p) \neq \{0\}$. 然后证明 $D/(p)$ 中无零因子.

$\Leftarrow$：反证法. 假设 p 不是素元. 则存在 $a, b \in D$，使 $p \mid ab$ 但 $p \nmid a, p \nmid b$，则 $\bar{a}, \bar{b}$ 是 $D/(p)$ 中的零因子，矛盾.

习题 3.5

2. 利用 $N(u)=a^2+5b^2$.

3. 只需证明不满足定理 3.5.2 中条件 Ⅱ.

4. 由定理 3.5.1 知任何两元素 a 与 b 的最大公因子 (a,b) 存在. 用证明定理 3.5.1 的类似方法可证 $[a,b]$ 也存在. 由 (a,b) 与 $[a,b]$ 的表达式立刻可得 $ab \sim (a,b)[a,b]$.

5. (1)，(2) 是欧氏整环. (3) 不是. (4) 是，证明方法类似例 3.5.3.

* 6. $\Rightarrow$：$x^2 \equiv a \pmod{p}$ 有解 $\Rightarrow \exists b \in \mathbb{Z}$ 使 $b^2 \equiv a \pmod{p} \Rightarrow a^{\frac{p-1}{2}} \equiv b^{2 \cdot \frac{p-1}{2}} =$

$$b^{p-1}=1 \ (\bmod \ p).$$

$\Leftarrow:a^{\frac{p-1}{2}}=1 \ (\bmod \ p)$，分两种情况讨论：

① 当 $p=4n+3$ 时有 $a^{2n+1}=1,a^{2n+2}=a$，故 a^{n+1} 是 $x^2=a$ 的一个解.

② 当 $p=4n+1$ 时，$(Z_p^*,\cdot)$ 是循环群，任取一生成元 c，有 $c^{p-1}=1$. 可设 $a=c^m$，由 $a^{\frac{p-1}{2}}=a^{2n}=1$，得 $c^{2nm}=1$，因为 $o(c)=4n$，所以 $4n\mid 2nm$，故 $2\mid m$. 令 $m=2l$，得 $c^{2l}=a$，所以 $x^2=a \ (\bmod \ p)$ 有解.

取 $a=-1$，当 $p=4n+1$ 时，$(-1)^{\frac{p-1}{2}}=1 \ (\bmod \ p)$ 成立，所以方程 $x^2=-1 \ (\bmod \ p)$ 有解，即有 $b\in Z$ 使 $b^2+1=kp$，而 $b^2+1=(b+i)(b-i)$，所以 $p\mid(b+i)(b-i)$，但 $p\nmid(b+i)$ 和 $p\nmid(b-i)$，故 p 不是素元.

*7. $\Rightarrow$：利用习题 3.5.6.

　　$\Leftarrow$：反证法.

习题 3.6

3. 因为 D 不是域，有 $a\in D,a$ 不可逆. 考虑生成理想 (x,a).

4. (1) 利用 $f(x+1)$；

　(2) 分两种情形：① $p=2$，② $p>2$ 的素数，利用 $f(x-1)$；

　(3) 可用待定系数法.

5. 14.

习题 4.1

1. (1) $na=ma\Rightarrow(n-m)a=0\Rightarrow(n-m)\cdot 1=0\Rightarrow$

$$p\mid(n-m)\Rightarrow n\equiv m \ (\bmod \ p).$$

　(2) 对 e 作归纳法. $e=1$ 时

$$(a+b)^p=a^p+pa^{p-1}b+\cdots+\binom{p}{k}a^{p-k}b^k+\cdots+pab^{p-1}+b^p.$$

因为 $p\mid\binom{p}{k}$，所以 $\binom{p}{k}\cdot 1=0$，故 $(a+b)^p=a^p+b^p$.

2. 可证 $\overline{5}=\overline{0}$，故 $\mathrm{ch}Z[i]/(2+i)=5$.

3. 考虑域 Z_p，由 $(p,n)=1$ 得 $\overline{n}\neq\overline{0},\overline{n}\in Z_p^*$（乘群）. 由群中元素阶的性质立刻可得结论.

4. 利用线性空间的基与维数的关系.

5. 由 $(F(a,b):F)=(F(a)(b):F(a))(F(a):F)$，可先证 $(F(a,b):F)\leqslant mn$.

再由 $m\mid(F(a,b):F)$ 及 $n\mid(F(a,b):F)$，可证当 $(m,n)=1$ 时等式

成立.

6. (1) 取 $u=\sqrt{2}+\sqrt[3]{5}$；

(2) 因为 $\mathbb{Q}(\sqrt{2},\sqrt[3]{5})=\{a+b\sqrt{2}+c\sqrt[3]{5}+d\sqrt[3]{25}+e\sqrt{2}\sqrt[3]{5}+f\sqrt{2}\sqrt[3]{25}\,|\,a,b,c,$ $d,e,f\in\mathbb{Q}\}$，所以当 $w=a+b\sqrt{2}$ 或 $w=c+d\sqrt[3]{5}+e\sqrt[3]{25}$ 时，$\mathbb{Q}(w)\neq\mathbb{Q}(\sqrt{2},\sqrt[3]{5})$.

7. 利用最大公因子公式可证明 $\dfrac{2\pi}{mn}$ 可作出（或利用定理 4.4.4）.

8. 可求出 $\cos72°=\dfrac{\sqrt{5}-1}{4}$，证明方程

$$4x^3-3x-\frac{\sqrt{5}-1}{4}=0$$

在 $\mathbb{Q}(\sqrt{5})$ 内有根 $-\dfrac{\sqrt{5}+1}{4}$.

9. 用试根法求根.

习题 4.2

1. 对 n 作归纳法.

2. 直接将 u 代入 $p(x)$.

3. 将分裂域表为添加根的形式或单扩张形式，从而决定扩张次数.

(1) $E_f=\mathbb{Q}(i,\sqrt{3})$，$(E_f:\mathbb{Q})=4$；

(2) $E_f=\mathbb{Q}(\sqrt{2},\sqrt[3]{2},\sqrt{3}i)$，$(E_f:\mathbb{Q})=12$；

(3) $E_f=\mathbb{Q}(\alpha)$，α 为 $\Phi_p(x)$ 的任一根，$(E_f:\mathbb{Q})=p-1$.

4. 因为 $f(x)$ 在 Z_3 上不可约，所以 $E_f=Z_3[x]/(x^2+1)$.

5~6. 利用 $f(x)$ 在 E_f 上有重根 $\Rightarrow(f'(x),f(x))\neq1$.

习题 4.3

1. (1) 在 $Z_p[x]$ 中取任一 n 次不可约多项式 $p(x)$；

(2) 由 $Z_p(u)$ 是子域及定理 4.3.4.

2. 分别在 Z_5 上取 3 次不可约多项式和在 Z_2 上取 6 次多项式来做成有限域.

3. 考虑域 Z_p 上的非零元素都是方程 $x^{p-1}-1=0$ 的根.

4. 表出分裂域，利用定理 4.3.3 得到全部根，并化简.

5. 写出元素表，求出乘群中的 8 阶元.

6. 由本原元的定义与性质.

7. (1) 考虑以下三点：(i) $|GF(p^n)|=p^n$；(ii) $GF(p^n)$ 中每一个元素都是某个 $m(m\,|\,n)$ 次不可约多项式的根；(iii) 每一个 $m(m\,|\,n)$ 次不可约多项式

的全部根都在 $GF(p^n)$ 中；(iv) 任何两个不可约多项式没有相同的根. (2)令 $g(n)=nI_p(n)$.

8. 由公式可得 $I_2(4)=3$，不难一一列出. 本原多项式个数为 $\varphi(2^4-1)/4$ $=2$，然后检验每个不可约多项式的根是否是本原元，从而决定哪些是本原多项式.

可求得 4 次不可约首 1 多项式有
$$q_1(x)=x^4+x+1,$$
$$q_2(x)=x^4+x^3+1,$$
$$q_3(x)=x^4+x^3+x^2+x+1,$$
因为 $q_3(x)$ 的根 α 满足 x^5-1，不是本原元，故 $q_3(x)$ 不是本原多项式，$q_1(x)$，$q_2(x)$ 为本原多项式.

9. 考虑 $GF(p^n)$ 上的变换 $f:\alpha\mapsto\alpha^p$，并利用本节性质(1).

10. 只需证明任何一个 n 次不可约多项式 $p(x)$ 有 $p(x)\,|\,f(x)$，且不同的不可约多项式无相同的根.

习题 4.4

1. $\Phi_5(x)=x^4+x^3+x^2+x+1,\Phi_6(x)=x^2-x+1.$

2. 将 n 次单位根按在乘群中的阶数分类，每一类恰好是 $\Phi_d(x),d\,|\,n$ 的根.

4. 正五边形的作法：

$n=5$ 的分圆多项式为 $x^4+x^3+x^2+x+1$. 它的根可以用下列方法求得：

由
$$x^4+x^3+x^2+x+1=0,$$

得
$$\left(x^2+\frac{1}{x^2}\right)+\left(x+\frac{1}{x}\right)+1=0.$$

令
$$y=x+\frac{1}{x}=2\cos\frac{2\pi}{5},$$

得
$$y^2+y-1=0.$$

所以 $\cos\dfrac{2\pi}{5}=\dfrac{y}{2}=\dfrac{\sqrt{5}-1}{4}.$

作图方法如下：作单位圆 O,AC 为直径，半径 $OB\perp AC$，取 OC 的中点 D，以 D 为圆心，DB 为半径画弧与 OA 交于 E，作 OE 的垂直平分线交圆于 A_1，则 AA_1 就是内接正五边形之边长.

习题 5.1

1. 类似例 5.1.3,可得 $G_{E_f|Q}=S_5$.

2. 提示：解出根，再分析 $|G_f|$ 和 G_f 可能的元素. $G_f=\langle\sigma,\tau\rangle\cong K_4$，Klein 四元群.

3. $G_{E_f|\mathbb{Q}(i)}\cong(Z_4,+)$.

4. 提示：参考例 5.1.3.

5. 将例 5.1.4 的方法推广.

(1) 确定 E_f：设 n 次单位原根为 $\alpha=e^{\frac{2\pi i}{n}}$，则 $E_f=\mathbb{Q}(\alpha)$，

(2) 确定 G_f 的元素，$G_f\cong(Z_n^*,\cdot)$.

6. (1) 确定 E_f 和 $|G_f|$，得 $|G_f|=(E_f:K)=n$.

(2) 确定 G_f 的元素，$G_f=(Z_n,+)$.

习题 5.2

3. (1) 可根式求解；(2) 方程根式可解；(3) $f(x)$ 不能根式求解.

4. 提示：证明 $G_{E_f|\mathbb{Q}}=S_p$.

符 号 索 引

名 词 索 引

参 考 文 献

[1] Jacobson N.. Basic Algebra 1. W. H. Freeman and Company, 1974.

[2] Gilbert W. J.. Modern Algebra with Application. John Wiley & Sons, 1976.

[3] Birkhoff G. and Bartee T. C.. Modern Applied Algebra. McGraw—Hill Book Company, 1970.

[4] F. S. 梅里特著, 丁仁、陈乐湘译. 工程中的现代数学方法. 北京：科学出版社, 1981.

[5] 吴品三. 近世代数. 北京：人民教育出版社, 1979.

[6] Tomescu I. 著, 清华大学应用数学系离散数学教研组译. 组合学引论. 北京：高等教育出版社, 1985.

[7] 陈景润. 初等数论. 北京：科学出版社, 1978.

[8] 万哲先. 孙子定理和大衍求一术. 北京：高等教育出版社, 1989.

[9] 聂灵沼, 丁石孙. 代数学引论. 北京：高等教育出版社, 1988.

[10] Stinson D. R.. Cryptography—Theory and Practice. CRC Press, 1995.